Astrokosmos
Wege zur Astronomie

Max Gerstenberger

Astronomie des Alltags

Fragen und Antworten aus
der Praxis an einer
Volkssternwarte.
Notiert und zu einer
zwanglosen Einführung
in die Sternkunde
zusammengestellt

Kosmos
Gesellschaft der Naturfreunde
Franckh'sche Verlagshandlung
Stuttgart

Mit 34 Schwarzweiß-Fotos auf 16 Tafeln und 185 Zeichnungen von Hans-Ulrich Eichler

Umschlaggestaltung von Siegfried Fischer unter Verwendung einer Aufnahme der Sternwarte Flagstaff

Das Umschlagbild zeigt einen Ausschnitt aus dem offenen Sternhaufen NGC 457 (Cassiopeia)

CIP-Kurztitelaufnahme der Deutschen Bibliothek

Gerstenberger, Max:
Astronomie des Alltags: Fragen u. Antworten aus
d. Praxis an e. Volkssternwarte; notiert u.
zu e. zwanglosen Einf. in d. Sternkunde zsgest./
Max Gerstenberger. [Mit 185 Zeichn. v. Hans-
Ulrich Eichler u. 34 Fotos auf 16 Taf.]. – 3.
Aufl. – Stuttgart: Franckh, 1981.
  (Astrokosmos)
  ISBN 3-440-04318-5

3. Auflage, 12. – 14. Tausend
Franckh'sche Verlagshandlung, W. Keller & Co., Stuttgart/1981
ISBN 3-440-04318-5 / L10kr H bs
Printed in Germany/Imprimé en Allemagne
Gesamtherstellung: Brönner & Daentler KG, Eichstätt

Astronomie des Alltags

Vorwort 7
Was man so sieht, wenn man die Augen aufmacht 9
Wie man sich am Himmel zurechtfindet 25
Die Sache mit den Entfernungen 38
Die Sache mit den Fernrohren 55
Einiges über den Mond 69
Die Sache mit den Planeten 89
Nochmals die Planeten 105
Planetensteckbriefe und ihr Familienleben 122
Die Vagabunden 143
Die Irregulären 163
Die Überreste 183
Ist die Sonne ein Planet? 197
Strahlendes Gestirn mit Schönheitsfehlern 214
Die Sterne . . . und was darum herum ist 233
Noch einmal etwas von den Sternen 251
Vom Sternentanzpaar zur Bevölkerungsstatistik 268
Werden und Vergehen 287
Literaturhinweise 302
Sachregister 303

Vorwort

Eines zuerst: Dieses Buch ist keine *systematische* Einführung in die Astronomie! Es ist die Niederschrift der Erfahrungen, die ich in mehr als zwei Jahrzehnten im Gespräch mit wißbegierigen Sternfreunden, völlig unwissenden Laien und solchen, die zwar einiges Wissen haben, aber der Wissenschaft gegenüber grundsätzlich Skepsis bewahren, gemacht habe. Solche Gespräche entwickeln sich bei Führungen auf der Volkssternwarte, nach Vorträgen an Volkshochschulen und nicht zuletzt in geselliger Runde, bei einem Glas Wein oder Bier. Da heißt es dann oft: „Sie sind doch Sterngucker! Wie ist denn das eigentlich mit...?" Und dann folgt eine Problemfrage. Etwa die, warum der Himmelswagen nie untergeht, oder ob der Mond sich nun um sich selbst dreht oder nicht.

In vielen Erfahrungsjahren lernt man so eine Menge ganz bestimmter besonders häufig gestellter Fragen kennen. Und man lernt im Frage- und Antwortspiel, wie man sie am besten und einleuchtendsten beantworten kann. Auch ergibt sich jedesmal, wenn die gleiche Frage in einem anderen Personenkreis gestellt wird, eine neue Variante in der Beantwortung.

Diese Erfahrungen sollen hier einem großen Leserkreis zugänglich werden. Natürlich wird mancher Fachmann, an systematisches Lehren gewöhnt, den Zeigefinger heben und sagen: Aber das wurde ja gar nicht erwähnt, und hier hätte der systematische Aufbau anders sein müssen. Auch die Skizzen sind mit Absicht vielfach nicht wissenschaftlich exakt gehalten, sondern so, wie man sie eben im Gespräch auf die Rückseite eines Briefumschlages, eine Papierserviette oder sonst einem greifbaren Zettel hinkritzelt. In einem solchen Fall wird man z. B. nicht die kartengenaue Wiedergabe eines Sternbildes oder der Mondoberfläche erwarten. Hauptsache ist: Der Betrachter begreift was gemeint ist!

Auch die vielen ausgefuchsten Liebhaberastronomen, die mit eigenen Instrumenten eine wissenschaftliche Aufgabe verfolgen, werden Lücken finden, weil ihnen eben ihr Spezialgebiet nicht detailliert genug dargestellt erscheint. Sie alle bitte ich, an den Eingangssatz zu denken: Es ist kein systematisches Lehrbuch der Astronomie beabsichtigt worden. Die gibt es in genügender Zahl. Betrüblich an ihnen ist nur, daß sie auf Grund des erstaunlichen Tempos der Wissenschaftsentwicklung schon der Ergänzungen bedürfen, kaum daß sie auf dem Markt sind. Diesem Schicksal wird auch die „Astronomie des Alltags" nicht entgehen. Und wenn es ihr trotz der eingangs erwähnten freiwilligen Beschränkung gelingt, Sie ein klein wenig in die Astronomie einzuführen, mit ihr vertraut zu machen, dann soll mich das für Sie freuen.

Was man so sieht,
wenn man die Augen aufmacht . . .

Es war einer jener wunderbaren warmen und klaren Sommerabende. Wir saßen auf der Gartenterrasse vor dem Haus eines Freundes und unterhielten uns über alles, was jemand gerade einfiel. Dazu gab es Ananasbowle. Der Himmel war von einem sanft getönten Dunkelblau. Die Sterne funkelten, und die schmale Mondsichel war eben im Westen untergegangen.

Da stellte einer in der Runde die Frage und wandte sich dabei an mich: „Sagen Sie mal, war das jetzt der zunehmende oder der abnehmende Mond? – Sie müssen das doch wissen!"

Ich lachte: „Sie eigentlich auch, es sei denn, Sie haben in der Schule nicht aufgepaßt, oder Ihr Lehrer hat sich um das Thema gedrückt. Erinnern Sie sich, wie die Sichel stand, als sie im Westen unter den Horizont rutschte? Die erleuchtete Seite war rechts, was logisch ist; denn da der Mond nur sichtbar ist, weil er von der Sonne angestrahlt wird, zeigt die erleuchtete Seite zur Sonne, und die ging einige Zeit zuvor ebenfalls in dieser Himmelsgegend unter. Wenn Sie nun auch in der

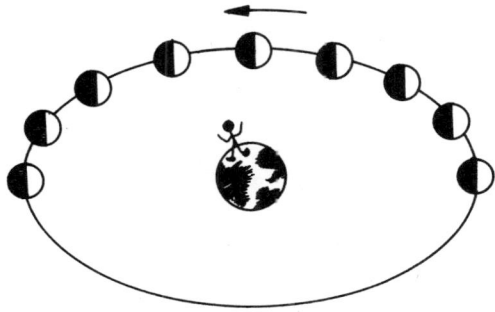

Entstehung der Mondphasen: Rechts vom Bild steht die Sonne. Der Mond wird immer von dort aus beleuchtet. Das Männchen auf der Erde sieht während eines Mondumlaufs stets nur den beleuchteten Teil des Mondes, der ihm zugekehrt ist. Damit ergeben sich die von Neumond zu Vollmond wechselnden Phasen

Folgezeit den Mond einigermaßen aufmerksam beobachten, werden Sie feststellen, daß er morgen später untergeht und übermorgen noch später, weil er von West nach Ost weitergewandert ist. Mehr und mehr trifft ihn das Sonnenlicht — von unserem Standpunkt aus — von vorn, bis wir senkrecht auf die voll beleuchtete Fläche schauen: es ist Vollmond. Da aber der Mond nun nicht etwa kehrtmacht und nach Westen zur Sonne zurückläuft, sondern stetig weiter nach Osten rückt, wird er jetzt in überwiegendem Maße von Osten, also von uns aus gesehen von links, beleuchtet, eben von dort, wo die Sonne später aufgehen wird. Er kommt jetzt der aufgehenden Sonne immer näher und steht als abnehmender Mond am Morgenhimmel. Der Abendhimmelmond ist immer der zunehmende. So einfach ist das."

Bewegungsrichtung
von Sonne und Mond

Süden

Osten
Sonnenaufgang
Morgenhimmelsituation

Westen
Sonnenuntergang
Abendhimmelsituation

Steht der Mond im Westen am Abendhimmel, wird er — vom Beobachter aus gesehen — von rechts von der Sonne beleuchtet. Von der Gegenseite wird er am Morgenhimmel beleuchtet. Dann ist er abnehmend und strebt der Stellung zu, in der er mit der Sonne am Taghimmel steht, dem Neumond

Jemand aus der Runde zitierte Christian Morgenstern: „Als Gott den lieben Mond erschuf, gab er ihm folgenden Beruf. Beim Zu- sowohl wie beim Abnehmen sich deutschen Lesern zu bequemen, ein *a* formierend und ein *ɤ* – daß keiner groß zu denken hätt'. Befolgend dies ward der Trabant ein völlig deutscher Gegenstand."
Allgemeines Gelächter! Es stimmt aber. Aus der zunehmenden Mondsichel kann man ein großes *ɀ*, aus der abnehmenden ein großes *a* machen. Leider gilt das nur für die alte deutsche Schreibschrift, die

heute aus der Mode gekommen ist. So werden die nettesten Gedächtnisstützen ein Opfer der modernen Zeit.

In der nun folgenden Unterhaltung stellte sich heraus, daß manche Menschen erschreckend wenig vom Sternhimmel wissen. So gab einer der Anwesenden zu, daß er erst durch meine Kurzerklärung der Mondphasen erfahren hätte, daß der Phasenwechsel des Mondes durch die Beleuchtungssituation seitens der Sonne zustande kommt, d. h. dadurch, daß der Mond seine Stellung zwischen Sonne und Erde verändert. Eine Mondkugel, die von der Seite beleuchtet wird, kann ich nicht voll beleuchtet sehen, das ist ganz einfach. Der arglose Mensch hatte bisher immer geglaubt, die Mondphasen würden vom Schatten der Erde verursacht. So gesehen erlebte er ständig Mondfinsternisse, denn nur bei diesen seltenen Gelegenheiten gerät der Mond tatsächlich in den Schatten der Erde. Er gab aber zu, daß er sich eigentlich nie große Gedanken darüber gemacht hatte.

Wie das so ist bei solchen Gelegenheiten, kamen wir jetzt in Fahrt — so recht in ein Frage- und Antwortspiel hinein, und da war natürlich auch *eine* Frage unvermeidlich. Die Himmelskulisse lud geradezu dazu ein:

„Sagen Sie mal — was ist das eigentlich für ein Himmelskörper dort im Süden? Er ist doch viel heller als ein Stern, und er bewegt sich! Vorhin, als wir gerade vom Mond zu reden begannen, stand er noch viel weiter links. Ich habe das verfolgt. Man kann es an den Masten der Starkstromleitung ablesen. Zuerst stand er über dem Mast dort bei dem Haus. Dann ist er immer mehr nach rechts gewandert, ist jetzt schon

Die Bewegung eines Himmelskörpers im Rahmen der täglichen Himmelsdrehung fällt besonders auf, wenn ein extrem heller Stern relativ horizontnah über markante irdische Vergleichspunkte — hier Starkstrommasten — wandert

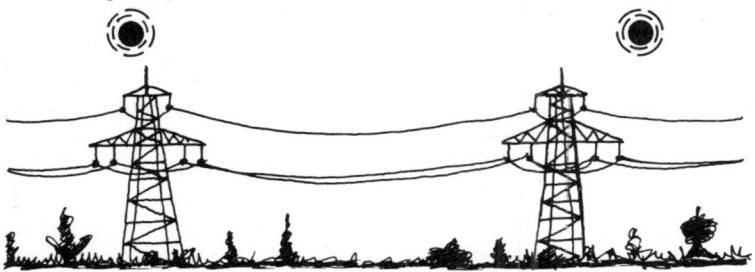

über den nächsten Mast weggezogen und steht deutlich rechts davon. Sagen Sie mal — ist das ein Satellit?"

Zustimmendes Gemurmel — einem anderen war der merkwürdige bewegte Himmelskörper auch schon aufgefallen.

Jetzt war ich wieder dran: „Daß es kein Satellit sein dürfte, zeigt schon eine einfache Überlegung. Die Erde dreht sich von West nach Ost, darum werden Satelliten aus Zweckmäßigkeitsgründen im allgemeinen so gestartet, daß sie den Schwung der Erdumdrehung ausnützen, also grob gesprochen in Ost-Richtung, wenn auch manche Bahnen stark gegen den Äquator geneigt sind. Unser Objekt wandert aber eindeutig von Ost nach West. Zudem sind Satelliten doch noch etwas schneller. In einer Viertelstunde schafft es einer — je nach Bahnhöhe — bequem vom West- zum Osthorizont. Dieses Objekt aber hat weit länger gebraucht, um den Raum zwischen den Leitungsmasten zu bewältigen. Wie lange beobachten Sie ihn schon?"

„Oh — eine starke halbe Stunde, etwa 40 Minuten, vielleicht auch 45. Eine Stunde ist es noch nicht her, daß mir die Bewegung auffiel."

„Darum ist es auch kein Satellit, sondern ein altbekannter Himmelskörper. Es ist der Planet Jupiter!"

„Ah, ein Planet! Das heißt doch, wenn ich mich nicht irre, Wander- oder Wandelstern. Daher also die Bewegung!"

„Leider muß ich Sie da wieder enttäuschen. Die Bewegung, die den Planeten den Namen Wandelsterne verschafft hat, können Sie im Lauf eines Abends mit unbewaffnetem Auge unmöglich erkennen. Für einen Beobachtungsabend behält der Planet seine Position am Himmel bei. Was Ihnen auffällt, ist die ganz normale alltägliche Himmelsumdrehung, in deren Verlauf Sonne, Mond und Sterne auf- und untergehen."

„Aber das geht doch nicht so schnell! Das müßte mir ja sonst bei den anderen Sternen auch schon aufgefallen sein."

„Müßte — ist es aber nicht, weil Sie die Durchschnittssterne nie so genau kontrollieren wie diesen Planeten, der Ihnen durch seine außergewöhnliche Helligkeit auffiel. Zudem steht er nicht sonderlich hoch über dem Horizont, so daß sich die Leitungsmasten als Bezugspunkte geradezu aufdrängen. Stünde er hoch, nahezu senkrecht über uns, wäre die Bewegung längst nicht so aufgefallen, weil dann die passende unbewegliche Kulisse in seiner Umgebung fehlt. Machen wir doch mal ein Experiment und suchen uns ein paar ‚gewöhnliche' Sterne aus, merken

uns bewußt, über welchen deutlichen Horizontmerkmalen sie jetzt stehen, und schauen — sagen wir in einer halben Stunde — nach, wie weit sie von ihrem Bezugspunkt weggewandert sind."
Die Gesellschaft war jetzt sehr bei der Sache. Man einigte sich auf drei oder vier Kontrollsterne, legte die Horizontmarken fest. Ein Teilnehmer wurde vom Exaktheitsfieber gepackt. Er stellte fest, daß es ja einen Unterschied ausmachen könne, ob man vom einen Terrassenende oder vom anderen aus den Stern anvisiere. Also wurde der Beobachtungspunkt markiert, und jeder mußte sich einmal auf diesen Platz stellen, damit er später auch das richtige Erinnerungsbild haben würde. Ich mußte innerlich schmunzeln und meinte: „Sie haben da ein wichtiges Problem angeschnitten. Man kennt es unter dem Stichwort Parallaxe, und es spielt bei den Entfernungsmessungen im Weltall eine hochwichtige Rolle. Doch jetzt wollen wir noch ein wenig beim angeschnittenen Thema bleiben. Jeder weiß, daß die Himmelsumdrehung ein Spiegelbild der Erddrehung ist und daß so eine Umdrehung rund 24 Stunden dauert. Genau sind es 23 Stunden und 56 Minuten. Dazu kommen noch vier Minuten, weil wir uns ja nach der Sonne richten müssen, und die wandert ihrerseits im Verlauf eines Tages eine Strecke, die aufzuholen die rotierende Erde vier Minuten braucht. Die Erde läuft also sozusagen der Sonne hinterher. Eine kleine Erinnerung an unsere Schulgeometrie sagt uns, daß ein Kreisumfang in 360 Grad eingeteilt wird. Jeder Stern am Himmel muß also in 24 Stunden 360 Grad zurücklegen. Da entfällt auf eine Stunde die Strecke von 15 Grad.
Da wir nun gerade keinen Theodoliten greifbar haben, um diese Winkelbreite zu demonstrieren, nehmen wir unsere angewachsenen Meßinstrumente. Als solches eignet sich trefflich die Hand. Da die Körperproportionen bei allen Menschen ähnlich sind, gibt es recht gute Faustregeln dafür, wie man einen Winkelabstand am Himmel — und natürlich auch im Gelände — abschätzen

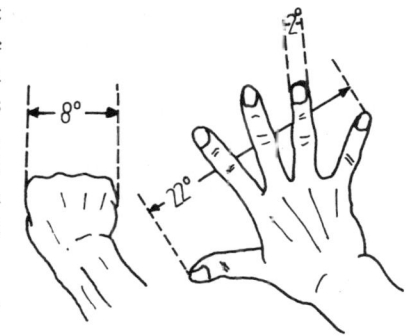

Die Hand als Meßbehelf bei Winkelschätzungen

kann. Man visiert bei ausgestrecktem Arm über die Hand. Ein Finger ist etwa 2 Grad breit, vier Finger (Hand ohne Daumen) decken 8 Grad, die gesamte Handbreite mit Daumen 10 Grad, und die Handspanne bei gespreizten Fingern vom Daumen zur Kleinfingerspitze entspricht 22 Grad.

So, das wäre das Rüstzeug, und nun messen Sie einmal den Zwischenraum zwischen den besagten Leitungsmasten, über die Jupiter vorhin gewandert ist. Wieviel Finger oder Handbreiten brauchen Sie, um die Strecke zu überbrücken?"

Mein Nachbar streckte den Arm aus, kniff ein Auge zu und visierte. Er machte das sehr gewissenhaft. Dann meinte er: „Eine Handbreit, etwas mehr vielleicht, sagen wir 6 Finger."

Der Mann hatte gut geschätzt, so daß ich ihm vorrechnen konnte: „Sechs Finger, das sind rund 12 Grad. Vorhin ergab sich, daß der Himmel sich in einer Stunde um 15 Grad drehen muß. Wie meinten Sie doch vorhin, wie lange Sie gezielt kontrolliert hatten? Eine halbe Stunde bis 40 Minuten, vielleicht noch etwas länger — na bitte —, 12 Grad sind keine 15 und mehr als die Hälfte von 15. Das wären $7^1/_2$ Grad."

„Donnerwetter", meinten meine Zuhörer, „das klappt ja ausgezeichnet!"

„Ja", entgegnete ich, „das muß ja so sein. Übrigens ist Ihnen allen dieses Tempo der Himmelsdrehung schon oft aufgefallen, es wurde Ihnen nur nicht so bewußt. Jeder hat schon einmal die Sonne oder den Mond so richtig romantisch, wie auf einer Kitschpostkarte, untergehen sehen. Wenn der Himmel zwar wolkenlos ist, aber Hochnebel oder wenigstens dichter Dunst am Horizont für ausreichende Filterwirkung sorgen, können wir, ohne Schaden an den bloßen Augen befürchten zu müssen, die Sonne beim Untergang beobachten. Der rotglühende Ball setzt mit dem unteren Rand auf der Horizontlinie auf, und nun geht es sehr schnell. Mehr und mehr von der Scheibe rutscht hinter den Horizont, die Hälfte ist schon weg, zwei Drittel, drei Viertel, dann ist es nur noch ein schmaler Streifen, eine kleine rote Kappe auf dem Horizont, und weg ist die Sonne. Stimmt's?"

Alle bestätigten das, und ich konnte noch hinzufügen, daß es einem kalt über den Rücken laufen kann, wenn man sich ganz der Tatsache bewußt ist, daß nicht die Sonne verschwindet, sondern die Erde sich dreht. Man fühlt sich dann geradezu herumgeschleudert.

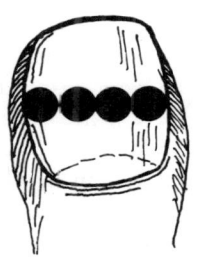

Vier Vollmond- oder Sonnendurchmesser passen auf den Durchmesser eines Daumennagels. – Man sollte es nicht für möglich halten

„Sehen Sie", meinte ich, „der Winkeldurchmesser von Sonne und Mond ist nahezu derselbe, rund $1/2$ Grad. Hinter Ihrem Daumennagel könnten Sie bequem 4 Sonnen verstecken — bei unserer vorhin exerzierten Handgelenk-Meß-methode. Probieren Sie es ruhig mal aus, aber nicht mit der Sonne, das ginge im wahrsten Wortsinn ins Auge. Der Vollmond tut's auch.

Doch zurück zur Himmelsumdrehung. Um ein Grad weiterzudrehen, braucht der Himmel 4 Minuten. Wollen Sie's nachrechnen? 15 Grad pro Stunde, die Stunde preiswert zu 60 Minuten gerechnet, ergibt pro Grad $1/15$ dieser 60 Minuten, was — wenn wir nicht gerade die Mengenlehre als Rechentechnik einsetzen — akkurat 4 Minuten pro Grad ergibt. Ein halbes Grad, was den Sonnendurchmesser markiert, beansprucht ganze 2 Minuten. Und nun denken Sie daran, wie schnell die Sonne wegrutscht! Wundert es Sie da, wenn Jupiter — schauen Sie mal, wie weit er jetzt schon nach Westen gewandert ist — eben, wenn Jupiter so deutlich vor unseren Augen vorbeipilgert?"

Der Hausherr wartete mit einer neugefüllten Bowlenterrine auf, die Stimmung wurde trotz des anscheinend so trocken wissenschaftlichen

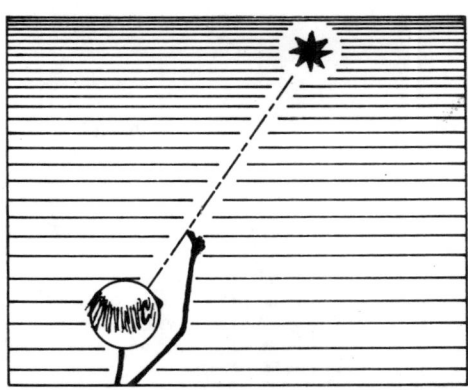

Die Handvisiermethode erlaubt, den Weg zu überprüfen, den die Sterne zurücklegen

Themas immer aufgeräumter, und jemand stellte fest, daß wir jetzt genügend Zeit hatten verstreichen lassen, um unsere Teststerne von vorhin vom ausgewählten Testbeobachtungspunkt aus zu kontrollieren. Jeder stellte sich einmal auf den mit Kreide markierten Beobachtungspunkt, überprüfte mit der Handvisiermethode den Weg, den die Sterne seit Beginn des Tests gemacht hatten, und notierte — so war es ausgemacht — die geschätzten Werte auf einem Zettel. Es war jetzt für keinen mehr verblüffend, daß erstens die Schätzwerte erstaunlich genau übereinstimmten und zweitens auch die sonst weniger als ein heller Planet beachteten Sterne genauso schnell waren wie Jupiter. Eine junge Dame meinte, daß es doch erstaunlich sei, wie viel man am Himmel sehen und bemerken könne, wenn man nur einmal gezielt ausschaut.

Da wir noch alle um unseren Testbeobachtungsplatz herumstanden, fiel mir ein weiteres „Beobachtungsspiel" ein. Ich fragte, wer das Sternbild des Himmelswagens kenne. Alle bejahten, wenn auch teilweise mit Einschränkungen etwa der Art: „Ich wüßte nicht, wo ich ihn jetzt finden sollte..." Und wer nun tatsächlich danach Ausschau hielt, war enttäuscht. Kein Himmelswagen weit und breit!

„... und man sagt doch, er ist immer am Himmel und geht nie unter — oder habe ich mich da verhört?" — Tückische Testfragen zeigen, wie unsicher da mancher ist.

Himmelswagen mit Polweiserlinie und Polarstern

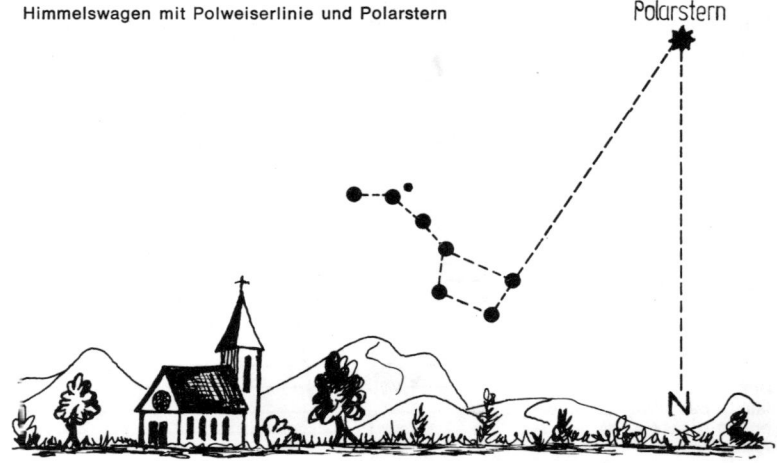

Nun, ich stellte mein Publikum nicht lange auf die Folter und klärte es auf: „Da wir hier auf der schönen Terrasse einen weiten Blick über den südlichen Horizont haben, aus architektonischen Gründen aber zwangsläufig das Haus in unserem Rücken haben, verdeckt es uns mehr als die Hälfte des Nordhimmels, und dort, genau hinter dem Haus im Norden, müssen wir den Wagen jetzt suchen. Er steht nicht weit weg von seinem tiefsten Punkt im Norden. Schauen wir ihn uns schnell mal an!" Wir pilgerten um das Haus herum zur Vorderfront. Und da stand er nun über einem anderen Gebäude, das aber weit genug entfernt war, um nicht zu hoch in unser Blickfeld zu geraten. Fast alle fanden ihn jetzt auf Anhieb. Die Form des viereckigen Wagenkastens mit der Deichsel ist wirklich weitbekannt und springt sozusagen ins Auge.

Einer fing gleich an, Erinnerungen auszupacken: „Da muß man doch den Polarstern finden, Moment mal — ach ja, die hinteren Kastensterne sind Wegweiser. Ihr Abstand verfünffacht, führt zum Polar-

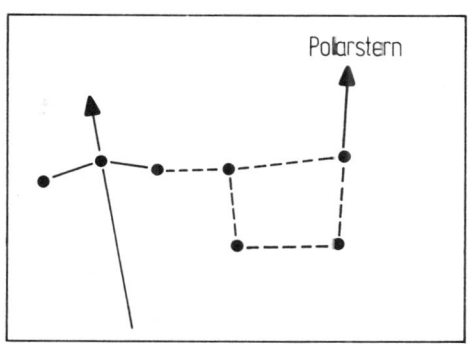

Der Deichselknick wie angedeutet als Pfeilspitze genommen gibt die Richtung an, in die man die Polweisersterne ‚verlängern' muß, um zum Polarstern zu gelangen

stern, wenn man die Linie in der Generalrichtung verlängert, in die der Knick der Wagendeichsel, als Pfeilspitze gesehen, weist — stimmt's?"
Ich bestätigte ihm, daß er sich ausgezeichnet erinnerte, sogar bis zu der Einzelheit, in welcher Richtung man gehen muß.
Da gab es gleich Fragen zum Polarstern. Ich faßte mich kurz: „Sehen Sie, wenn Sie hier in einem passenden Gestell ein Rad — es darf ruhig ein altes hölzernes Ackerwagenrad sein — aufstellen, sagen wir, es soll etwas schief liegen, dann können Sie durch die Radnabe, wo eigentlich

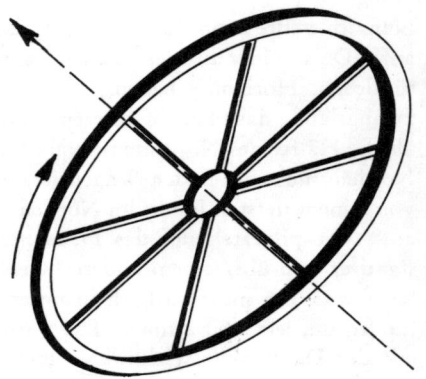

die Achse hingehört, auf einen Punkt am Himmel visieren, und dieser Punkt wird immer an derselben Stelle bleiben, so sehr sie auch am Rad drehen. So ist die Sache mit unserem Sternhimmel. Die Erdachse ist die Achse, die Erde die Nabe, durch die wir allerdings nicht hindurchschauen. Doch was bedeutet schon der Abstand von 6370 km, den wir an der Erdoberfläche zur geometrisch genauen Achse haben, verglichen mit den unvorstellbaren Entfernungen zu den Sternen. Über die Erdachse visiert, treffen wir den Himmelspol, der seine Lage trotz Tagesdrehung der Erde und Jahreslauf der Erde um die Sonne immer beibehält. Daß ein deutlich erkennbarer hellerer Stern in unmittelbarer Nachbarschaft dieses Himmelsnordpols steht und uns so den Punkt markiert, ist purer Zufall. In Wahrheit steht er auch nicht genau im Polpunkt, sondern etwas daneben. Er beschreibt um den genauen Pol pro Tag immerhin einen Minikreis, dessen Durchmesser viermal den Vollmonddurchmesser ausmacht. Das stört aber wieder bei der Groborientierung nicht. Wer immer geradeaus marschiert und stets den Polarstern in Marschrichtung senkrecht vor sich hat, landet unweigerlich am Nordpol, falls es ihn nach Packeis und Eisbären gelüstet."
Den ersten Teil meines Experimentes hatte ich jetzt hinter mir, darum — nach nochmaligem Hinweis auf die einprägsame Form des Wagens — steuerte ich meine Zuhörer wieder auf die Südseite zur Terrasse und zu den Bowlengläsern. Nach einem Stärkungsschluck stellte ich beiläufig die Frage: „Übrigens — welcher Stern im Himmelswagen war eigentlich der lichtschwächste? Erinnern Sie sich?" Unwillkürlich dreh-

ten sich zwei, drei Gäste um, aber da war das Haus dazwischen. Der Spickzettel war verdeckt. Die junge Dame sagte: „Das Reiterlein auf dem mittleren Deichselstern", und sie wußte genau, daß sie damit nur ein Witzchen machen wollte, denn meine Frage bezog sich eindeutig auf die Umrißsterne. Um es gleich zu sagen: Von sieben befragten Personen nannten sechs einen falschen Stern, und der einzige Treffer — er kam von der Frau des Gastgebers — war, wie sie selbst zugab, ins Blaue hinein geraten. Eben noch hatten alle das Sternbild gesehen, doch keiner war aufmerksam genug gewesen, sich auch solche wichtige Einzelheiten zu merken. Doch machen wir es kurz.

„Es ist der obere linke Kastenstern, der, an dem die geknickte Deichsel ansetzt. Er ist um eine deutliche Stufe schwächer als alle anderen Umrißsterne des Wagens."

„Heißt denn der Wagen nicht auch Großer Bär?"

„Stimmt und stimmt nicht", antwortete ich. „Der Wagen ist ein Teil des Bären, der ein wesentlich größeres Himmelsareal einnimmt. Die Mythologie des Sternbildes ist interessant, aber etwas frivol. Kennt jemand die Geschichte?"

Das junge Mädchen kicherte, ließ sich dann aber doch herbei, aus der griechischen Göttersage zu plaudern.

„Also", begann sie, „das war so. Der Zeus, der nahm's mit der ehelichen Treue nicht zu genau. Und wenn er ein hübsches Mädchen sah, verliebte er sich regelmäßig. Die Mädchen ließen sich dann auch immer erobern, schließlich war er ja ein Gott. Jetzt gab es da einmal eine Nymphe, die hieß Kallisto. Ich glaube, sie gehörte zum Gefolge der Artemis. Zeus war von ihr begeistert, und so kam, was kommen mußte. Den gemeinsamen Sohn nannte sie dann Arkas. Hera, die Gemahlin des Zeus, erfuhr davon und machte sich auf die Jagd nach der Sünderin. Als sie Mutter und Sohn erwischt hatte, verwandelte sie beide in Bären, einen großen, die Mutter, und einen kleinen, den Sohn.

Aber jetzt ging ein Gerangel unter den Göttern los. Zeus war seinerseits wütend, konnte aber Heras Tun nicht rückgängig machen, weil sie ja als Dienstaufgabe den Schutz der Ehe übertragen bekommen hatte. Die von ihr ausgesprochene Strafe war also rechtskräftig. Aber mildern konnte Zeus die Strafe, und so gab er den beiden Verurteilten einen Platz am Himmel.

Das regte nun wieder Hera auf, und da sie als Hausmutter sozusagen

Das Gesamtsternbild Großer Bär. Selbst seine ausgestreckten Tatzen erreichen bei tiefster Stellung im Norden nicht den Horizont

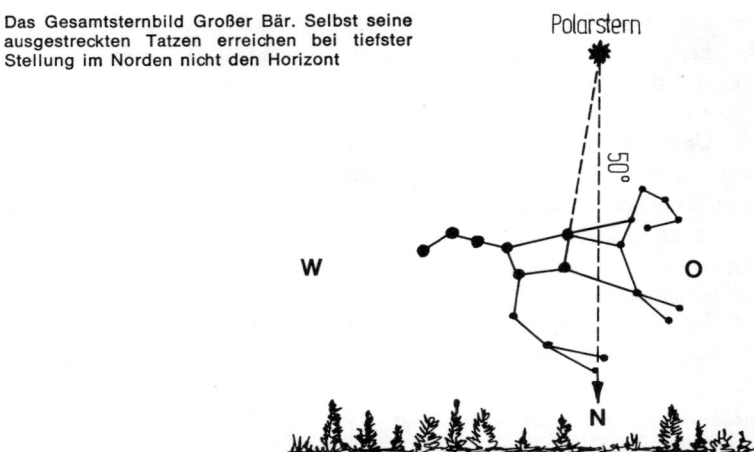

Schlüsselgewalt am Himmel hatte, wies sie den beiden unwillkommenen Gästen Plätze an, von denen aus sie nie das reinigende Bad im Okeanos nehmen konnten. Beide kommen nur dem Nordhorizont nahe, müssen dann aber ohne Erfrischungsbad unter dem Horizont gleich wieder aufsteigen."

Ich gratulierte, die junge Dame hatte wirklich in der Schule gut aufgepaßt, als die griechischen Götter dran gewesen waren. Nimmt man das Sternbild des Großen Bären als ganzes, dann reichen in der Tiefstellung die Tatzenspitzen beinahe bis zum Horizont, aber eben nur beinahe. So haben die Griechen die exakte Beobachtung, daß bestimmte Sterne nie untergehen — wir nennen sie ‚zirkumpolar' —, mit ihren meist etwas frivolen Göttergeschichten verknüpft. Der Grund für das ‚Nichtuntergehen' ist einfach der, daß diese Sterne nicht weit genug vom Himmelspol entfernt sind. Bei uns steht der Polarstern etwa 50 Grad hoch über dem Nordhorizont. Ein Stern, der nur 40 Grad von ihm entfernt ist, erreicht bei der Himmelsdrehung zwangsläufig den Horizont nicht. So einfach ist das.

Ich konnte die Story übrigens noch um einen Akzent ergänzen. Die Wagendeichsel fungiert im Bärenbild als Schwanz des Bären. Schlagen Sie einmal Ihr Biologiebuch auf. Hat der Bär dort einen Schwanz? Er hat keinen! Aber der am Himmel, der hat einen, so ist das.

Wir plauderten noch lange über die Sterne. Jemandem war aufgefallen, daß die Sterne verschiedene Farben zeigen. Nach einiger Zeit — Jupiter war mehr und mehr nach Westen gerückt — wies jemand auf einen ähnlich hellen Stern hin, der im Osten immer deutlicher wurde und auffällig orangerot leuchtete. Ich erklärte, daß dies der Planet Mars sei, und vom ‚Roten Planeten‘ hat schließlich jeder schon mal gehört. Die Frage lautete nun: „Warum sind die Planeten so unterschiedlich in der Farbe und die anderen Sterne nicht?" Meine Antwort war: „Nehmen Sie einen rotlackierten Ball und beleuchten Sie ihn. Natürlich ist er rot. Nehmen Sie einen weißen, der bleibt selbstverständlich weiß. Planeten sehen wir genau wie den Mond nur, weil sie von der Sonne angestrahlt werden. Mars hat größtenteils eine rot bis orangerot getönte Oberfläche. Rötlicher Sand, Eisenoxide usw. spielen wohl eine große Rolle. Jupiter ist in einen vom Licht nicht zu durchdringenden, Tausende von Kilometern dicken Ozean aus Wolken gehüllt. Sie reflektieren das Licht weiß. Soweit zum Thema Planeten.
Die Fixsterne weisen aber genau solche Farbunterschiede auf. Nur fallen sie da weniger auf, weil diese Sterne nicht so brutal hell sind. Hier wirkt derselbe Effekt wie bei der Bewegung des Jupiter am Anfang unseres Gesprächs. Der helle Stern zieht den Blick auf sich und schärft damit unsere Aufmerksamkeit. Sehen Sie mal, hier oben, recht steil über uns steht ein heller Stern. An Jupiter kommt er nicht heran, aber weit und breit finden wir keinen helleren in der Umgebung. Das ist die Wega. Welche Farbe hat er?"
„Blau könnte man beinahe sagen." „Weißblau", „weiß", waren andere Vorschläge.
„Nun", stellte ich fest, „weißblau liegt am günstigsten, aber der Blaustich ist unverkennbar. Wenn wir aber jetzt nach Nordosten schauen, eben an der Hauskante vorbei, dann taucht dort ein anderer heller Stern auf. Welche Farbe hat der?"
Jetzt war die einhellige Meinung Gelb.
„Der Stern heißt Kapella", fuhr ich fort, „und zeigt im Vergleich mit Wega, daß auch die Fixsterne sehr wohl Farbunterschiede zeigen. Nur gilt dasselbe Gesetz wie bei den Planeten: Je heller, um so auffälliger. Bei vielen der schwächeren Sternchen, die jetzt am Himmel stehen, könnten Sie mit scharfer Aufmerksamkeit, sicher aber mit instrumenteller Hilfe, ganz deutlich Farbunterschiede wahrnehmen. Der Grund

dafür ist ganz einfach in der unterschiedlichen Temperatur der Sterne zu suchen. Alle Sterne mit Ausnahme der Planeten sind ja Sonnen wie unsere Sonne mit einer eigenen Atomreaktoranlage im Zentrum, die die strahlende Gasoberfläche ständig mit Energie versorgt. Die Zusammenhänge sind da sehr kompliziert. Als Faustregel können wir aber vermerken, daß verhältnismäßig kühle Sterne mit Oberflächentemperaturen um 3000 Grad Celsius unserem Auge rot erscheinen. Mit steigender Temperatur werden die Farbtöne über orange, gelb, gelbweiß schließlich weiß, und die heißesten Sterne zeigen den Blaustich, den wir bei der Wega wahrnehmen können. Ihre Temperaturen liegen zwischen 10 000 und 20 000 Grad Celsius, Sondertypen sind noch heißer. Unsere Sonne rangiert in diesem Zusammenhang als gelber Stern mit rund 6000° C Oberflächentemperatur."

Um einem allzu weiten Ausschweifen in die theoretischen Gebiete der Astrophysik vorzubeugen, schaltete ich nun schnell eine beliebte Frage ein. Ich bat meine Zuhörer abzuschätzen, wieviele Sterne mit freiem Auge am Himmel zu sehen sind, und benutzte dazu eine Formulierung, wie sie einmal vor Jahren in einem Rundfunkquiz verwendet worden war. Ich erwähnte das auch und konnte ergänzen, daß, kaum war die Frage aus dem Mund des Sprechers heraus, bei mir das Telefon zum erstenmal klingelte mit der Bitte um Auskunft, wieviel ... usw. Ich habe nämlich in einem solchen Fall das Pech, daß meine Telefonnummer als Auskunftsnummer unserer Sternwarte im Telefonbuch steht. Damals legte ich mir eine Strichliste an. Es kamen bis Einsendeschluß innerhalb vier Tagen 127 Anfragen. Ein Zeichen, daß die Antwort, auf die alte Frage ‚Weißt du, wieviel Sternlein stehen?‘ kaum bekannt ist.

Die Frage lautete: „Wie viele Sterne kann man mit unbewaffnetem Auge am Himmel sehen? Dreihundert, dreitausend oder drei Millionen?"

Meine Zuhörer überlegten. Die Dame des Hauses meinte sofort impulsiv: „Das sind sicher Millionen!" Von den sechs anderen tippten zwei weitere auf die Millionen, einer war unentschlossen. Ihm wäre eine vierte Größenordnung zur Auswahl lieber gewesen, so etwa eine Zehntausenderzahl. Zwei tippten die dreitausend, und einer meinte, ihm genügten dreihundert.

Er war der Schlaueste gewesen. Er hatte sich ein Himmelsfeld ausgesucht und die Sterne auf einem begrenzten Gebiet abgezählt, nur so grob über den Daumen gepeilt, und daraus abgeleitet, wie oft er sein Testfeld vervielfachen mußte, um den ganzen Himmel damit zu füllen. So kam er auf die erstaunlich niedrige Zahl, die allerdings nicht stimmte. Wir waren immerhin nicht weit von der Großstadt entfernt. In unserer Umgebung brannten Straßenlampen, aus Häusern drang Licht, kurz, der Himmel war nicht eigentlich richtig dunkel, und da gehen alle schwächsten Sterne, die man theoretisch mit freiem Auge noch sehen müßte, verloren. So kam unser Freund auf den zu tiefen Wert. Die, die auf dreitausend getippt hatten, lagen richtig. Einer gab allerdings zu, daß er diese Zahl gewußt hatte. Bei ihm war es also kein Schätztip.

Tatsächlich sind am Gesamthimmel rund sechstausend Sterne registriert, deren Helligkeit ausreicht, sie bei idealen Sichtbedingungen für gesunde, normalsichtige Augen sichtbar sein zu lassen. Da immer nur eine Himmelshalbkugel über dem Horizont steht, sieht man zu jeder Zeit allenfalls die Hälfte.

Ich war gerade dabei, meinen Zuhörern zu erklären, daß die Grundskala der astronomischen Sternhelligkeiten sechs Größenklassen umfaßt, wobei die Sterne erster Größe die hellsten, die der sechsten Größe die schwächsten mit freiem Auge erkennbar sind, als plötzlich helles Licht aufflackerte. Über den Himmel schoß eine fast vollmondhelle Leuchterscheinung, die eine deutlich sichtbare Rauchspur hinter sich herzog. Funken sprühten um den Lichtball, und sekundenlang war die Gegend erhellt wie von einer Leuchtrakete.

„Ein Komet!" rief eine Dame.

Doch da es schon weit nach Mitternacht war, sagte ich nur: „Verzeihung, das war kein Komet, sondern ein helles Meteor, immerhin eines von seltener Helligkeit. Wenn ich mich aber jetzt über Kometen und Meteore auslassen wollte, säßen wir bei Sonnenaufgang noch hier. Ich schlage darum vor, wir vertagen das Thema auf ein andermal!"

Die Pointe — so werden Sie, lieber Leser, sagen — habe ich kommen sehen!

Wie man sich am Himmel zurechtfindet

Wer in eine fremde Stadt kommt, hat meist ein Ziel, kurz gesagt: eine Adresse. So habe ich, wenn ich zu einem Vortrag in eine fremde Stadt reise, meist zunächst nur einen Anhaltspunkt. Zum Beispiel etwa so: Hotel Deutscher Kaiser, Poststraße 27.

Dort ist ein Zimmer für mich reserviert. Wissenschaftlich ausgedrückt, habe ich damit also zwei Koordinaten. Den Straßennamen und die Hausnummer. Wenn mir jetzt noch jemand einen Stadtplan dazugibt, ist es ein Kinderspiel, mir den richtigen Weg zu suchen. Es gibt natürlich auch noch eine weitere Möglichkeit, das Ziel zu finden. Ich frage

den nächstbesten Passanten nach dem Weg. Möglicherweise — falls er Einheimischer ist und sich klar auszudrücken versteht — erfahre ich dann auch, welchen Weg ich nehmen muß. Am einfachsten ist es, ein Taxi zu nehmen, auf die Gefahr hin, für hundert Meter Fahrt ein paar Mark bezahlen zu müssen, weil es ja gar nicht so weit war, wie man ursprünglich annahm, daß sich ein Taxi rentiert hätte.

Als Sternhimmelsauskunftsmann — man hat mich boshafterweise schon als Milchstraßenwärter bezeichnet — bin ich oft in der umgekehrten Lage. Jemand hat etwas gesehen und will wissen, was es war. Um beim Stadtplanbeispiel zu bleiben: Der Frager weiß die Anschrift nicht, kann nicht die Koordinaten angeben! Man muß ihm die Anhaltspunkte mühsam herauslocken, denn er weiß sich auch nicht auszudrücken. Einfach ist das, wenn er einen hellen Stern beschreibt, der ihm schon seit Tagen auffällt, der heller als andere ist und den er darum zunächst für einen Satelliten hält. Mit einigen Fangfragen — auch beim Telefongespräch, wo man ausschließlich auf das gesprochene Wort angewiesen ist — kriegt man dann die nötigen Anhaltspunkte wie Uhrzeit, Himmelsrichtung (Nord, Süd, Ost oder West) schnell heraus. Da die Auswahl unter auffällig hellen Sternen meist knapp ist, hat man den in Frage kommenden Planeten meist schnell identifiziert. In Zweifelsfällen helfen Gradangaben nach dem Muster des Behelfs ‚Hand als Meßgerät' (s. Seite 13) weiter. Leider ist es eben so, daß der Laie, der etwas sieht, den ‚Stadtplan des Himmels' nicht kennt, und das macht oft die Verständigung schwierig.

Ich erinnere mich an ein Erlebnis in einer Kreisstadt im Schwarzwald. Ich hatte einen Vortrag über das stark in die Gebiete der modernen Astrophysik greifende Thema ‚Werden und Vergehen im Weltall' gehalten. Nach offiziellem Schluß hatte ich noch einen Kreis von Fragestellern um mich, die eine reiche Auswahl gezielter Fragen zu stellen gedachten. Die meisten waren junge Leute, Abiturienten etwa oder Studenten, und ihr Wissen war keinesfalls gering. Es ging um Linienverschiebungen in den Spektren ferner Galaxien und um die Frage, ob sie nach herkömmlicher Art als Dopplereffekt gedeutet werden dürfen oder ob eine andere Deutung möglich sei, wenn ja, welche . . . usw. usw. Ich kam ganz schön ins Schwitzen.

Als der Hausmeister schon merklich mit dem Schlüsselbund klapperte, weil er seinen Saal gerne abgeschlossen hätte, rückte einer der Diskutanten, der kurz zuvor noch relativistische Gleichungen hervorgezaubert hatte, mit der ganz vom Thema abweichenden Frage heraus, ob man den Planeten Saturn, den mit dem Ring, eigentlich auch so — ohne Fernrohr — sehen könne.

Ich war etwas verdattert ob der Frage. „Aber natürlich können Sie ihn sehen, gerade jetzt (es war schon vor einigen Jahren) steht er ganz

nahe beim Frühlingspunkt. Nehmen Sie nur die vordere Kante des großen Vierecks des Pegasus. Diese trifft, nach unten verlängert, fast genau auf Saturn, den hellsten Stern der weiteren Umgebung, der einfach
nicht zu übersehen ist. Und zudem steht er — wie schon gesagt — fast
genau im Frühlingspunkt."

Ich erntete verlegenes Schweigen und dann das Eingeständnis, daß der
junge Mann keine Ahnung vom Sternbild Pegasus hatte, geschweige
denn davon, wo er es zu suchen hatte. Der Begriff Frühlingspunkt war
ihm irgendwie schon einmal begegnet. Viel damit anfangen konnte er
aber nicht. Von den modernen Problemen über das Thema ,Ist die Welt
endlich oder unendlich? — Dehnt sie sich aus oder zieht sie sich zusammen? — Hat sie zeitlich einen Anfang und ein Ende oder existiert sie
kontinuierlich immer und immer weiter?' —, davon wußte er eine
ganze Menge und konnte gescheite Fragen stellen.

Solche Leute kommen mir vor wie jemand, der per Hubschrauber auf
dem Dach eines Hochhauses abgesetzt wurde und der keine Ahnung
hat, wo das Treppenhaus ist oder selbst der Liftschacht, mittels dessen
man den Kontakt zur Basis, dem Boden, herstellen kann.

Man sollte unten anfangen, dann kommt man weiter oben viel besser
zurecht. Es ist ganz einfach und zudem reizvoll. Man nimmt zuerst den

Stadtplan, sprich Him-
melskarte oder Stern-
atlas. Da liest man die
Namen der Sternbilder.
Etliche kommen einem
bekannt vor. Großer
Bär, Orion, Löwe, Zwil-
linge usw. Manche er-
wecken keinerlei Echo,
wie z. B. Einhorn, Ei-
dechse, Füllen, Chemi-
scher Ofen. Doch auch
bei den bekannt klin-
genden wird mancher
in Verlegenheit geraten,
wenn er sie am Himmel
suchen und identifizieren

soll. Und doch sind die Sternbilder wichtigste Orientierungshilfen am Himmel. Sie sind gleichsam die Planquadrate.

Es wäre reizvoll, hier ausführlich auf die Kulturgeschichte der Sternbilder einzugehen. Ein kleiner Hinweis stand schon auf Seite 19, als es um die Mythologie der Bärensternbilder ging. Wer eine Sammlung griechischer Sternsagen liest, etwa die von Wolfgang Schadewaldt (erschienen u. a. als Fischer-Taschenbuch), findet dort die meisten auch sonst bekannten griechischen Sagengestalten wieder, aber auch die Tatsache, daß gewisse Besonderheiten, wie z. B. das Nichtuntergehen der Bärensternbilder, raffiniert in die Sagen verwoben wurden. Die Völker der Antike, vor allem die Griechen, haben auf diese Weise den Himmel aufgeteilt. Da taucht aber der Adler des Zeus auf, der im Auftrag seines Herrn den Knaben Ganymed stahl, die Leier des Orpheus, mit der er Götter zu Tränen rühren konnte, der Schwan, in den sich Zeus verwandelte, als er sein Abenteuer mit Leda hatte, und natürlich auch der Stier, in dessen Gestalt Zeus die schöne Königstochter Europa entführte. Der Himmel wimmelt nur so von klassischen Sagengestalten.

Allerdings bedachten die damaligen Wissenschaftler die Himmelsgegenden, die weniger mit hellen Sternen bestückt waren und keine auffälligen geometrischen Figuren aufwiesen, weniger großzügig. Sie blieben lange Zeit leer, bis der Zwang der Systematisierung auch in solchen Gebieten Ordnung verlangte. Araber erfanden neue Sternbilder, und als in der Zeit der Seefahrtsentdeckungen der Südhimmel mehr und mehr ins Blickfeld geriet, wurde auch er aufgeteilt. Die Gelehrten der Renaissance und des Barock waren allerdings recht phantasielos. Da wurden willkürlich irgendwelche Gegenstände an den Himmel versetzt. So gibt es seitdem einen Zirkel, ein Lineal, eine Pendeluhr, ein Mikroskop und dergleichen am südlichen Sternhimmel.

Es ist überflüssig zu sagen, daß die Umrißlinien dieser Sternbilder, noch dazu aus schwachen Sternchen zusammengesucht, auch keine Anhaltspunkte für den Namen des Sternbildes geben. Und doch waren sie notwendig. Die immer ausgedehntere Hochseeschiffahrt auf unbekannten Meeren stellte Anforderungen an die Navigation. Die geographische Ortsbestimmung war nur durch das Anmessen bekannter Sterne möglich. Man mußte sie in Listen führen und eindeutig bezeichnen, um Verwechslungen zu vermeiden.

Es ist vielleicht kein Zufall, daß unter den neu geformten Sternbildern jener Zeit auch ein Sextant und eine Pendeluhr auftauchen. Das waren lebensnotwendige Navigationshilfen.

Mit der Einführung des Fernrohres wurden die Möglichkeiten individueller Beschäftigung mit Einzelobjekten erweitert. Es ergab sich ein Bedarf an neuen Namen, den zu decken die alten Methoden der Sternbezeichnung nicht mehr ausreichten. Helle Sterne hatten schon immer Namen: Sirius, Rigel, Aldebaran, Prokyon, Arktur, Spika . . ., um nur einige der hellsten Sterne in regelloser Auswahl zu nennen. Mittelhelle trugen teilweise auch schon Namen, die auffallend oft von den Arabern stammten. Diese hatten in der Hochblüte ihrer Kultur, zur Zeit der großen Kalifen, eine ausgeprägte Systematik getrieben. Sie führten Regeln ein, wo bisher lediglich Gewohnheiten gewirkt hatten, und auch die Benennung der Sterne wurde ausgeweitet. Meist hatten diese arabischen Namen Beziehungen zum herkömmlichen Sternbildumriß. Das Sternbild Herkules wird auf alten Darstellungen immer als kniender Mann dargestellt. Also nannten die Araber den an entsprechender Stelle des Sternbildes stehenden Stern ‚Ras Algethi — Kopf des Knienden‘. Ein anderes Beispiel: ‚Alphard‘ in der Wasserschlange ist abgeleitet von ‚El-ferd — der Alleinstehende‘. Tatsächlich steht der mittel-

Sternbilder Andromeda und Perseus aus J. Bayers Uranometria

helle Stern in einem Gebiet, das weithin keine vergleichbar hellen Sterne bietet.

Aber auch die Araber hatten noch zu wenig Sterne benannt. Schließlich gab 1603 Johannes Bayer aus Rain am Lech einen Sternatlas, ‚Uranometria‘ betitelt, heraus, der einen ersten entscheidenden Schritt in die Neuzeit tat. Er bezeichnete die Sterne innerhalb der Sternbilder mit griechischen Buchstaben. Dem hellsten gab er ein α, dem nächsthelleren ein β usw. Da sind wir wieder beim Stadtplan angelangt. Es gibt zwar haufenweise Hausnummern 27, aber nur eine in der Poststraße. So gibt es viele Sterne α, aber nur einen α im Orion oder einen α im Kleinen Hund usw. Hier war der Schritt zur eindeutigen Benennung getan.

Allerdings steht zwischen den Zeilen noch etwas anderes geschrieben. Johannes Bayer war ein Stubengelehrter, aber sicher kein aktiver Beobachter. Das läßt sich sehr leicht feststellen. Dazu gehört lediglich einiges Wissen um die Art, wie man die Helligkeiten der Sterne in einem Vergleichsmaßstab erfaßt.

Bayer benutzte offenbar den von Ptolemäus überlieferten Sternkatalog des Hipparch, der im zweiten vorchristlichen Jahrhundert lebte und als der größte Astronom der Antike gilt. Hipparchs Katalog umfaßt 1025 Sterne mit Orts- und Helligkeitsangaben.

Bei seinen Helligkeitsangaben war Hipparch wohl etwas in Verlegenheit. Genaugenommen ist nämlich kein Stern gleich hell wie ein anderer. Irgendeine schematische Helligkeitsangabe wird aber gebraucht. Um nun Hipparchs Verfahren zu verstehen, bemühen wir wieder einmal den Himmelswagen; man kann ihn als Experimentierfeld ausquetschen wie eine Zitrone. Zu diesem Zweck bilden wir eine Gruppe aus Volkssternwartenbesuchern, Schülern oder Teilnehmern an einem Astronomiekurs und betrachten gemeinsam den Sternhimmel, natürlich auch den Wagen.

Zuerst kommt natürlich wieder der Trick mit dem schwächsten Stern. Doch dann geht es weiter: „Der Gesamtüberblick zeigt, daß die Sterne unterschiedlich hell sind. Was würden Sie an Hipparchs Stelle tun, wenn Sie sich die Aufgabe gestellt hätten, ähnlich helle Sterne in Helligkeitsgruppen zusammenzufassen?"

Ich habe das Experiment schon bei Gruppenbeobachtungen gemacht, und man kam fast immer zum selben Ergebnis. Vorderer und dritter Deichselstern und hinterer oberer Kastenstern gehören in eine Gruppe.

Mittlerer Deichselstern und die beiden unteren Kastensterne wiederum und der vordere obere Kastenstern sind nochmals eine Stufe schwächer. So, nach dem Eindruck, den das Auge hat, ging auch Hipparch vor. Er teilte alle Sterne, von den hellsten bis zu den schwächsten, in sechs Klassen ein. Die hellsten nannte er Sterne erster Klasse, die schwächsten bildeten die sechste. Innerhalb dieser Klassen blieben nicht näher unterschiedene Helligkeitsdifferenzen unberücksichtigt.

Man hat sich inzwischen daran gewöhnt, von Sterngrößenklassen zu sprechen, und schlampig und auf Kurzworte aus, wie der Mensch nun einmal ist, benutzt man im Sprachgebrauch nur das Wort ‚Größe‘ und unterstellt dabei einfach, daß der Gesprächspartner nicht so begriffsstutzig ist und begreift, daß die Helligkeit gemeint ist und nicht etwa eine Durchmessergröße in Kilometern.

Leider stimmt diese Unterstellung durchaus nicht immer. Ich erinnere mich noch sehr gut an einen Sternwarteabend, während dessen ich beim Zeigen der Sternbilder durchaus großzügig mit dem Begriff Größe umging, bis ich direkt darauf angesprochen wurde, wie es denn möglich sei, die Größe all der Sterne so genau zu kennen, daß man sie sozusagen in gleitender Skala hintereinander einordnen kann. Es stellte sich heraus, daß der Zuhörer, im blinden Vertrauen auf die alles könnende moderne Wissenschaft geglaubt hatte, man kenne tatsächlich die Sterndurchmesser kilometergenau. Nun wollte er aber das Verfahren wissen, mit dem man zu solchen Kenntnissen kommt.

Um dem Kapitel Größe die moderne Abrundung zu geben, sind einige trockene Betrachtungen unumgänglich. Hipparchs Grobeinteilung erwies sich in modernerer Zeit, vor allem seit es Fernrohre gibt, als zu weitmaschig. Man behalf sich mit dazwischengeschätzten Dezimalstellen. Erst im 19. Jahrhundert wurden auch diese Dezimalstellen mathematisch erfaßt. Man ging dabei vom ‚Fechnerschen Gesetz‘ aus. Das ist ein psychologisches Gesetz, das besagt, daß man bei der Wahrnehmung eines Helligkeitsunterschiedes in erster Linie multiplikative Unterschiede registriert. Nehmen Sie einen weit entfernten Ort, in dem hundert Straßenlaternen brennen. Aus der Ferne ist das ein Lichtfleck. Löschen Sie eine, zwei oder auch fünf Lampen aus, wird das unser Freund vom ferngelegenen Aussichtspunkt nicht wahrnehmen. Löschen Sie aber die Hälfte, so fällt ihm das auf. Bei den Sternen ist das so: Ein Stern, der doppelt so hell ist wie sein Kamerad daneben, stellt einen

Klassenunterschied dar, und nach diesem Gefühlsmoment hat Hipparch seine sechs Klassen aufgeteilt.

Die im 19. Jahrhundert erfolgte rechnerische Präzisierung sieht so aus: Wir denken uns einen Stern, ganz an der unteren Schwelle der Sichtbarkeit für das freie Auge, und ernennen seine Helligkeit zu einer Lichteinheit. Weiter erklären wir, er sei ein Stern sechster Größe. Dann multiplizieren wir die Einheit mit dem Faktor 2,512 und sagen, der damit mehr als doppelt so helle Stern habe die fünfte Größe. Nun greifen wir wieder zur Multiplikation mit 2,512 und landen beim Stern vierter Größe. Vom Stern sechster Größe trennt uns nun aber schon eine mehr als sechsfache Helligkeit. Machen wir weiter, dann ist der Stern dritter Größe schon mehr als fünfzehnmal heller als der der sechsten usw.... Dabei folgen wir etwa Hipparchs Schätzungsgefühl.

Multiplizieren wir das genau aus, dann stellen wir fest, daß ein Stern erster Größe genau die hundertfache Helligkeit eines der sechsten Größe hat, und damit wissen wir auch den Grund für den verrückt anmutenden Multiplikator 2,512. Und wenn wir weitermultiplizieren? Was für einen Stern bekommen wir, wenn wir noch eine Größenklasse weiterrechnen? Das ist ganz einfach. Das ergibt die nullte Größenklasse. Nochmals weitergerechnet ergibt die Größenklasse minus 1, dann minus 2 usw.

Wer sich ans Rechnen macht, merkt, daß die Helligkeitsunterschiede ganz gewaltig anwachsen. Ein minus 1 heller Stern ist schon mehr als 600mal heller als ein harmloses Pünktchen 6. Größe. „Gibt es denn so helle Sterne?" werden Sie fragen. Es gibt sie. Was Hipparch als erste Größe in einen Sack geworfen hat, ist alles andere als gleich. Die helle Wega am Sommerhimmel ist − 0,14 hell; Sirius, der hellste Fixstern, − 1,52. Die Planeten können noch heller werden. Mars kann in günstigster Stellung − 2,3 schaffen, Jupiter − 2,4, und Venus, immer, wenn sie am Himmel steht, der hellste aller Sterne, kann es gar auf − 4,4 bringen. Rechnen Sie einmal spaßeshalber aus, wieviel heller Venus als das schwächste Sternchen ist! Ich will es Ihnen verraten. Je nach Stellung ist sie so etwa 12 000mal heller als der schwächste Stern. Und nun kommt der unvermeidbare Zwischenruf aus dem Hintergrund: „Wie hell ist in diesem Maßstab die Sonne?" Meine Antwort: „Sie hat die Größenklasse minus 27." Jetzt dürfen Sie aber selbst ausrechnen, was das für einen Intensitätsunterschied bedeutet.

Es ist eigentlich müßig festzustellen, daß die Helligkeitsskala, genauso wie sie in der Richtung ‚noch heller' durch Multiplikation mit 2,512 verlängert werden kann, auch in der Richtung ‚noch schwächer' erweitert werden kann. Man dividiert dann eben und kommt auf die Größenklassen sieben, acht, neun usw. Die größten Fernrohre erwischen noch Objekte zwanzigster und einundzwanzigster Größe. Optimisten behaupten, der 5-m-Spiegel auf dem Mt. Palomar, eines der größten Spiegelteleskope der Welt, schaffe die plus vierundzwanzigste Größenklasse. Die Skala ist also weit gespannt, und die Helligkeiten der mit freiem Auge sichtbaren Durchschnittssterne bieten nur einen knappen Ausschnitt.

Bleibt noch eine Formalität nachzutragen. Sie betrifft die Schreibweise. Man hat das lateinische Wort ‚magnitudo', was Größe bedeutet, genommen und seinen Anfangsbuchstaben beschlagnahmt. Ihn verwendet man als hochgestelltes kleines ^{m} und schreibt z. B. zweikommafünfter Größe so: $2^m.5$. Die Fachleute dachten sich nichts dabei und hielten Verwechslungen mit der gleichgeschriebenen Abkürzung für Minute für ausgeschlossen, weil schon der jeweilige Satzzusammenhang sagt, daß es sich um eine Helligkeitsangabe handelt. Diese Fachleute haben falsch gedacht. Sie gingen wohl von der Annahme aus, daß sie mit ihren Schriften und Tabellen unter sich blieben. Ich muß Sie da eines Besseren belehren. Immer wieder stoße ich auf die Meinung, daß das ^{m} Minute bedeute, auch wenn durchaus begriffen wird, daß es sich um eine Helligkeitsangabe handelt. Man unterstellt nur, daß Helligkeiten eben in der Minuteneinteilung geschrieben werden, und dann kommen konfuse Schlußfolgerungen heraus, wie sechzig Minuten gleich eine Stunde. Nur so ist die Bemerkung eines Anrufers am Telefon zu verstehen, der von einem hellen Stern berichtete, der mindestens eine Stunde hell sei. Ich gestehe offen, daß ich einige Zeit brauchte, um hinter die Gedankengänge zu kommen.

Doch jetzt war genug von trockenen Zahlensystemen usw. die Rede. Darum erlauben wir uns eine kurze Rückkehr zur historischen Basis. Ich habe vorhin behauptet, Johannes Bayer, der die griechischen Buchstaben als Sternbezeichnungen einführte, sei ein Stubengelehrter gewesen. Das kann ich jetzt belegen, da einigermaßen Klarheit über das Helligkeitssystem geschaffen wurde.

Bayer verwendete Hipparchs grobes Klassensystem. Dabei mußte er in

Verlegenheit geraten. Im Sternbild Zwillinge waren zwei Sterne erster Klasse, eben *die* Zwillinge Kastor und Pollux. Anstatt nun in einer klaren Nacht auszuschauen, welcher der beiden den Nachbarn an Helligkeit etwas übertrifft, und dann die Alphas und Betas gerecht nach Helligkeit zu verteilen, blieb Bayer in seiner Gelehrtenstube sitzen und gab dem der beiden Sterne, der nördlicher, also dem Himmelspol näher steht, das α. Jeder Anfänger kann feststellen, daß Pollux, der das β bekam, der hellere der beiden ist. Ein Blick in die Natur hätte genügt, doch dazu konnte sich Bayer — dessen Verdienst dadurch keineswegs herabgesetzt werden soll — offenbar nicht aufraffen.

Das Prinzip, den nördlicheren Stern bei gleicher Klassennummer α zu nennen, hat in anderen Sternbildern zu ähnlichen Ergebnissen geführt. Die Zwillinge sind nur das auffallendste Beispiel.

Ein weiteres typisches Beispiel ist der Himmelswagen. „Schon wieder der Wagen", höre ich jetzt. Aber ich betonte ja schon, daß man ihn ausquetschen kann wie eine Zitrone, und er wird uns noch mehrfach begegnen.

Denken wir an das, was bei Hipparch vom Wagen gesagt wurde. Jeweils drei Sterne sind ähnlich hell, die eine Gruppe ist aber deutlich heller als die zweite, und der siebente Stern ist nochmals eine Klasse ärmer dran. Von den drei hellsten Sternen ist ε der hellste. ε ist der dritte Deichselstern. Mit α bezeichnete Bayer aber den nördlichsten, den oberen hinteren Kastenstern, der immerhin rund $3/10$ einer Größenklasse schwächer ist. Das ist mit freiem Auge klar zu unterscheiden. Herr Bayer hat eben nicht nachgesehen.

Leichter hatte er es da natürlich beim Großen Hund, dessen α, Sirius, der hellste Fixstern des Himmels ist, oder bei der Leier, deren Wega als dritthellster Fixstern seine Nachbarn im Sternbild gleich um fast vier Größenklassen übertrifft. Schwierig ist der Fall beim Orion, wo α (Beteigeuze) als unregelmäßig veränderlicher Stern zeitweilig schwächer, zeitweilig heller als der helligkeitskonstante Rigel ist, der den Buchstaben β bekam. Doch diese Feinheit war Herrn Bayer sicher gar nicht bekannt.

Bayers Sternkarten stellen die Sternbilder noch in ihrer ganzen barokken Pracht dar. Da rudern kraftstrotzende Gestalten mit Armen und Beinen, schwingen Waffen in die Gegend und lassen wallende Gewänder um sich flattern. Hinter diesen weitschweifigen Abbildungen steckt

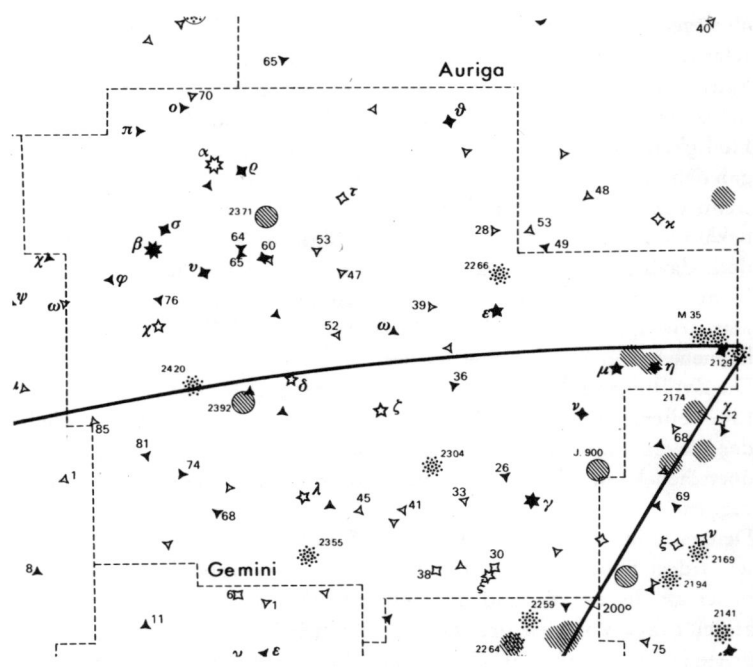

Ausschnitt aus einer modernen Sternkarte

aber mehr als nur der bombastische Zeitstil der Darstellung. Es hatte sich seit alters her eingebürgert, einen Stern etwa so zu bezeichnen: ‚Der Stern an der Schwanzspitze des Löwen‘, oder ‚der Stern an der linken Hörnerspitze des Widders‘, oder ‚der Stern am linken Fuß der Jungfrau‘. Um Sterne so bezeichnen zu können, mußten erstens die bildhaften Umrisse der Sternbilder allenthalben im gleichen Bildsinn verwendet werden. Zweitens mußten diese Bilder möglichst vielfältig gestaltet sein, damit möglichst viele Einzelheiten als Ortsbezeichnung für einen bestimmten Stern verwendet werden konnten.

Bayer tat hier, wie schon gesagt, den ersten Schritt in die Zukunft. Mit seiner Buchstabenbezeichnung der Sterne machte er die von ihm noch verwendeten weitschweifigen Bilder im Grunde genommen überflüssig. Wenn sie auch auf wissenschaftlichen Sternkarten noch bis ins 19. Jahr-

34

hundert hinein gebraucht wurden, so war dies mehr ein Festhalten an alten Traditionen. Doch die Zeit wurde nüchterner. Die Bilder wurden mehr und mehr von bloßen Verbindungslinien verdrängt, die man Skelettlinien nennt und die eben noch anzeigen sollen, welche Sterne zu diesem oder jenem Sternbild zu zählen sind. Manchmal ahnt man aus den modernen Skelettlinien die alten Formen noch heraus, oft aber nicht.

Doch auch diese Skelettlinien sind heute für die wissenschaftliche Astronomie nicht mehr vonnöten. Was man braucht, ist das Sternbild als Planquadrat, als Straßenname für die Hausnummer. Und dem folgte auch eine Kommission, die 1925 von der Internationalen Astronomischen Union den Auftrag erhielt, die Sternbildgrenzen neu festzulegen. Sie zog rechtwinklig aufeinanderstoßende Grenzlinien, die sich an die Linien des Himmelskoordinatennetzes, der Rektaszensionen und der Deklinationen, halten. Das sind die Koordinaten, denen Längen- und Breitengrade auf irdischen Landkarten entsprechen. Das Bild als solches ist verschwunden; nur als Name für eine mathematisch genau definierte Fläche blieb es erhalten. Achtundachtzig Sternbilder am Gesamthimmel zwischen Nord- und Südpol durften überleben. 1930 wurde dieses System eingeführt und blieb seitdem in der wissenschaftlichen Astronomie verbindlich.

Für den Sternfreund und nicht nur für ihn, sondern auch den Fachmann, der sich grob orientieren will, ist es aber gut, die alten Umrisse in groben Zügen zu kennen. Man weiß dann, wie man gleichsam von Sternbild zu Sternbild springen kann, um ein gesuchtes Gebiet zu finden.

Die Sache, wie man von den hinteren Kastensternen des Himmelswagens den Polarstern findet, kennt jeder (s. Seite 16). Wußten Sie aber auch, daß der Himmelswagen noch eine weitere Wegweiserfunktion hat (schon wieder der Wagen!)? Man nehme die Deichsel und führe ihren Krümmungsschwung langsam flacher werdend weiter. Etwa so, als sei der Himmel eine Tafel und man fahre mit einer Kreide schnell die Deichsel entlang und lasse die Kurve dann auslaufen. Probiert man das an einem Frühlingsabend, wenn der Wagen hoch steht, aus, dann trifft diese Linie auf einen hellen gelbroten Stern, den hellsten in weiter Umgebung, der etwa halbhoch über dem Horizont steht: Arktur im Sternbild Bootes. Doch die Kurve führt noch weiter, hori-

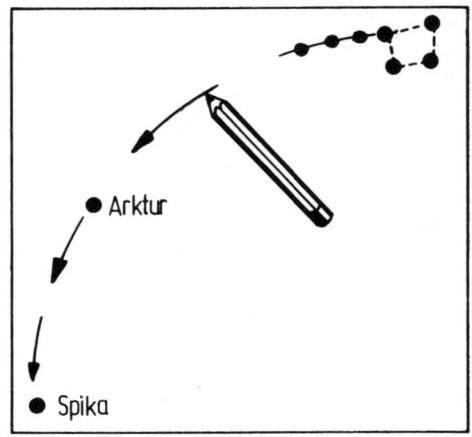

zontnäher steht auf ihrer weiteren Verlängerung Spika, der helle weiße Hauptstern der Jungfrau. So hat man gleich die Gebiete dieser Sternbilder grob lokalisiert und kann sich an das Zusammensuchen der schwächeren Sterne machen.

Solche Beispiele könnte ich noch viele aufführen. Orion ist z. B. auch ein Wegweiser nach allen Himmelsrichtungen. Man kann sie immer noch gut gebrauchen, die Sternbilder, und tut deshalb gut daran, sie sich einzuprägen. Man kann das mit Hilfe einer Sternkarte versuchen. Eine drehbare, mit der man den jeweiligen Himmelsausschnitt, der über dem Horizont steht, nach Datum und Uhrzeit einstellen kann, ist hier eine gute Hilfe. Sie entspricht dem Stadtplan für den Fremden, der eine Adresse sucht.

Besser ist der Fremde aber dran, wenn er einen wirklich Stadtkundigen erwischt, der ihm den Weg genau beschreiben kann. So ist auch der Anfänger am Sternhimmel am besten dran, wenn er einen erfahrenen Sterngucker

Das Sternbild Orion als Wegweiser

findet, der ihm die Sternbilder und die ‚Wegweiser‘ am Sternhimmel sozusagen am lebenden Objekt, unter dem nächtlichen Sternhimmel, erklärt. Volkssternwarten sehen in solchen Sternführungen eine Hauptaufgabe.

Noch besser sind private Abendspaziergänge unter Freunden, da ist die ganze Unterweisung am ungezwungensten. Doch hier sei gleich eine Warnung ausgesprochen: Wenn die erste und die zweite Verabredung wegen Regen ins Wasser fällt, darf man nicht die Flinte ins Korn werfen. Geduld muß man haben. Desgleichen wenn man beim zweiten Beobachtungsabend wieder hilflos vor dem regellos erscheinenden Gewimmel steht. Es wird schon werden. Der Tag kommt, an dem man das wirre Gewimmel nicht mehr wiederfindet, sondern schon beim ersten Blick die Bilder vor sich hat. Nur eines muß man eben aufbringen, und dieses Wort zieht sich durch alles, was mit astronomischer Beobachtung zu tun hat, Geduld!

Die Sache mit den Entfernungen

Eigentlich sollte Skat gespielt werden. Aber einer aus der Runde hatte eine wissenschaftliche Zeitungsnotiz nicht ganz verdaut und erbat von mir Aufklärung. Er wollte wissen, wie lange ein Lichtjahr dauert.

Ich schickte einen ‚Seufzerblick' zum Himmel und erklärte dann kurz und bündig: „Ein Lichtjahr dauert nicht, es ist! Es ist ein Streckenmaß und kein Zeitmaß!"

Gegenfrage: „Ja, aber warum dann Jahr? — Das ist doch eine Zeit!"

Ich nahm alle Gedanken zusammen, meinem Freund so kurz wie möglich deutlich zu machen, um was es geht, und dabei fiel mir seine Leidenschaft fürs Gaspedal ein. „Hast du nicht schon oft im Gespräch, wenn es um die Entfernung zwischen zwei Orten ging, die Redewendung gebraucht: ‚Ach, das ist nicht weit, nur eine knappe Autostunde!' Hast du dabei an die Dauer der Stunde gedacht? — Mitnichten! Du dachtest durchaus an die Kilometer und weiter daran, daß du die mit deinem schnellen Schlitten in einer Stunde spielend schaffst! Geht dir jetzt ein Licht auf? Jawohl! Ein Licht betreffs des Lichtjahres. Nimm als Transportmittel nicht dein Auto, sondern das Licht, das pro Sekunde 300 000 km schafft, und sei ein Jahr lang unterwegs, dann hast du die Strecke eines Lichtjahres zurückgelegt."

Jetzt hatte mein Freund begriffen, und — ich schalte das hier ein — viele andere Leute, die bei dem Wort ‚Lichtjahr' an einen Zeitraum denken und darüber stolpern, sind sofort im Bilde, wenn man mit dem Alltagswort ‚Autostunde' kommt. Zu Großvaters Zeiten gab es den an Fußgängermaßstäben gemessenen Begriff der Wegstunde. Der alte deutsche Kommiß hatte wie alles auch die Wegstunde genormt. Beim Marschieren in geschlossenen Formationen galt als Normstrecke für eine Stunde Marsch 4,5 Kilometer, nicht mehr und nicht weniger.

Nun hätten wir eigentlich Skat spielen können, aber da ging es noch weiter mit Fragen. Natürlich mußte die nächste lauten: „Wie viel km lang ist dann ein Lichtjahr?"

Meine Antwort: „Rund 9,5 Billionen km" (die wie immer sehr präzise, aber für den Laien unverständliche Ausdrucksweise der Wissenschaft sagt $9,4650 \times 10^{12}$ cm).

Da ließ ein weiterer Teilnehmer aus der Runde die Bemerkung fallen: „Woher will man denn das wissen, wie kann man denn solche Entfernungen überhaupt messen, das sind doch alles nur Vermutungen!"

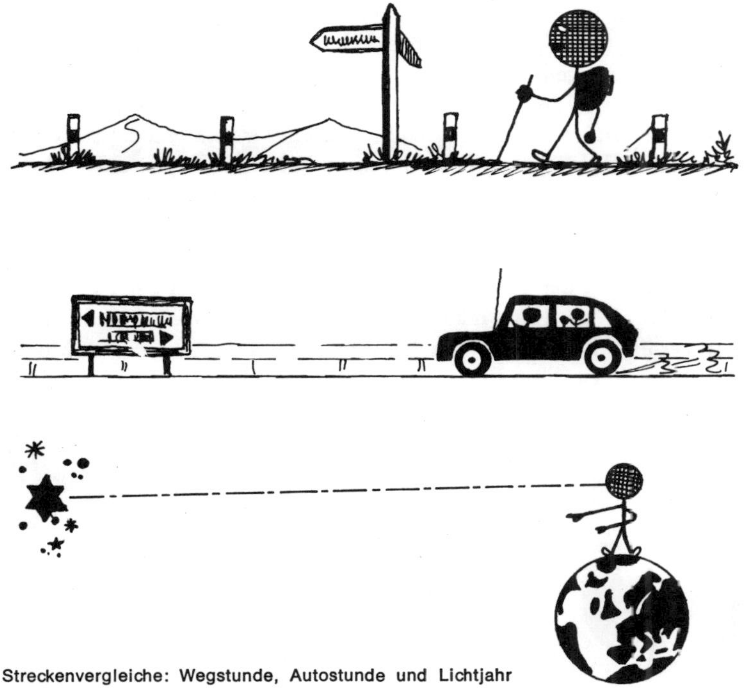

Streckenvergleiche: Wegstunde, Autostunde und Lichtjahr

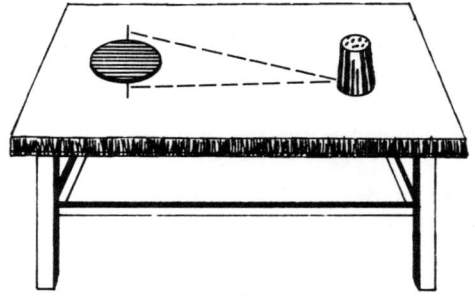

So einfach kann man die Entfernungsmessung demonstrieren

Jetzt war es passiert. Das konnte ich nicht auf dem guten Ruf der Astronomie sitzen lassen. Und so verzögerte sich der Beginn des Spieles noch weiter. Erstes Requisit zur Demonstration: ein Bieruntersetzer, bei uns kurz Bierdeckel genannt. Zweites Requisit: ein Salzstreuer. Beides wurde im Abstand von etwa einem Meter angeordnet. Ein Bleistift markierte am Rande des Bierdeckels zwei einander gegenüberliegende Punkte. Jedem war klar, daß man nun bequem ein Dreieck zeichnen konnte, dessen Eckpunkte die beiden Bleistiftmarken und der Salzstreuer waren. Da die Winkel in diesem Dreieck eindeutig meßbar sind und auch bei jedem noch dunkle Schulerinnerungen auftauchten, wonach man bei Kenntnis zweier Winkel und einer Seitenlänge — in diesem Fall des Bierdeckeldurchmessers — die übrigen Seitenlängen berechnen kann, war dieses Problem gelöst. Fehlte nur die Übersetzung.

„Angenommen, der Bierdeckel stellt die Erde dar und der Salzstreuer den Mond. Nun wählt man zwei Beobachtungspunkte auf der Erde und vermißt gleichzeitig von beiden Punkten aus genau die Mondposition auf dem Fixsternhintergrund. Wer will mir da nun bestreiten,

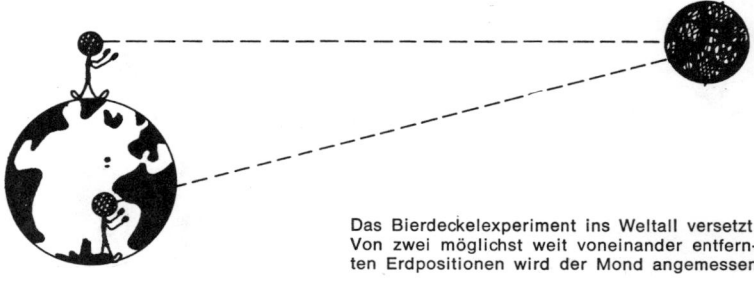

Das Bierdeckelexperiment ins Weltall versetzt: Von zwei möglichst weit voneinander entfernten Erdpositionen wird der Mond angemessen

daß man — ist nur der Abstand der beiden Beobachtungspunkte groß genug — einen Unterschied zwischen den räumlich von verschiedenen Punkten gestarteten Messungen nachweisen kann. Hat man den, ist das Dreieck komplett berechenbar — stimmt's?"

Keiner konnte widersprechen, und ich konnte noch auftrumpfen mit einer Jahreszahl! Im Jahr 1672 stand der Planet Mars der Erde besonders nahe. Das nützte eine Gruppe französischer Wissenschaftler aus. Ein Teil beobachtete in Paris und vermaß peinlich genau den Ort des Planeten Mars. Der andere tat dasselbe in Cayenne, jenem äquatornahen Ort in Französisch-Guayana, vor dessen Küste die berüchtigte Teufelsinsel liegt. Das Experiment gelang, und die daran — auf dem Umweg über die Keplerschen Gesetze — angeknüpften Berechnungen, die zur genauen Bestimmung der Entfernung Erde—Sonne führen sollten, brachten ein Ergebnis, das sich vom mit heutigen Mitteln gemessenen nur um rund 8 % unterscheidet. Man bedenke die technischen Mittel des 17. Jahrhunderts!

Doch zurück zu unserer Skatrunde. Das erste Blatt war immer noch nicht gegeben. Der nörglerisch veranlagte Freund brummelte: „Schön und gut, bei so — weltallbezogen — kurzen Entfernungen wie Erde—Mond, Erde—Mars, Erde—Sonne, da mag die Dreiecksrechnung noch klappen. Aber wenn es an die Lichtjahre geht, was dann? — Nimm deinen Salzstreuer und trag ihn fort, weit aus der Wirtsstube, auf die andere Straßenseite und denke, die Wände des Hauses seien durchsichtig. Kannst du dann noch eine Änderung der Winkelgröße feststellen, wenn du über die Bierdeckelkanten visierst? Selbst wenn du es kannst, dann trag den Salzstreuer drei oder vier Häuserblocks weiter — klappt es dann noch? Lichtjahre, von denen du sagst, sie seien beinahe 10 Billionen km lang, willst du vermessen? Etwa von der Dreiecksbasis Paris—Cayenne aus! Das ist ja lächerlich!"

Der Einwand war voll und ganz berechtigt, und weil er viel weiter führt, als das in der Skatrunde ausdiskutierbar war, wollen wir diese verlassen.

Es stimmt, daß Dreiecksmessungen der beschriebenen Art eine Grenze gesetzt ist. Je kleiner die Basis gegenüber der fernen Dreiecksspitze wird, um so mehr nähern sich die beiden Visierlinien Parallelen. Einmal muß die Situation da sein, daß wohl theoretisch immer noch ein Vermessungsdreieck existiert, aber selbst die raffiniertesten Meßinstru-

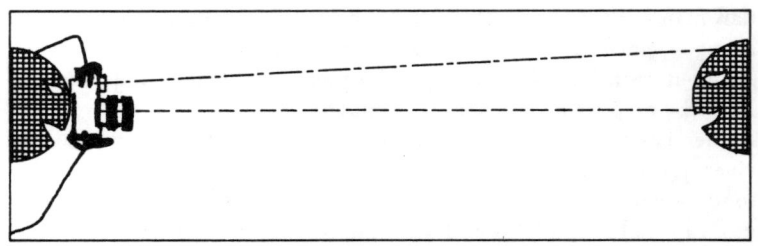

Parallaxe bei der Handkamera. Der Blick durch den Sucher visiert einen etwas anderen Punkt an als der durch das Objektiv

mente unserer Zeit innerhalb ihres Fehlerspielraumes den winzigen
Winkelunterschied zwischen den beiden Visierlinien nicht mehr festnageln können.

Dieses Unvermögen der Parallaxenmessung auf zu große Distanzen
führte zu einem interessanten historischen Duell. Verzeihung — hier
taucht ein Wort auf: Parallaxe. Sind Sie Amateurfotograf? Dann ist
Ihnen das Wort Parallaxenausgleich geläufig. Darunter versteht man
eine Vorrichtung, die verhindert, daß man zwar im Sucherbild das
lachende Gesicht seiner Freundin samt ihren im Wind flatternden Lok-
ken hat, aber später auf dem Bildabzug nur ein Fragment wiederfindet. Die obere Stirnhälfte plus flatternden Locken fehlt. Grund? —
Der Sucher zielt das Objekt aus zwei oder drei Zentimeter mehr Höhe
an als das das Gesicht einfangende Objektiv. Was im Sucher noch im
Gesichtsfeld liegt, ist im Objektiv schon teilweise draußen. Darum die
Einrichtung des Parallaxenausgleichs, die heute zu jedem guten Foto-
apparat gehört (und die Sie auch mitbezahlen dürfen). Kurz gesagt:
Unter Parallaxe oder parallaktischer Verschiebung versteht man den
Effekt, der zur scheinbaren Ortsveränderung eines betrachteten Ob-
jektes führt, wenn man den Beobachterstandpunkt wechselt. Denken
Sie an den Mann im ersten Kapitel, der daran dachte, daß man bei
Vergleichsbeobachtungen, die mit Zeitabstand ausgeführt werden, den
Beobachterstandpunkt markieren muß, damit kein Fehlurteil heraus-
kommt (s. Seite 13).

Soviel zum Begriff Parallaxe. Doch kommen wir nun zum angekündig-
ten historischen Duell. Es ist kein Duell zwischen zwei Personen, sondern zwischen zwei Denkrichtungen. Man kann oft den oberflächlichen

Standpunkt hören, daß es doch unverständlich sei und von der Borniertheit entsprechender Kreise zeuge, daß lange nach Kopernikus, Kepler, Galilei und Newton bis weit ins 18. Jahrhundert hinein immer noch Leute, die glaubten, klug zu sein, den alten ptolemäischen Standpunkt vertraten und sich weigerten, die Bewegung der Erde um die Sonne anzuerkennen. Für sie blieb die Erde ruhender Weltmittelpunkt. So borniert waren diese Leute aber gar nicht. Ihr Standpunkt war der: Wandert die Erde um die Sonne, dann ändern wir im Lauf eines Jahres unseren Beobachterstandort. Das muß sich in der Position der Fixsterne als Parallaxe widerspiegeln. Ein Fixstern muß einen, allerdings kleinen, Kreis um einen mittleren Ort als Spiegelbild der Erdbewegung vollführen. Weist mir diese Parallaxe vor, dann nehme ich euch die bewegte Erde ab. Solange ihr mir keine Parallaxe zeigt, bleibe ich bei der unbewegten Erde.

Das war ein gewichtiger Einwand. So dumm, wie sie oft hingestellt werden, waren die Gegner des Kopernikus gar nicht. Nur eines über-

So muß man sich das Prinzip der Parallaxenmessung vorstellen. Gemessen wird von zwei gegenüberliegenden Punkten der Erdbahn aus. Damit ergeben sich die Basiswinkel an der Erdbahn. Ergänzt zum Dreieck, das eine Winkelsumme von 180° hat, erhält man den Winkel an der Dreiecksspitze. Da der Erdbahndurchmesser in Kilometern bekannt ist, lassen sich alle anderen Größen leicht errechnen

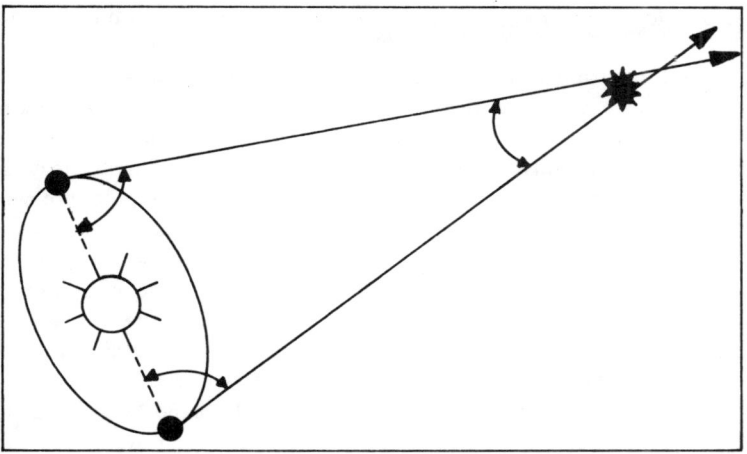

sehen wir heute klar. Die Kopernikusgegner fochten mit dem Rücken zur Wand. Sie hatten keine Ausweichmöglichkeit. Irgendwann konnten die angreifenden Kopernikaner vielleicht doch eine Parallaxe zeigen, dann war der Kampf zu Ende. Es erwies sich aber als schwer, diesen augenfälligen Nachweis zu bringen. Auf der Jagd nach der Parallaxe glaubte am Anfang des 18. Jahrhunderts der englische Astronom James Bradley schon, Heureka rufen zu dürfen. Er hatte bei dem von ihm besonders genau vermessenen Stern γ im Drachen eine jährliche Pendelbewegung in der Größe von rund 20 Bogensekunden entdeckt. Es stellte sich aber heraus, daß hier ein anderes, nicht minder gewichtiges Argument für die bewegte Erde gefunden worden war, nämlich nicht die Parallaxe, sondern das, was man Aberration des Lichtes nennt.

Die einleuchtendste Erklärung für die Erscheinung der Aberration ist immer noch der Regen. Die Tropfen fallen senkrecht, und wenn ich an einer Straßenecke auf meine Freundin warte, halte ich meinen Regenschirm senkrecht. Da sehe ich sie schirmlos und plitschnaß auftauchen und will ihr schnell mit dem schützenden Dach zu Hilfe kommen. Ich renne auf sie zu, halte aber den Schirm jetzt instinktiv schräg nach vorn geneigt, weil sonst bei senkrecht gehaltenem Schirm mein werter Korpus die am Schirmrand vorbeifallenden Tropfen, während sie noch unterwegs zum Boden sind, auffinge. Mein Schirm bekommt so einen ‚Vorhaltewinkel‘, und eben diesen Vorhaltewinkel müssen wir unserem Fernrohr geben, wenn wir von der bewegten Erde aus die Sterne anzielen. Er ist stets in der Bewegungsrichtung der Erde ausgerichtet. Das ist die Aberration des Lichtes, leider aber noch keine Parallaxe.

Es sollte noch mehr als ein Jahrhundert dauern, bis die erste gesicherte Fixsternparallaxe vorlag. Friedrich Wilhelm Bessel vermaß in Königsberg mit einem von dem berühmten Optiker Fraunhofer gefertigten Spezialinstrument, dem Heliometer, über ein Jahr lang die Positionen des Sternes 61 im Schwan, der sich aus meßtechnischen Gründen als Versuchsobjekt besonders gut eignete. 1838 konnte er mit Gewißheit verkünden, daß die Jahresparallaxe des Sterns 0,3136 Bogensekunden beträgt, was auf das Meßdreieck umgerechnet einer Entfernung von 10,3 Lichtjahren entspricht. Es spricht für die Sorgfalt von Bessels Arbeit, daß dieser Wert mit modernen Meßmethoden nur auf 10,1 Lichtjahre korrigiert werden mußte.

Derartige Fortschritte scheinen in der Luft zu liegen. Fast gleichzeitig mit Bessel vermaßen Georg Wilhelm Struve in Dorpat die Parallaxe der Wega und Henderson und Maclear in Kapstadt die von α Centauri. Die Meßlatte zu den Fixsternen war damit gelegt. Heute kann man mit dieser rein geometrischen Meßmethode Entfernungen bis zu 500 Lichtjahren sicher bestimmen.

Schnell noch ein Fachwort: Man nennt so gemessene Parallaxen ‚trigonometrische Parallaxen‘, und damit ist dem Einwand meines Skatfreundes schon vorgegriffen, der nach einschlägiger Belehrung höhnisch fragte: „Und wie macht man's, wenn's weiter als 500 Lichtjahre geht?" Die Spezifizierung ‚trigonometrische Parallaxen‘ sagt schon, daß es auch noch andere Meßmethoden gibt. Jede einzelne Methode zu schildern, wäre Sache eines umfassenden Lehrbuches. Ein Beispiel sei aber doch näher beleuchtet, einfach deshalb, weil es vom kriminalistischen Spürsinn der Astronomen zeugt und weil es ein so schönes Kapitel moderner Astronomiegeschichte darstellt. Leserinnen werden zudem erfreut darüber sein, daß ein weibliches Wesen, eine Astronomin, eine wesentliche Rolle dabei spielt.

Das Mädchen hieß Henrietta Leavitt und war seit 1902 Leiterin der fotometrischen Abteilung des Harvard Institutes in Cambridge, Massachusetts (USA). Fotometrie ist die Helligkeitsmessung. Miß Leavitt hatte sich also vornehmlich mit Sternhelligkeiten zu befassen. Die Helligkeit eines Sternes kann uns über ihn eine ganze Menge verraten, vorausgesetzt, wir ziehen noch einige zusätzliche Merkmale, beispielsweise seine Farbe, zu Rate. Kennen wir seine Entfernung, können wir kühn stabile Aussagen über seine wirkliche Leuchtkraft machen, was ohne Kenntnis der Entfernung durchaus nicht ohne weiteres möglich ist.

Nehmen wir ein Beispiel. Es ist Winter. Obwohl es klirrkalt ist, betrachten wir den Sternhimmel, weil dieser Winterhimmel eben so eindrucksvoll ist. Von den insgesamt zwanzig Sternen der ersten Stern-

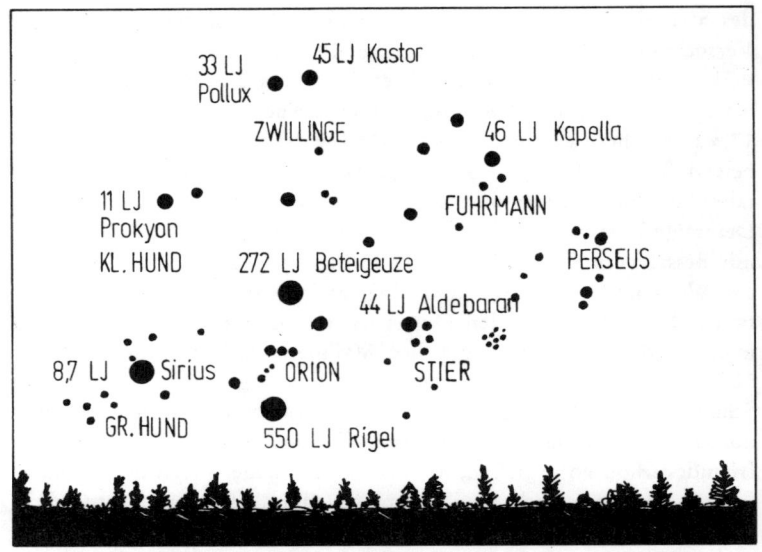

Die Umgebung des Sternbildes Orion, wie sie sich uns an einem Winterabend zeigt.
Die hellen Sterne der ersten Größenklasse sind sehr unterschiedlich weit von uns
entfernt (LJ = Lichtjahre; nach P. Ahnert: Kleine praktische Astronomie)

größenklasse konzentrieren sich in dem Raum um das berühmte Wintersternbild Orion allein sieben. Und dazu kommen noch eine Handvoll weitere, die nur um eines geringen Unterschiedes willen nicht mehr
im ersten Rang rangieren. Paradeobjekt ist Sirius, der Hauptstern im
Großen Hund, weißblau strahlend, hellster Fixstern des Himmels!
Andere stehen ihm nicht viel nach. Nehmen wir Rigel (Achtung beim
Schreiben des Namens! Der Stern heißt nicht etwa Riegel! Das e hinter
dem i fehlt bewußt.), das ist der rechte Fußstern des Orion. Auch er ist
ein Prachtexemplar, der uns etwa um das Vierfache schwächer als
Sirius erscheint. Meßmethoden und Rechenschieber klären uns aber
darüber auf, daß Sirius die 27fache Leuchtkraft unserer Sonne besitzt,
Rigel jedoch die rund 18 000fache! Dafür ist Sirius uns sehr nahe; nur
8,7 Lichtjahre ist er entfernt, während Rigel rund 550 Lichtjahre weit
weg zu postieren ist.

Dabei müssen wir bedenken, daß beide Sterne noch zu unserer vergleichsweise „näheren Umgebung" zählen. Wie kann ich aber Sterne miteinander vergleichen, deren Entfernungsunterschied noch viel größer ist? Das Wesen moderner astrophysikalischer Arbeit ist es doch, durch Vergleiche auf Wesensunterschiede oder auf Gleichartigkeiten zu schließen.

Miß Leavitt bediente sich nun eines Tricks, der ihr vergleichbares Arbeitsmaterial in Hülle und Fülle einbrachte, ohne daß jeder Stern zuerst einzeln vermessen werden mußte. Die Sache ist ganz einfach. Unsere kalte Winternacht bietet auch andere Ausblicksmöglichkeiten. Drehen wir uns um und schauen von unserem Aussichtspunkt über die profane irdische Landschaft. Wir sehen vereinzelte, im dunklen Gelände verstreute Lichter; Lichtstriche auf einer Straße; aber ganz am Rande des überschaubaren Gebietes liegt ein Lichtklecks. Es ist ein Dorf, eine Siedlung, das Randgebiet einer Großstadt — gleichviel, es ist eine Ansammlung menschlicher Wohn- und Arbeitsstätten und darum einschlägig beleuchtet. Auf die Entfernung von mehreren Kilometern fließen die Einzellichter zu einem Lichtklecks zusammen. Wenn wir einen

Siedlung mit indifferentem Gesamtlichtschimmer. Alle Einzellichter sind praktisch gleich weit entfernt

Feldstecher nehmen, können wir sogar Einzellichtquellen nachweisen, und wir können feststellen, daß ein solcher Lichtpunkt vielleicht doppelt so hell ist wie der Nachbar. Und gerade daraus ziehen wir den Schluß: Daß die eine Leuchte die doppelte Kerzenzahl ausstrahlt wie die andere, weil wir wissen, daß beide Lichtquellen im selben Ort, praktisch gleich weit von uns entfernt sind.

Spielt es denn bei einer Gesamtentfernung von 5 oder 6 Kilometern

Im Feldstecher können wir zwischen den einzelnen Lichtquellen unterscheiden. Erleuchtete Fenster, Straßenleuchten, Autoscheinwerfer sind unterschiedlich hell, aber insgesamt gesehen gleich weit entfernt

eine Rolle, ob die eine Leuchte 50 oder 100 Meter näher bei uns ist oder nicht?

Eben, das ist der Punkt. Die Helligkeitsdifferenz, die zwischen Sirius und Rigel durch nur 500 Lichtjahre Entfernungsunterschied Kopfzerbrechen verursacht, wird unbedeutend, wenn beide z. B. 100 000 Lichtjahre entfernt sind. Dabei spielt der Privatunterschied von rund 500 Lichtjahren gar keine Rolle mehr.

Die kleine Magellansche Wolke ist 180 000 Lichtjahre von uns entfernt. Entfernungsunterschiede von ein paar hundert Lichtjahren innerhalb der Wolke spielen, gemessen an der Gesamtentfernung, keine Rolle mehr. Man kann alle Sterne der Wolke als ‚gleich weit entfernt‘ einstufen.

Ach so — Verzeihung — was die Magellanschen Wolken sind? Am Sternhimmel der Südhalbkugel stehen zwei Sternwolken, die, dem äußeren Eindruck nach, wie abgerissene Fetzen der Milchstraße aussehen. Sie stehen aber weit genug von der Milchstraße ab, um Selbständigkeitscharakter zu haben. Die moderne Astrophysik hat gezeigt, daß es eigene, wenn auch im Vergleich zu unserem Milchstraßensystem kleine Galaxien sind. Nur zur Orientierung: Entfernung: Kleine Wolke 180 000 Lichtjahre, Große Wolke 170 000 Lichtjahre; Durchmesser: Kleine Wolke 10 000 Lichtjahre, Große Wolke 25 000 Lichtjahre (Milchstraßensystem 100 000 Lichtjahre). Masse (ganz grob!): Große Wolke 12 Milliarden Sonnenmassen, Kleine Wolke die Hälfte (Milchstraßensystem 100 Milliarden Sonnenmassen). Soweit zu den Zahlen, doch nun zur Nutzanwendung.

Miß Leavitt nahm sich vor allem die Kleine Wolke als ,Wühlobjekt'
vor. Sterne in einer beinahe 200 000 Lichtjahre entfernten Sternwolke
sind praktisch alle gleich weit entfernt und darum ohne allen individuellen Entfernungsmeßfirlefanz direkt miteinander vergleichbar.
Angenommen, ich finde in der Wolke Sterne, die ihre Helligkeit rhythmisch ändern. Die Astronomie kennt solche Sterne schon seit Jahrhun-
derten. Es sind die — kurz gesagt — ,Veränderlichen'. Es gibt Veränderliche, die völlig unregelmäßig flackern, es gibt aber auch solche,
die sich an einen ganz bestimmten, teilweise sogar sehr präzisen Rhythmus halten. Zu den letzteren zählen die ,Cepheiden'.
Schon wieder eine sprachliche Unkorrektheit. Man benutzt meist das
Wort Cepheiden, obwohl das für einen Sternschnuppenschwarm, der
mit besagten veränderlichen Sternen nichts zu tun hat, reserviert ist.
Exakt heißen die Veränderlichen dieses Types ,Delta-Cephei-Sterne',
benannt nach dem geschichtlich am frühesten genau untersuchten Vertreter des Types, dem Stern δ im Sternbild Cepheus. Diese Sterne
haben einen ganz bestimmten Lichtwechselcharakter: Einem verhältnismäßig raschen Helligkeitsanstieg folgt ein langsamerer Abfall. Die
Zeitperiode, in der sich der ganze Wechsel vollzieht, ist aber nahezu
sekundengenau exakt.
Nun wieder zu Miß Leavitt. Sie fischte sich aus der kleinen Magellanschen Wolke die Delta-
Cephei-Sterne heraus
und verglich sie mitein-
ander. Das Ergebnis war
verblüffend. Es zeigte
sich, daß die Helligkeit
und die Periodenlänge
eng miteinander gekop-
pelt sind. Je heller der
Stern, um so länger die
Periode. Da die Ver-
änderlichen in der Ma-

Hier beobachtet ein Astronom einen Delta-Cephei-
Stern und stellt seine Lichtkurve fest

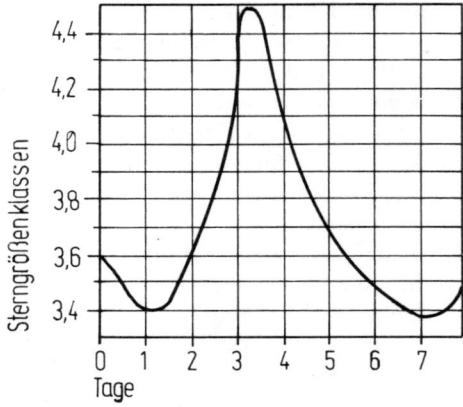

gellanwolke alle als gleich weit entfernt betrachtet werden dürfen, lag das klar auf der Hand. Das heißt also, daß man von der Lichtwechselperiode auf die absolute Leuchtkraft schließen darf.

Der Vergleich der so ermittelten absoluten Leuchtkraft mit der scheinbaren Helligkeit, unter der wir den Stern sehen, läßt aber eine direkte Nachrechnung der Entfernung zu. Es geht etwa so: Von meinem Aussichtspunkt sehe ich eine weit entfernte Straßenleuchte. Irgendwoher weiß ich, daß sie mit 500 Watt strahlt. Aus dem Lichtschimmer, den ich sehe, den mir bekannten Ausbreitungsgesetzen des Lichtes und den 500 Watt Leuchtkraft kann ich ausrechnen, wie weit die Straßenfunzel von mir entfernt ist.

Die Delta-Cephei-Sterne mit ihrem Lichtwechsel ersetzen uns im Weltall die Straßenleuchte. Miß Leavitt kam hinter den Trick, und inzwischen hat man, gewitzt durch die Delta-Cepheis, noch andere Sterntypen herausgefunden, wo ähnliche Gesetze gelten. Wir brauchen in einem noch so entfernten Sternsystem nur einige Sterne dieses Types herauszufinden — schon wissen wir, wie weit das Sternsystem entfernt ist. Das klingt ganz einfach, aber dahinterkommen mußte man zuerst einmal.

Ich habe die Sache mit den Delta-Cephei-Sternen so ausführlich geschildert, weil das Verfahren typisch ist für astrophysikalische Entfernungsmeßmethoden. Es gibt noch eine Reihe ähnlicher Verfahren, desgleichen auch solche, die auf geometrischen Meßmethoden basieren, z. B. die Sternstromparallaxe, bei der man sich die Eigenbewegung der Sterne durch den Raum zunutze macht. Soviel dürfte aber anhand dieser Beispiele klargeworden sein: Astronomische Entfernungsangaben

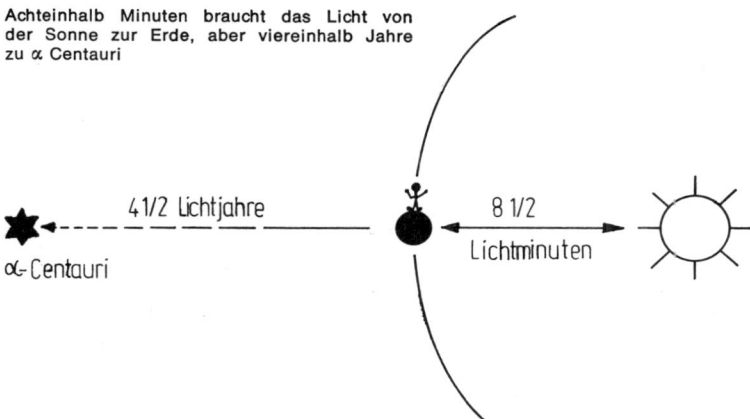

Achteinhalb Minuten braucht das Licht von der Sonne zur Erde, aber viereinhalb Jahre zu α Centauri

4 1/2 Lichtjahre

α-Centauri

8 1/2 Lichtminuten

sind weit mehr als „Vermutungen" — wie mein Skatfreund sich auszudrücken beliebte. Sie beruhen auf soliden Meßgrundlagen.

Wenn wir aber mit Entfernungen zu tun haben, dann kommen wir um etwas mehr Systematik nicht herum. Bei dem eingangs erwähnten Skatrundengespräch wurde ich auch gefragt, wieviel Lichtjahre nun z. B. die Sonne entfernt sei. Da hatte ich nun unter anderem erwähnt, daß der nächstentfernte Fixstern — α im Centauren —, der unserer Sonne wesensgleich ist und uns trotzdem nur als Stern erscheint, 4,3 Lichtjahre entfernt ist, und da fragt mich nun so ein naiver Mensch nach der Entfernung der Sonne in Lichtjahren! Da kann man nur geduldig antworten, daß hier noch keine Lichtjahre gebraucht werden. Es genügen ganz kleine Lichtminuten. $8^{1}/_{2}$ Lichtminuten kann man als Lichtzeitentfernung zur Sonne ansetzen. Das heißt, daß die Sonne, verfolgen wir ihren romantischen Untergang am Horizont, mit dem Verschwinden des letzten Strahles in Wahrheit schon seit $8^{1}/_{2}$ Minuten unter dem Horizont verschwunden ist. Das Licht hat aber gebummelt und vermeldet uns den Sonnenuntergang erst jetzt.

Diese Strecke Erde—Sonne ist im Grunde genommen ein recht gutes Vergleichsmaß. Wenn ich sage, die mittlere Entfernung des Jupiter von der Sonne betrage 778 Millionen km, so ist das eben einfach eine riesengroße Kilometerzahl. Sage ich aber, Jupiter sei 5,2mal weiter als die Erde von der Sonne entfernt, dann ist das etwas Greifbareres.

51

Eine Astronomische Einheit (AE) beträgt die Entfernung von der Erde zur Sonne, 5,2 AE sind es von der Sonne zu Jupiter

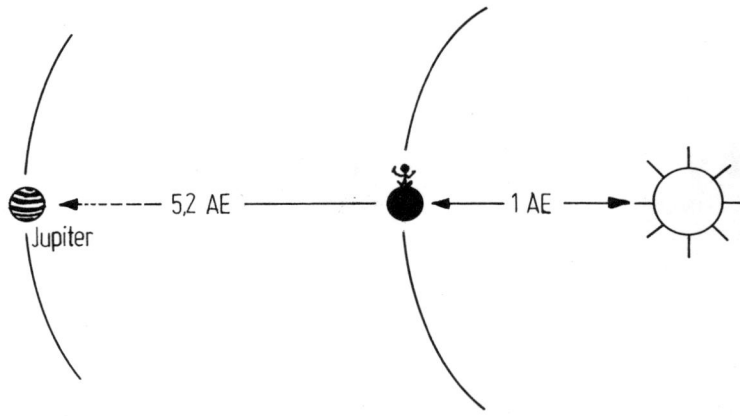

Wir haben zwar auch von den rund 150 Millionen km, die wir von der Sonne entfernt sind, keine räumliche Vorstellung; wenn wir aber diese Grundeinheit unseres Daseins mit der Entfernung des Jupiter vergleichen, fällt sofort eine ganze Reihe von Groschen. Wir denken daran, daß der Planet in solcher Entfernung weniger Licht und weniger Wärme von der Sonne bekommt; und wenn wir dann gar hören, daß der ferne Pluto 39,5mal weiter als wir von der Sonne entfernt ist, dann haben wir sofort das Bild eines in Kälte erstarrten und in Dunkelheit versunkenen Planeten vor uns. Als Vergleichsmaß ist also die Entfernung Erde—Sonne recht brauchbar.

Es liegt darum nahe, die Entfernung Erde—Sonne als Maßeinheit zu benutzen. Wir kriegen beim Gebrauch der ‚Astronomischen Einheit‘ — so wurde dieses Grundmaß getauft, abgekürzt AE — sofort einen Begriff von den Entfernungsunterschieden im Planetensystem unserer Sonne. Nennen wir hier einmal die gegenwärtig beste Kilometerzahl für die AE: 149 565 800 ± 400 km. Das ist also die Astronomische Einheit. Daß man sie als Grundmaß benutzt, ist aber nicht nur dadurch gegeben, daß uns dieses Maß anschauliche Vergleichsmöglichkeiten im Planetensystem liefert.

Denken wir an Bessels Fixsternparallaxenmessung. Nehmen wir sein

ins ferne Weltall hinausreichendes Vermessungsdreieck. Der Stern 61 im Schwan war die Spitze des fast unendlich langen Dreiecks. Der Durchmesser der Erdbahn war die Basis, die erst ermöglichte, die Länge (fachgeometrisch ausgedrückt „Höhe") des Dreiecks auszurechnen. Der Durchmesser der Erdbahn ist somit Basis aller trigonometrischen Parallaxen. Man hat sich aus praktischen Gründen entschieden, nicht den Durchmesser, sondern den Halbmesser der Erdbahn heranzuziehen, und das ist die mittlere Entfernung Erde—Sonne, also eine AE!
Darauf wurde ein Maßsystem aufgebaut, das exakt meßtechnisch verankert ist. Man erfand das Entfernungsmaß ‚Parsec'. Dieses Kunstwort ist zusammengezogen aus den Wörtern ‚Parallaxe' und ‚Sekunde'. Es besagt, daß man eine Entfernung voraussetzt, aus der der *Halbmesser* der Erdbahn, eben die AE, unter dem Winkel einer Bogensekunde erscheint. Man muß sich also in Gedanken auf einen fernen Stern versetzen, annehmen, man habe Instrumente mit entsprechender Meßgenauigkeit, und betrachte in aller Ruhe die Erde, wie sie so Jahr für Jahr um die Sonne kreist. Wenn dem dortigen Beobachter die AE genau unter dem Winkel einer Bogensekunde erscheint, dann ist der Stern ein Parsec von uns entfernt.
Da Parsec ein Kunstwort ist, weiß man eigentlich nicht genau, ob es das Parsec, der Parsec oder die Parsec heißt. Letztere Deutung wäre eigentlich die logischste, weil das Wort ja aus ‚Parallaxensekunde' gebildet wurde und Sekunde seit jeher ‚die' Sekunde heißt. Trotzdem

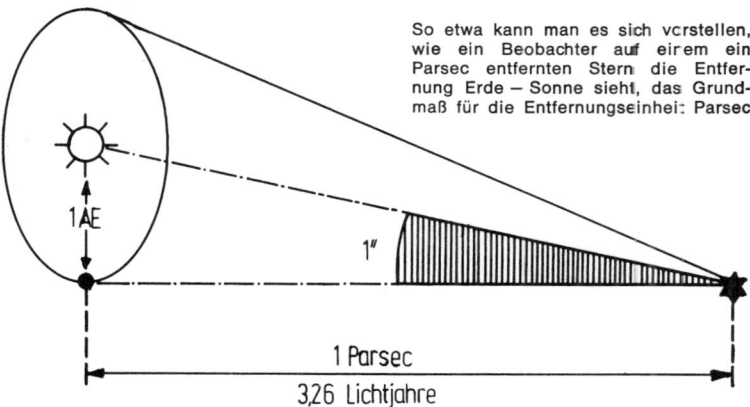

So etwa kann man es sich vorstellen, wie ein Beobachter auf einem ein Parsec entfernten Stern die Entfernung Erde – Sonne sieht, das Grundmaß für die Entfernungseinheit Parsec

1 AE

1"

1 Parsec

3,26 Lichtjahre

wird Parsec heute als ‚das‘ Parsec gebraucht. Die neutrale Sachlichkeit ist offenbar am günstigsten.

Wie weit ist nun ein Parsec? Hier sind die Zahlen: Ein Parsec entspricht der Entfernung von 206 265 AE, oder $3,0857 \times 10^{18}$ cm oder 3,262 Lichtjahren.

Wir können auch umgekehrt definieren. Ein Stern, dessen Jahresparallaxe von der Erde aus gemessen 2 Bogensekunden beträgt, ist ein Parsec entfernt. Der rechnerische Vorteil liegt auf der Hand. Die AE — denken wir daran: Entfernung Erde—Sonne — ist, weil es sich um eine im Weltraummaßstab geringe Entfernung handelt, sehr genau zu vermessen. Diese Entfernung als Grundbasis für große Entfernungen ist eine ideale Rechengröße. Man vermißt Dreiecke und Winkel, und erst am Ende der ganzen Arbeit, wenn feststeht, in welcher Größenbeziehung die Dreiecksseiten zueinander stehen, setzt man die Zahlengröße AE in die Rechnung ein. So ist das Parsec zum bevorzugten Maß in der modernen Astrophysik geworden. Man arbeitet mit ihm rechnerisch eleganter als mit dem Lichtjahr und kann die üblichen Vergrößerungsformeln bequem verwenden. Ein Kiloparsec sind 1000 Parsec, ein Megaparsec sind 1 000 000 Parsec. So einfach geht das, und solche Maßgrößen sind bei der Weite des Raumes, die von der heutigen Astronomie ausgelotet wird, dringend nötig. Bei Zahlen von Abermillionen Lichtjahren versagt schon jedes Vorstellungsvermögen. Ein Megaparsec ist zwar weniger bildhaft, aber rechnerisch klar. Wir müssen es hinnehmen. Die Wissenschaft wird immer abstrakter.

Die Sache mit den Fernrohren

Die erste Frage des Besuchers auf der Volkssternwarte, nachdem er das beinahe 3 m lange Teleskop stumm bestaunt hat: „Wie stark vergrößert das Fernrohr?"

Meine Antwort: „Das können wir uns aussuchen. Das Okular, das ist die Optik an dem Ende, an dem Sie hineinschauen, kann mit einem Handgriff gewechselt werden, und da die Vergrößerung rechnerisch mit den Brennweiten des Okulars und des Objektivs – das ist die große Linse am vorderen Ende des Fernrohres – gekoppelt ist, brauche ich nur verschiedene Okularbrennweiten zu wählen, um verschiedene Vergrößerungen zu bekommen. Die Objektivbrennweite steht fest. Sie beträgt 2,50 m. Nehme ich ein 25-mm-Okular, habe ich eine 100fache Vergröße-rung, ein 50-mm-Oku-lar liefert eine 50fache. So einfach ist das."

Der Besucher schweigt kurz, dann kommt die unvermeidliche Frage: „Und was ist ihre größ-te?" Antwort: „Fünf-hundertfach."

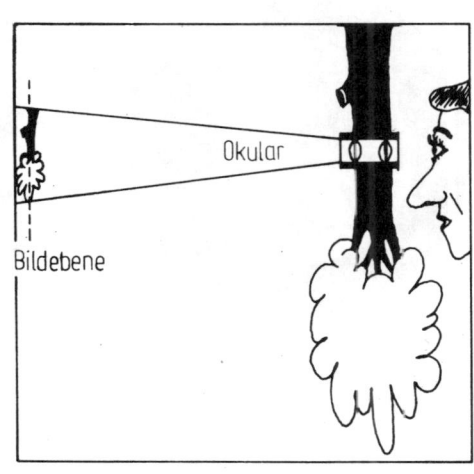

Okular

Bildebene

In etwa auf diese Weise vergrößert ein Okular das vom Objekt entworfene Bild. Das Objektbild ist klein, aber durch die Lichtkonzentration hell. Das Okular spielt die Rolle des Mikroskopes: es vergrößert

Nächste Frage: „Ist die jetzt drin?" Dann kommt die niederschmetternde Antwort: „Nein, jetzt vergrößern wir nur 40mal!"
Der Besucher ist fast beleidigt; wozu hat er Eintritt bezahlt! „Was, so wenig? Wozu haben Sie denn dann ein so großes Fernrohr?"
Denken Sie jetzt nur nicht, dieser Dialog sei erfunden. Man kann ihn auswendig hersagen, weil er allzu oft fast wörtlich wie gehabt stattfindet. Doch man darf dem Besucher nicht böse sein. Er ist Laie, woher soll er es besser wissen? Darum macht man weiter, geduldig wie mit einem Abc-Schützen, was er ja auch meist auf diesem Gebiet ist.
„Jetzt schauen Sie mal durch — sehen Sie den Mond? Ja? Gut! Sie sehen den ganzen Mond oder besser den ganzen Halbmond, so wie er jetzt am Himmel steht. Entlang der Licht-Schatten-Grenze treten die Krater deutlich heraus — stimmt's?"
„Ja, ausgezeichnet — so deutlich hätte ich mir das nicht vorgestellt!"
Jetzt ist es Zeit für ein Experiment. Ich sage: „Sehen Sie, nun wechsle ich das Okular, und wir beobachten mit 150facher Vergrößerung!"
Die Wirkung ist meist verblüffend. Der Besucher sucht den Halbmond und findet ihn nicht, denn er hat nur einen kleinen Ausschnitt mit einem sehr stark vergrößerten Krater im Bild. Das muß man ihm zuerst erklären.

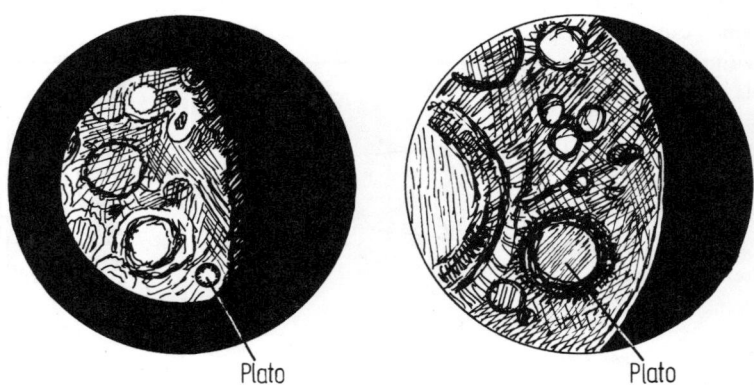

Plato   Plato

Zweimal der Mond: einmal mit schwacher Vergrößerung — der ganze Mond ist im Gesichtsfeld, ein ausgewählter Krater ist ‚klein'. Zweitens mit stärkerer Vergrößerung — der Krater ist groß, vom Mond ist aber nur ein Ausschnitt zu sehen. Die Skizzen sind keineswegs exakte Monddarstellungen, sie sollen nur die Situation der verschiedenen Vergrößerungen darstellen.

„Sehen Sie: Das Bildfeld wächst nicht mit der Vergrößerung. Im Gegenteil, meist wird es kleiner. Das Objekt wächst aber, und damit sprengt es den Rahmen des Bildfeldes. Und wenn ich Ihnen zuerst die Wirkung des ganzen Mondes zeigen will, damit Sie einen Begriff bekommen, wie groß so ein Krater im Vergleich mit dem Monddurchmesser ist, dann muß ich die geringstmögliche Vergrößerung wählen. Wir kennen Objekte, deren Gesamtwirkung überhaupt nur im Feldstecher mit allenfalls 10facher Vergrößerung zur Geltung kommt. Ich denke da an die Plejaden, die Sie vielleicht auch als Siebengestirn kennen. Nachher, wenn wir hier in der Kuppel fertig sind, zeige ich sie Ihnen unten auf der Plattform im Feldstecher. Das ist ein sogenannter offener Sternhaufen. Eine dicht gedrängte Sterngruppe, die mehr als die Fläche des Vollmondes bedeckt und mit freiem Auge erkennbar ist. Im Feldstecher kommt sie prachtvoll als gedrängte Gruppe vor dem viel sternärmeren Hintergrund zur Geltung. Hier im Fernrohr wird sie schon von der 40fachen Vergrößerung so aufgelöst, daß Sie, wenn Sie keine speziellen Ambitionen für Einzelheiten im Sinn haben, eben ein Sternfeld mit mehr oder weniger verstreuten Sternen vor Augen haben. Die Gesamtwirkung ist zum Teufel!"
Darauf der Besucher: „Das leuchtet ein. Aber wann verwenden Sie dann die 500fache Vergrößerung?"
Da muß ich wieder enttäuschen: „So gut wie nie!"
Großes Staunen: „Aber wenn es doch möglich ist? — Dann könnte man doch den Krater hier noch viel größer und mit viel mehr Einzelheiten sehen."
Wenn nur wenige Besucher da sind und dadurch der Gang der Führung nicht wesentlich gestört wird, gibt es eine einfache Möglichkeit der Beantwortung, nämlich es zu demonstrieren. Man führt dem Wißbegierigen die starke Vergrößerung vor und fragt: „Sehen Sie es jetzt besser?" — Zögern, dann: „Größer ja, aber besser eigentlich nicht. Es flimmert so, können Sie das nicht schärfer einstellen?"
Was nun folgt, ist eine längere optische Erklärung, die in allen Einzelheiten zu geben hier nicht der Platz ist. Kurz zusammengefaßt sieht die Sache etwa so aus: Lichtstrahlen — und wir dürfen hier ruhig von der Strahlenoptik ausgehen und können physikalische Feinheiten wie die Wellentheorie des Lichtes beiseite lassen —, die Lichtstrahlen also kommen geradlinig an. Schon beim Auftreffen auf die Erdatmosphäre

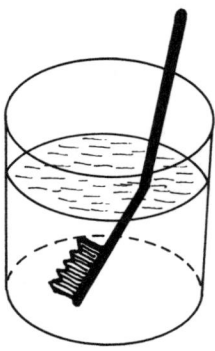

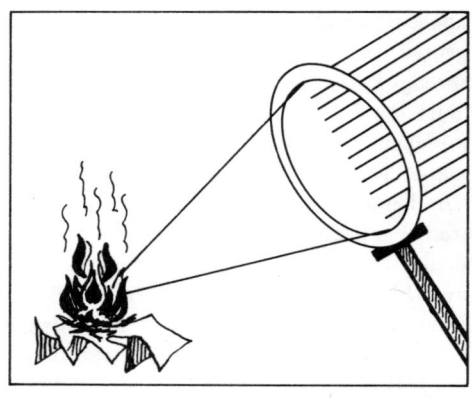

Die Zahnbürste im Zahnputzglas erscheint an der Grenze zwischen Wasser und Luft geknickt, weil die Lichtbrechungsverhältnisse im Wasser anders sind als in der Luft

Hinter dem Brennglas konzentrieren sich im Brennpunkt sowohl Licht wie Wärme. Man kann leicht brennbares Material entzünden

werden sie ein wenig aus ihrer Richtung abgelenkt, denn ein optisches Gesetz besagt, daß beim Passieren der Grenze zwischen zwei verschieden dichten Medien das Licht gebrochen, das heißt aus seiner Richtung abgelenkt wird. Unter Medium versteht man den Stoff, den das Licht gerade durchdringt, Glas, Luft, Wasser usw. Jeder weiß aus täglicher Erfahrung, daß Licht z. B. durch eine Wasserschicht abgelenkt erscheint. Die berühmte, oft erwähnte Zahnbürste im Zahnputzglas, die an der Wasseroberfläche geknickt erscheint, ist ein handfestes Beispiel. Unsere ganze Linsenoptik wäre ohne diesen Effekt nicht möglich. Linsen sind so geschliffen, daß die am Rand eintreffenden Strahlen anders gebrochen werden als die Mittelpunktstrahlen, weil sie die Glasoberfläche unter unterschiedlichen Winkeln treffen. Der Trick des Linsenschliffes ist es nun, ihn so einzurichten, daß diese Strahlen sich hinter der Linse wieder in einem Punkt, dem Brennpunkt, treffen.

Wer hat nicht schon einmal mit einer Lupe Papierschnitzel angezündet. Es geht dabei nur darum, den richtigen Abstand zwischen Lupe und Papier zu erwischen, damit sich die angepeilten Sonnenstrahlen exakt in einem Punkt vereinigen. Da nicht nur das Licht, sondern auch die Wärme so konzentriert wird, reicht eine einfache Linse bei leicht brennbaren Stoffen zum Zünden aus. Nur den Punkt größter Wirkung muß man, wie gesagt, finden. In diesem Brennpunkt entsteht nun ein Bild des Gegenstandes, von dem die Lichtstrahlen kommen, und dieses Bild betrachten wir mittels des Okulars wie durch ein Mikroskop. Es gilt dabei die Regel: Brennweite des Objektivs geteilt durch Brennweite des Okulars ist gleich Vergrößerung. Übersteigt die Vergrößerung die doppelte Größe des Objektivdurchmessers, ausgedrückt in Millimetern, dann wird die Lichtausbeute so gering, daß man sagen kann, die Leistungsfähigkeit des Fernrohres sei überschritten. Das ist eine Faustregel.

Doch zurück zu unserem Flimmerbild bei stärkster vertretbarer Vergrößerung. Unsere Luft besteht aus vielen Schichten verschieden dichter Luft, die in ständiger Bewegung gegeneinander sind. An den Grenzzonen werden die Lichtstrahlen immer wieder gebrochen. Das sind zwar winzigste Ablenkungen, aber sie sind da und ändern infolge der besagten Luftbewegung ständig die Richtung. Diese Störung wird vom Fernrohr mitvergrößert. Ich kann dem Fernrohr nämlich nicht befehlen, z. B. den Planeten Jupiter zu vergrößern, die Luftunruhe aber nicht. Bei geringen Vergrößerungen fällt dies nicht oder nur kaum ins Gewicht. Je stärker die Vergrößerung, um so stärker auch die der Störung. Ich habe den Planeten Jupiter schon in einem Bildzustand gesehen, der glauben machte, er hänge in einem Aquarium, in dem ein ständiger Wasserwirbel herrscht.

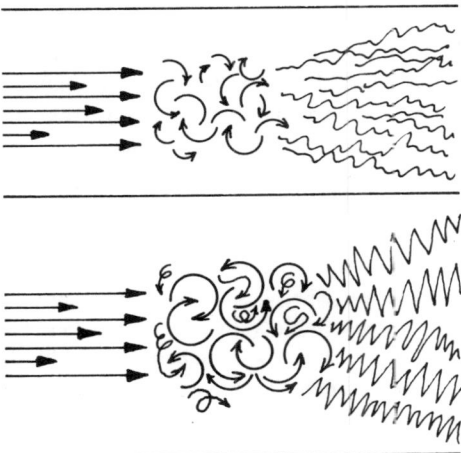

Lichtstrahlen werden beim Durchgang durch die Luft ,gebeutelt'. Oben bei schwacher, unten bei starker Vergrößerung. Jede Vergrößerung vergrößert unweigerlich auch die Störung

Luftzustände sind nie ideal, erst recht nicht in unseren dicht besiedelten Gebieten oder gar in einer Großstadt, wo die Einwirkungen vom Boden her zu ständigen Luftbewegungen führen. Wer nach einem heißen Sommertag auf einer Sternwarte, deren Kuppel während des ganzen Tages von der Sonne bestrahlt wurde und in deren Innerem es darum stickheiß geworden ist, beobachten will, tut gut daran, schon zwei Stunden vor Beginn der Beobachtung den Kuppelspalt zu öffnen, damit die Innen- und die Außenluft Zeit haben, sich einigermaßen anzugleichen, sonst verdirbt ihm die Luftunruhe die Beobachtung selbst bei kleinen Vergrößerungen. Bei exakten astronomischen Beobachtungen gehört eine Angabe über den Grad der Luftunruhe zum Beobachtungsprotokoll. Es gibt für Fachastronomen hier eine spezielle Skala, bei der die „Noten" genau festgelegt sind. Man prüft sie am scheinbaren Durchmesser der theoretisch punktförmigen Abbildungen der Fixsterne, und sie reicht von — 4 bis + 9. Nur ist es hier umgekehrt wie bei den Sterngrößenklassen. Die Minuswerte sind die schlechtesten, die Pluswerte die besten.

Und nun kommen Sie einmal mit in Ihren Garten, auf die Straße, auf eine Aussichtsplattform oder auf die Sternwarte. Der Abend ist schön, die Sterne flimmern am Himmel, daß es eine Pracht ist. Ja, sie flimmern. So romantisch das aussieht, so übel ist es für den Beobachter. Es ist ein Zeichen erhöhter Luftunruhe. Wollen Sie ein Fachwort hören? Es heißt Szintillation. Darunter versteht man eben dieses Flimmern, und es ist um so intensiver, je unruhiger die Luft ist, weil dann der arme Lichtstrahl, der vom Stern zu uns kommt, um so mehr gebeutelt wird. Es ist das, was das Fernrohr ungefragt mitvergrößert. Ein oder zwei Sterne am heutigen Abendhimmel sind aber merkwürdig ruhig. Das fällt direkt auf. Wir orientieren uns mit Sternkarte und Jahrbuch, was das für Außenseiter sind, und siehe da, es sind Planeten. Sagen wir mal Mars und Jupiter. Warum szintillieren sie nicht oder nur ganz wenig? Fixsterne sind so weit entfernt, daß wir — sie mögen noch so groß sein — eben nur einen ganz dünnen Lichtstrahl von ihnen bekommen. Darum erscheinen sie auch im größten Fernrohr nur als Punkte. Planeten sind uns sehr nahe — man bedenke: Lichtjahre gegen Lichtminuten! Darum können wir sie vergrößern. Ihr Lichtstrahl ist auch für das freie Auge kein Strahl, sondern ein Lichtbündel, und innerhalb dieses Bündels gleicht der eine Teilstrahl den Fehler des anderen aus. Planeten-

Szintillation. Oben: Ein
scharfer Lichtstrahl wird von
der Luftunruhe ‚gestört‘, er
zittert. Darunter: Das Lichtbündel vom Planetenscheibchen wirkt ruhiger, weil sich
die Störungen ausgleichen.
Doch der Rand des Plane-
tenbildes im Fernrohr verrät, daß auch hier die Luftunruhe stört, er wallt!

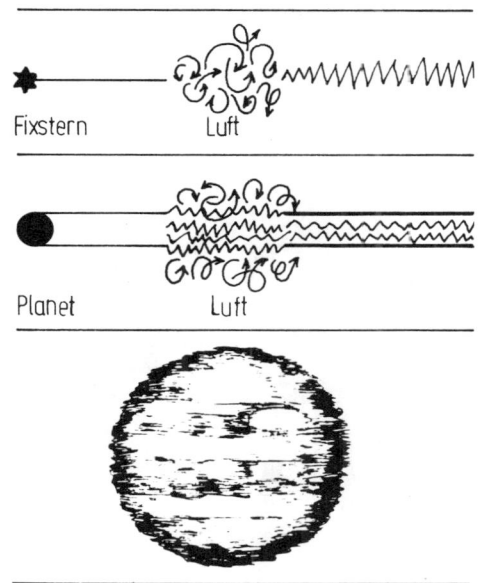

Fixstern   Luft

Planet   Luft

licht ist darum grund-
sätzlich deutlich ruhiger
als das Fixsternlicht.
Wenn wir aber vergrö-
ßern, dann können wir
unser blaues Wunder er-
leben. Der Rand des
Planeten wallt und
wogt, von Bildschärfe
keine Spur. Da sind wir
wieder beim Ausgangs-
thema angelangt. Vergrößerungen sind nur soweit sinnvoll, wie es das
Instrument nach seiner Größenabmessung und der Luftzustand zulas-
sen. Übrigens spielt auch die Trübung der Luft durch Staub und leichten
Dunst eine Rolle. Auch dafür gibt es eine Bewertungsskala.
Doch nun zu einem anderen Fernrohrkapitel. Mein Telefon klingelt:
„Ist dort die Auskunft der Sternwarte?" Ich gebe es zu.
„Ich möchte mir ein Fernrohr kaufen und habe da ein paar Angebote.
Sagen Sie, was ist besser, ein Linsen- oder ein Spiegelfernrohr?"
„Besser? Das kommt darauf an, wie Sie es einsetzen wollen. Haben Sie
ein bestimmtes Beobachtungsprogramm im Sinn?"
„Ach nein, eigentlich nicht, ich will nur eben mal die Sterne im Fern-
rohr betrachten."
Solch einen Frager bestellt man am besten auf die Sternwarte oder persönlich auf's Büro, denn am Telefon kann man schlecht deutlich machen, wo der Unterschied liegt. Sagen wir, ich habe ihn auf die Sternwarte bestellt. Dann zeige ich ihm zuerst das Hauptfernrohr und er-
kläre:

61

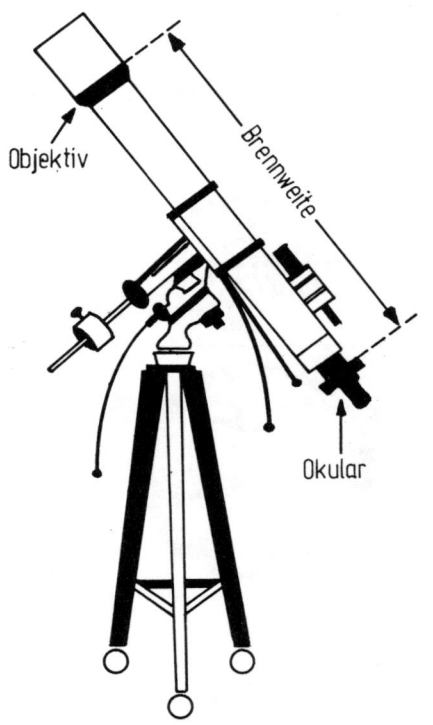

Objektiv

Brennweite

Okular

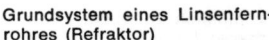

Grundsystem eines Linsenfernrohres (Refraktor)

„Das ist ein Linsenfernrohr — Fachwort: ‚Refraktor'. Sie sehen, daß die Hauptlinse, das Objektiv, das die Fernrohrgröße bestimmt, am vorderen Ende fest im Rohr verschraubt ist. Das Okular, die Einblickslinse am hinteren Ende, dort, wo Sie hineinschauen, ist zwar zwecks Scharfeinstellung für verschiedene Okularbrennweiten in der Längsrichtung verschiebbar, doch dieses ganze System, der *Okularauszug*, ist wieder im Hauptrohr fest verschraubt. Die optische Achse eines Fernrohres ist seine geometrische Längsachse. Hier ist die Anordnung so gewählt, daß die optische Achse des Gesamtfernrohres und die des Okularauszugs völlig übereinstimmen. Sie müssen schon mit dem Schmiedehammer rangehen oder das ganze Rohr aus ein paar Metern Höhe herunterschmeißen, wenn Sie diese vom Hersteller präzise justierte Übereinstimmung der optischen Achsen des Objektivs und des Okulars stören wollen.

Doch jetzt schauen wir uns einen Spiegel an. Hier ist einer. Der Spiegel, der optisch genauso lichtsammelnd wie eine Linse wirkt, nur daß das Licht nicht durch ihn hindurchfällt, sondern an der speziell geschliffenen Oberfläche reflektiert wird — Spiegel heißen darum ‚Reflektor' —, ist nicht im Rohr fest verschraubt. Er ist in einer in der Ebene verstellbaren Fassung — d. h. daß sie durch drei im Dreieck angeordnete Schrauben geneigt werden kann — am Fernrohrboden montiert. Das

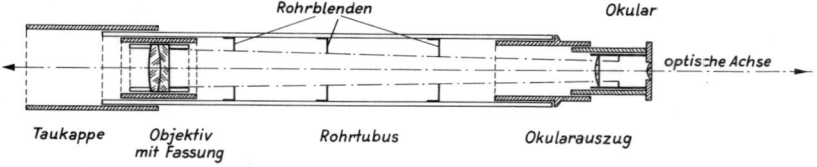

von ihm gesammelte Licht fällt in Richtung vorderes Rohrende zurück, wird kurz vor dem Brennpunkt von einem kleinen, schräggestellten Fangspiegel abgefangen und seitlich durch eine Öffnung in der Rohrwand auf den dort montierten Okularauszug geworfen. Beide Spiegel müssen jeder für sich so montiert und justiert sein, daß wieder eine wie gerade wirkende optische Achse entsteht. Daher die Justierschrauben. Wenn Sie das Instrument öfter transportieren, sind Erschütterungen nicht zu vermeiden. Irgendwo, vor allem beim kleinen Fangspiegel, ändert sich etwas an der Aufhängung. Der Winkel, in dem er zum Hauptspiegel stehen muß, stimmt nicht mehr genau. Die Sterne sind keine Punkte, sondern Eier, oder sie zeigen so etwas wie einen kleinen Kometenschweif. Der geübte Spiegelbeobachter weiß sofort Bescheid. Er braucht nur die Art des Bildfehlers zu sehen und weiß schon, an welcher Justierschraube er in welcher Richtung drehen muß. Mit zwei, drei Handgriffen hat er die Sache wieder geregelt. Doch — vor allem, wenn das Gerät oft transportiert wird — es kommt immer wieder vor, und es gehört ein gewisses Fingerspitzengefühl dazu, das schnell wieder in Ordnung zu bringen."

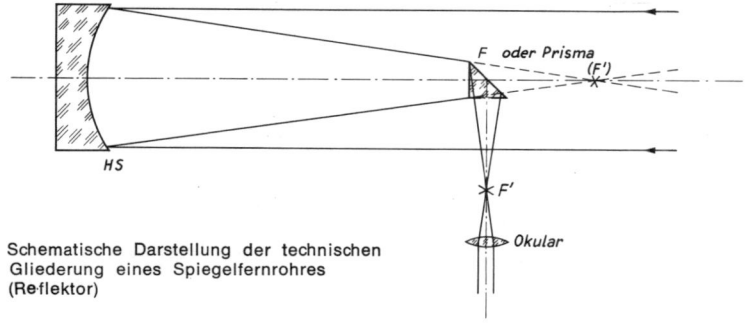

Schematische Darstellung der technischen
Gliederung eines Spiegelfernrohres
(Reflektor)

Mein Besucher ist etwas enttäuscht: „Dann ist also der Spiegel schlechter?"

Diese Frage mußte kommen. Um ihn eine Stufe weiterzubringen, war wieder etwas Theorie nötig:

„Es gibt auch noch etwas anderes zu bedenken. Bei der Lichtbrechung gibt es leider einen unangenehmen Nebeneffekt. Sie kennen den Regenbogen oder die Farbränder, die manchmal an besonders geschliffenen Gläsern, an Kronleuchtern und dergleichen auftreten. Das ist ein Effekt der Brechung. Die verschiedenen Wellenlängen des Lichtes, die für unser Auge als verschiedene Farben in Erscheinung treten, werden nicht gleichmäßig gebrochen. Das rote Licht wird am wenigsten abgelenkt, das blaue am stärksten. So sortiert eine Linse die Lichtfarben, und um unser betrachtetes Objekt schwebt ein schöner Regenbogenschimmer und macht das Licht unscharf, schade."

„Aber wie kann man dann mit Linsenfernrohren überhaupt ein ordentliches Bild kriegen?"

„Darüber hat man sich seit Anfang der Fernrohrtechnik Gedanken gemacht. Ein Trick ist es, das Öffnungsverhältnis zu verlängern. Unter dem Öffnungsverhältnis versteht man das Verhältnis zwischen Objektivlinsendurchmesser und Brennweite. Sind beide gleich lang, so ist das Verhältnis 1:1. Ist die Brennweite doppelt so lang, wie das Objektiv im Durchmesser mißt, ist das Öffnungsverhältnis 1:2 usw. Jeder Amateurfotograf stellt die Blende ein. Größte Öffnung seines Apparates — sagen wir 1:2 — bedeutet eben dieses Öffnungsverhältnis. Nimmt er Blende 16, dann heißt das, daß die Öffnung soweit abgeblendet ist, daß ein Öffnungsverhältnis von 1:16 herauskommt. So einfach ist das. Viele Amateurfotografen wissen gar nicht, was es bedeutet, wenn sie Blende 11 oder Blende 5,6 einstellen. Sie wissen nur, wie es sich auswirkt, genauso wie 90 % der Autofahrer nicht wissen, wie sich die Übersetzungen im Getriebe ändern, wenn sie vom 3. auf den 4. Gang schalten. Sie wissen nur, was dabei herauskommt.

Doch zurück zum Fernrohr. Bei einem Öffnungsverhältnis 1:20 wirkt sich die Farbzerstreuung weit weniger aus als etwa bei 1:10, weil die verschiedenfarbigen Strahlen auf ihrem längeren Weg zum Brennpunkt gleichsam ein schmaleres Dreieck laufen und in weit spitzerem Winkel im Brennpunkt zusammentreffen als bei kürzerem Öffnungsverhältnis. Man hat also zunächst versucht, durch lange Öffnungsver-

hältnisse den Farbfehler auszugleichen. Es gibt Bilder von den Fernrohren des Astronomen und Bürgermeisters von Danzig, Hevelius, der im 17. Jahrhundert Linsen an langen, kompliziert aufgehängten Stangen befestigte und auf das Rohr ganz verzichtete, weil er es in der benötigten Länge nicht auftreiben konnte.
Erstaunlich ist, was die Astronomen dieser Zeit schon alles herausfanden. John Dollond, ein englischer Optiker, der in der ersten Hälfte des 18. Jahrhunderts lebte, und sein Sohn Peter entwickelten dann das System des Achromaten. Das ist ein Objektiv, das aus zwei Linsen verschiedener Glassorten zusammengesetzt ist (Crownglas und Flintglas). Der Fehler der einen Glassorte wird durch den Fehler der anderen, der umgekehrt wirkt, ausgeglichen. So einfach ‚erscheint' das. Trotzdem erfordert es ein Höchstmaß an Schliffpräzision, da, wo die Linsen zusammenpassen müssen, denn sie müssen im Endeffekt als Einheit wirken. Später hat der deutsche Optiker Fraunhofer (Anfang 19. Jahrhundert), der auch auf anderen Gebieten der Optik Bahnbrechendes geleistet hat, das Verfahren so vervollkommnet, daß der nach ihm benannte Typ der „Fraunhofer-Optik" heute als der Gipfel der Farbreinheit gilt. Man begnügt sich dabei nicht mehr mit zwei Linsen, oft sind drei oder vier kombiniert. Trotzdem bleibt immer noch ein ganz zarter Farbschimmer — meist ein bläulicher — übrig, der aber nicht mehr stört."
Das ist ungefähr der Inhalt dessen, was ich meinem Gesprächspartner zum Thema Farbreinheit zu sagen habe, und dann fragt er prompt zurück:
„Dann ist also der Spiegel doch besser, ich meine, wegen der Farbreinheit."
Das zwingt mich neuerlich zur Korrektur:
„Refraktoren werden, um günstiges Öffnungsverhältnis und Dollondsche Farbkorrektur zu kombinieren, mit längeren Öffnungsverhältnissen hergestellt. Meist beträgt es 1:14 oder 1:15. Das geht auf Kosten der Lichtstärke — kürzere Öffnungsverhältnisse liefern hellere Bilder —, aber es bringt einen Vorteil mit sich. Beim kürzeren Öffnungsverhältnis gehen die Strahlen nach Passieren des Brennpunktes genauso schnell wieder auseinander, wie sie breitgefächert ankamen. Beim langen verlassen sie ihn auf einem ebenso schlanken, beinahe Parallelkurs, wie der war, auf dem sie ankamen. Man kann also mit Okularen ver-

schiedenster Konstruktion viel mehr in Brennpunktnähe manipulieren
als bei größeren Öffnungsverhältnissen. Fazit: Man kann bei längeren
Öffnungsverhältnissen präzisere Abbildungen herausholen als bei kürzeren. Für Präzisionsmessungen werden stets Refraktoren verwendet.
Wer z. B. darauf versessen ist, Doppelsterne zu trennen, wird mit
einem Refraktor spielend ein sehr eng beisammenstehendes System
trennen können, das ihm der ähnlich große Reflektor noch immer als
einfachen Stern zeigt. Er wird auch beim Vergrößerungsgrad weiter
gehen können als mit dem Spiegel, weil das Auflösungsvermögen auf
Grund des längeren Öffnungsverhältnisses besser ist."

Mein Gesprächspartner ist jetzt ganz verwirrt: „Zuerst sagen Sie mir,
was am Spiegel schlecht ist, dann das, was am Refraktor schlecht ist,
dann wieder, wie der Refraktor dem Spiegel überlegen ist — was soll
ich denn nun wirklich tun?"

Der gute Mann tat mir leid, und daher empfahl ich: „Schauen Sie nach
Ihrer Brieftasche!"

Das stimmt auch. Wegen der raffinierten Technik, die das Zusammen-
schleifen der Teillinsen eines Refraktorobjektives erfordert — zudem
muß jede Teillinse beidseitig geschliffen sein —, ist ein Refraktor-
objektiv viel teurer als das eines Spiegels, der nur eine geschliffene Reflexionsfläche braucht. Darum sind Refraktoren stets etwa im Verhältnis 3 zu 1 teurer als gleichgroße Spiegel. In vielen Fällen ist das Verhältnis noch ungünstiger. Dafür sind die Refraktoren idiotensicherer
(keine Justierarbeit) und leisten im Auflösungs- und Vergrößerungsvermögen mehr als Spiegel. Spiegel sind billiger und lichtstärker, können also zarte Nebelobjekte deutlicher herausheben als ein gleichgroßer
Refraktor, dafür sind sie bei Detailbeobachtungen — etwa Mond, Planeten — weniger ergiebig, weil man ihnen weniger Vergrößerung zu-
muten kann. Wohlgemerkt: Hier ist immer von etwa gleichgroßen Instrumenten die Rede. Mit einem 20-cm-Spiegel kann man durchaus
dieselbe Leistung herausholen wie mit einem 7,5-cm-Refraktor. Doch
ist der Spiegel dann wiederum wegen seiner Größe unhandlicher geworden.

Ich habe hier einige Gesichtspunkte der ewigen Diskussion Spiegel oder
Refraktor aufgeworfen. Man könnte pro und kontra endlos weiter-
machen. Es gibt Spiegelfanatiker, und es gibt Refraktorfanatiker. Ganz
zu schweigen von den Verfechtern verschiedener Spiegeltypen. Wäh-

rend beim Refraktor ein Grundtyp gilt, nämlich der, den Johannes Kepler in seiner ‚Astronomiae pars Optika' beschrieben hat und der als Astronomisches Fernrohr oder Keplersches Fernrohr klassisch geworden ist, haben bei den Spiegelsystemen immer wieder Leute versucht, die Kombination Haupt—Fangspiegel noch etwas raffinierter zu gestalten.

Die vorhin beschriebene Form ist die klassische und wohl auch einfachste Form des Newton-Spiegels, die auf den berühmten Physiker und Mathematiker Isaac Newton zurückgeht. Daneben gibt es den von Herschel eingeführten Typ, der den Hauptspiegel gegenüber dem Strahleneinfall etwas neigt, so daß der Strahlenrücklauf nicht im Einfallsweg der ankommenden Strahlen, sondern etwas schräg dazu geneigt verläuft. Vorteil: Der Fangspiegel nimmt kein Licht weg.

Der Cassegrain-Spiegel arbeitet mit einem in der Mitte durchbohrten Hauptspiegel, dem der Fangspiegel gegenübersteht, der wiederum das Licht durch die Bohrung zurückwirft. Zudem ist der Fangspiegel kein Planspiegel, der nur Umlenkfunktionen hat, er ist konvex geschliffen und ändert die Strahlenbündelung in dem Sinn, daß er die Brennweite des Hauptspiegels künstlich verlängert, also ein günstigeres Öffnungsverhältnis herstellt (günstiger für Auflösungs- und Vergrößerungsvermögen — zwangsläufig Helligkeitsverlust).

Der als Amateurinstrument sehr beliebte Schiefspiegler kombiniert beides, Herschel und Cassegrain. Der Strahlenrückweg verläuft schräg zum Strahleneinfall, und der Fangspiegel ist ein Spiegel mit brennweiteverlängerndem Spezialschliff.

Wenn es um diese Brennweiteverlängerung geht, darf aber ein Punkt nicht vergessen werden. Viele Laien fallen auf große Vergrößerungsangaben herein, die in Prospekten stehen. So erinnere ich mich an einen gar nicht weit zurückliegenden Fall. Ein verzweifelter Sternfreund ruft mich an und klagt sein Leid: „Ich habe da sehr preisgünstig ein Spiegelteleskop gekauft. Laut Prospekt 280fache Vergrößerung. Ich kriege und kriege aber das Bild nicht scharf. Immer ist da so ein Farbschleier um das Bild."

Da wurde ich beinahe böse. Bei einem Spiegel darf doch kein Farbschleier auftreten. Das ist ja eben der Witz des Spiegels. Er bestand darauf. Langsam holte ich die Einzelheiten heraus. Öffnung 10 cm, Brennweite 800 mm, also Öffnung 1:8. Okularbrennweite 6 mm, das müßte zwischen 130- und 140fache Vergrößerung ergeben. Beim Weiterbohren ergab sich, daß hier eine Barlow-Linse im Spiel war. Barlow-Linsen sind Zerstreuungslinsen, die in den Strahlengang eingebracht werden und durch ihren Schliff das sich sammelnde Strahlenbündel nochmals etwas ‚spreizen‘, so daß die Brennweite verlängert wird. Nun sind aber Barlow-Linsen im allgemeinen einfache Linsen, keine achromatischen Kombinationen, denn wenn man solche verwenden wollte, könnte man gleich einen teureren Refraktor kaufen. Sie bringen also die Farbzerstreuung der unkorrigierten Linse mit und zerstören damit bei Spiegeln den Vorteil der Farbreinheit und bei Refraktoren den der teuren achromatischen Linse. Barlow-Linsen sind für den oder jenen Spezialzweck für den Kundigen durchaus verwendbar. Werden sie aber in einem Prospekt oder einem Kaufhausangebot nur deshalb angeboten, daß man mit großen Vergrößerungszahlen protzen kann, dann ist das ein Verkaufstrick und nicht mehr. Der Käufer hat nur Ärger damit. Das sage ich auch auf die Gefahr hin, daß man mir in einschlägigen Kreisen böse wird.

Um den Kaufhäusern aber etwas zum Trost zu bieten, sei folgendes ehrlich gesagt: Die dort angebotenen Instrumente sind meist japanischer Herkunft. Da die Japaner immer noch billiger produzieren können als wir, sind sie erstaunlich viel billiger als die aus deutscher Produktion angebotenen Instrumente. Ihre optischen Leistungen können sich mit denen vergleichbarer deutscher Instrumente messen, wenn auch eine gewisse — geringe — größere Streubreite besteht. Das heißt, daß Sie bei einem japanischen Instrument unter Umständen ein Fernrohr bekommen können, das in einer deutschen Herstellerfirma die Qualitätskontrolle nicht passiert hätte. Trotzdem sind sie vom Geldbeutel aus gesehen vorteilhaft, und wer ein Fernrohr braucht, mit dem er zu seiner Freude den Mond, die Jupitermonde, den Saturnring, einige Sternhaufen und Nebel und Doppelsterne sehen will, wird zufrieden sein. Wer weitergehen will, Fadenkreuzmessungen machen, eine Kamera aufmontieren möchte usw., *kann* Ärger bekommen.

Das ist meine persönliche Einstellung, nicht nur aus Erfahrung geschöpft, sondern auch aus vielen Gesprächen mit Besitzern solcher Instrumente destilliert. Für viele wird der Geldbeutel entscheidend sein. Da kann man durchaus zuraten mit der Einschränkung: Nicht von Riesenvergrößerungen bluffen lassen und die Barlow-Linse gleich raus.

Einiges über den Mond

Es war nach einem Vortrag bei einer Volkshochschule. Im kleinen Kreis um den runden Tisch wurde über alles mögliche oder auch unmögliche am Sternhimmel palavert. Einer behauptete unbeirrt, er habe vor ein paar Tagen „ein Raumschiff oder so..." hinter dem Mond vorbeifliegen sehen.
Einwurf meinerseits: „Bitte um nähere Schilderung."

Sternbedeckung durch den Mond – vorher und nachher

„Ich hab' einen guten Feldstecher, und mit dem kann man durchaus Mondkrater erkennen. Mit dem hab' ich den Mond betrachtet. Da fällt mir doch plötzlich so links neben dem Mond ein Lichtpunkt auf. Ich denk' zuerst, das ist ein Stern. Sah auch gerade so aus, aber plötzlich ist er weg. Ich trau' meinen Augen nicht, suche und suche. Trotzdem, das Ding ist weg, und ich hab' es doch zuvor mit Sicherheit gesehen. Nach einiger Zeit — ich hab' nur so zum Spaß den großen Krater mit seinen Strahlen drum rum skizziert — glaub' ich, ich seh' nicht recht. Steht doch der Punkt auf einmal rechts vom Mond und rutscht — ich hab's dann aus Interesse weiterverfolgt — immer weiter vom Mond weg. Das ist sicher so ein Raumschiff gewesen, das hinter dem Mond vorbeigeflogen ist. Gibt es nun geheime Experimente, die nicht in der Zeitung stehen, oder war das so was von auswärts, so ein Ufo oder wie man das nennt?"

Ich wußte längst, was der gute Mann gesehen hatte, und hatte inzwischen meine Unterlagen aufgeblättert. Ich legte ihm eine aufgeschlagene Tabelle vor: ‚Sternbedeckungen durch den Mond'. Ich zeigte ihm eine Zeile. Da stand: „11. Dezember, ξ Geminorum (sprich ξ in den Zwillingen), Helligkeit $3^m.7$, Eintritt 19^h27^m, Austritt 20^h21^m — stimmt's so?"

Mein Gesprächspartner war verblüfft: „Ja — stimmt, ich hab' zwar nicht genau auf die Uhr geschaut, aber um die Zeit war es."

„Sehen Sie", konnte ich ihn aufklären, „Sie haben zwar kein geheimnisvolles Raumschiff gesehen, aber Sie haben den Mond in seiner ganz natürlichen Bahnbewegung laufen sehen. Der Stern im Hintergrund war nur die Markierung, die er passiert hat."

Es ist erstaunlich, wie wenig Leute — selbst wenn sie am Sternhimmel interessiert sind — wissen, wie schnell der Mond vor unseren Augen läuft. Man kann auch eine Gegenprobe machen, und ich habe mir die Sache als Testfrage schon öfter erlaubt. Frage: „Angenommen, wir hätten die Macht und könnten den Mond jetzt vom Himmel wegnehmen oder ihn wenigstens durchsichtig machen. Wieviel mit freiem Auge sichtbare Sterne würden da, wo er verschwunden ist, sichtbar?" Zugegeben, in dieser Frage liegt etwas Suggestives, und so bekommt man meist die Antwort: „Ein oder zwei . . ." Die Antwort ist falsch. Meist steht gar keiner, der mit freiem Auge sichtbar ist, hinter dem Mond. Da sind wir wieder beim Kapitel ‚Weißt du, wieviel Sternlein ste-

Nach diesen Bezugsorten muß der Astronom für den deutschen Beobachter die genauen Zeiten der Sternbedeckungen ergänzend rechnen!

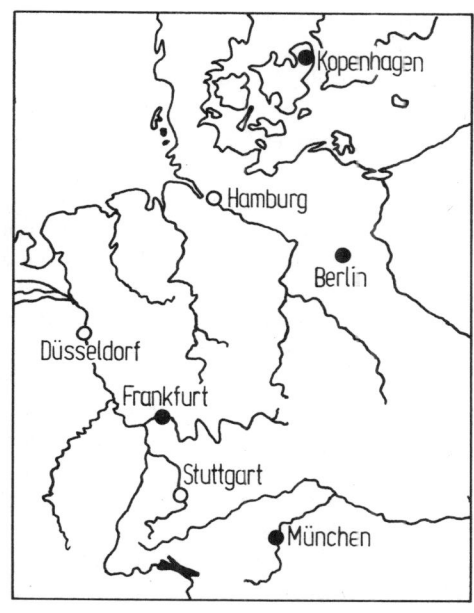

hen ...' Die Sterne sind gar nicht so dicht gestreut am Himmel, und wenn es pro Jahr zu etwa 40 Bedeckungen von mit freiem Auge sichtbaren Sternen kommt, dann ist das schon eine ganze Menge. Doppelt soviele sind es, wenn man noch etwa 2 Größenklassen zugibt, also solche Sterne mitzählt, die kleinen optischen Hilfsmitteln zugänglich sind. Erst dann nimmt die Zahl merklich zu, doch dann findet man sie nicht mehr in Tabellen, weil Lichtschwäche und die überstrahlende Helle des Mondlichtes exakte Beobachtungen ausschließen.

Die Vorausberechnungen der Sternbedeckungen durch den Mond werden in Greenwich mit einem Spezialcomputer durchgeführt. Greenwich rechnet nun für über den ganzen Globus verteilte Bezugspunkte — in Deutschland sind es die Städte München, Frankfurt und Berlin — die genauen Zeiten aus. Wer seitab dieser Bezugspunkte wohnt, bekommt eine Hilfe. Zwei Faktoren, a und b genannt, werden mitgeliefert. Aufgabe des Beobachters ist es nun, die Differenz der geographischen Längen- und Breitengrade zum nächstgelegenen Bezugspunkt festzustellen und mit den so ermittelten Ortsunterschieden die Faktoren a und b zu multiplizieren. Addiert er nun die beiden Ergebnisse, kommt wie durch ein Wunder die Uhrzeit für seinen Beobachtungsort heraus. Das klingt kompliziert, ist es aber nicht, nur mühsam, sofern man nicht über Rechenautomaten verfügt.

Die Frage, die mir oft gestellt wird, ist nun die: „Warum das alles? Der Stern verschwindet doch für alle Beobachter gleichzeitig!"

Da eben liegt der Trugschluß. Der Mond ist uns zu nahe, und darum ist auch die Beobachtung solcher Sternbedeckungen so prickelnd. Da gibt es z. B. die ‚streifenden'. Es kann sein, der Mond erwischt den Stern noch, es kann aber auch sein, er geht nur haarscharf an ihm vorbei. Hier können nur wenige Kilometer Unterschied des Beobachtungsortes ausschlaggebend sein. Hier wird der Stern noch bedeckt, dort nicht.

Das ist der Parallaxeneffekt. Denken Sie an die Geschichte von den Entfernungsmessungen der Fixsterne. Der Mond ist uns unglaublich viel näher als ein Fixstern, ja selbst ein Planet. Hier genügen schon geringe Ortsdifferenzen innerhalb unserer Landkarte, um die Situation zu verändern. Im Winter 1973 fand eine Bedeckung des Planeten Saturn statt. Das ist ein Leckerbissen für den Beobachter, weil der Planet nicht plötzlich verschwindet wie ein punktförmiger Stern, sondern, sofern man ein Fernrohr benutzt, sich Stück für Stück hinter den Mond schiebt, so wie Sonne oder Mond hinter den Horizont rutschen.

In diesem Fall, bei dem die Linie, die Grenzscheide zwischen den Alternativen ‚Erwischt ihn der Mond noch oder schleift er dran vorbei?', schräg durch Süddeutschland lief, haben etliche Beobachter, für deren Wohnort keine Bedeckung angesagt war, den Saturn doch noch, wenn auch nur kurzfristig, am äußersten Mondrand verschwinden sehen. Weil schon geringe Ortsdifferenzen und die zwangsläufig nicht hundertprozentig sichere Umrechnung mit Hilfe der Faktoren a und b noch eine solche gewisse Unsicherheit übriglassen, ist das Lauern auf Sternbedeckungen manchmal der reinste Krimi. Wer zum erstenmal eine Bedeckung am Fernrohr beobachtet und tückischerweise eine Stoppuhr in die Hand gedrückt bekam mit dem Auftrag: „Draufdrücken, wenn der Stern verschwindet!", blamiert sich todsicher. Er steht da, starrt verdutzt durchs Fernrohr und sagt: „Ich seh' den Stern nicht mehr — wo ist er hin?" Und der ausgefuchste Beobachter, der hinter ihm steht, lacht ihn aus: „Das ist es ja gerade — das ist die Bedeckung —, warum hast du die Stoppuhr nicht gedrückt?"

Das passiert den meisten. Mir ging es beim erstenmal ebenso. Das plötzliche Verschwinden des Sternes kommt so überraschend, daß man völlig verdattert dasteht. Beim nächstenmal weiß man es und ist darauf vorbereitet. Das gilt natürlich nur bei Fixsternen, die für uns eben

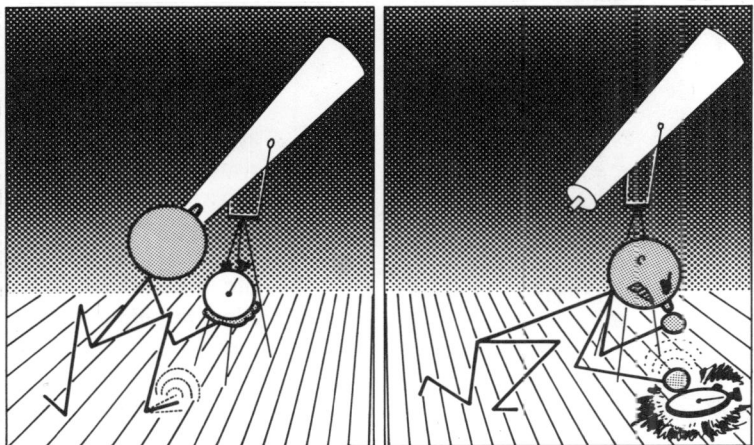

auch im besten Fernrohr nur punktförmig erscheinen. Planeten, die Flächen bieten, siehe das Saturnbeispiel, verschwinden im Lauf etlicher Sekunden. Hier ist es die Aufgabe des Beobachters, die Zeit zwischen erstem Kontakt und endgültigem Verschwinden zu stoppen.

Wissenschaftlich sind exakte Zeitbestimmungen der Bedeckungen vor allem für die Geodäsie interessant. Aus systematischen Abweichungen innerhalb eines geographischen Bereiches können die Wissenschaftler der Erdvermessung Schlüsse auf etwaige Krümmungsabweichungen der Erdoberfläche ziehen. Darum besteht starkes Interesse an genauen Messungen, und die sollten möglichst zahlreich vorliegen, denn wie immer in solchen Fällen braucht man viel Einzelwerte, um die im Ein-

So bewegt sich der Mond bei einer Sternbedeckung. In Tabellen findet man unter E den Termin der Bedeckung (Eintritt), unter A das Ende der Bedeckung (Austritt)

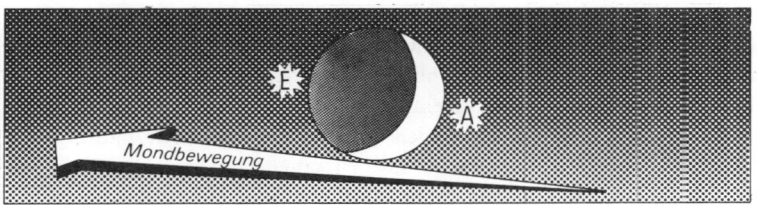

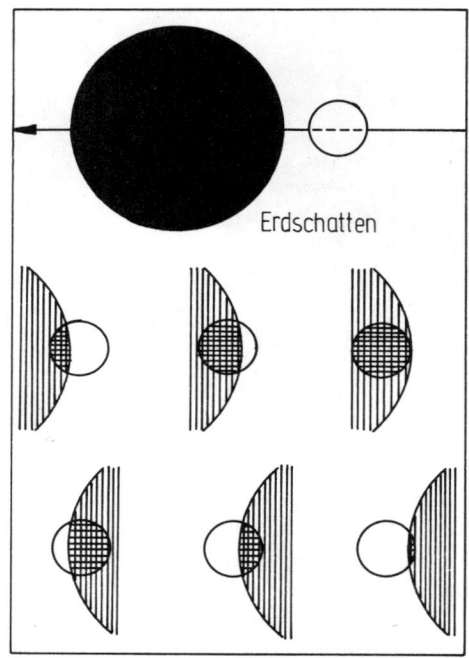

Erdschatten

zelfall nicht zu vermei-
denden Fehler durch
Mittelwertbildungen
auszumerzen.

So kann man also den
Mond laufen sehen. Bei
Mondfinsternissen ist
das übrigens auch der
Fall. Der Schatten der
Erde, die dem Mond das
Sonnenlicht wegnimmt,
steht — von unserem
Standpunkt aus — wie
ein negativer Schein-
werferkegel ruhig im
Raum. Der Mond kreuzt
ihn und gerät immer
tiefer hinein. Das, was
man im Sprachgebrauch das Vorrücken des Erdschattens nennt (in der
zweiten Finsternishälfte wird vom Zurückweichen gesprochen), ist im
Grunde genommen eine falsche Ausdrucksweise. Der Erdschatten ist
passiv, er rückt weder vor, noch weicht er zurück. Der aktiv Handelnde
ist der laufende Mond, der durch den Schatten läuft wie ein Spazier-
gänger durch einen Regenschauer. Man sieht also auch im Fall Mondfinsternis den Mond laufen, obwohl es aussieht, als sei es der Erdschatten, der über ihn wegwandert. Die Bewegung des Mondes bei seinem
Weg um die Erde ist also an vielen Merkmalen klar zu verfolgen. Von
einem Abend zum nächsten sieht ohnehin jeder, der auch nur entfernt
die Umrisse der Tierkreissternbilder und deren hellste Sterne kennt,
daß der Mond in 24 Stunden ein gutes Stück weitergekommen ist. Weil
es nun einmal nicht zu vermeiden ist, seien hier ein paar Fachbegriffe
erläutert. Die Zeit, die der Mond zu einem Umlauf um die Erde
braucht, nennen wir Monat. Aber Monat ist nicht gleich Monat.

Vor Jahren hörte ich einmal einen Vortrag über den Mond. Der Redner machte im Grunde genommen aus den natürlichsten Dingen geheimnisvolle Erscheinungen. Das ging etwa so zu. Verzeihung — ich versuche in den nächsten Sätzen die Art der Darstellung des damaligen Redners nachzuahmen:

„Wir sehen den großen, vollen Mond strahlend am Himmel stehen. Er steht neben einem hellen Stern, dem Königsstern Regulus im Königssternbild Löwe. Auch der strahlend volle Mond ist eine königliche Erscheinung. Von Tag zu Tag entfernt er sich aber vom königlichen Löwensternbild und wird selbst immer schwächer und ärmer, bis er nach zwei Wochen ganz verschwunden ist, zum Schwarzmond geworden — unsichtbar! Aber er kommt wieder, als Neumond im neuen Licht strebt er von Tag zu Tag wieder näher seiner Vollendung als Vollmond zu. Und er erreicht sie, erreicht sie wirklich! Aber was sehen wir? Nicht mehr im Königssternbild Löwe kommt die Vollendung zustande. Das Bild hat er durcheilt! Jetzt bringt er seine Vollendung im lieblichen Sternbild der Jungfrau zustande bei deren Glanzstern Spika!"

Lassen wir den Mann mit seinem Pathos beiseite. Ein Bekannter, der mit mir den Vortrag anhörte, meinte nachher: „Der Kerl hat den Vollmond immer wieder unter dem Rednerpult hervorgeholt wie ein Zauberer auf der Bühne die Kaninchen aus dem Zylinder."

Verzeihen Sie den kleinen Seitensprung, doch was hier mit viel Pathos verbrämt wurde, ist eine nüchterne Angelegenheit. Daß die Vollmondstellung von einem Monat zum nächsten im Durchschnitt um ein Tierkreissternbild weiterrückt, ist eine Binsenweisheit. Bekanntlich ist dann Vollmond, wenn Sonne, Erde und Mond in einer Linie stehen, wie wir das schon eingangs festgestellt haben. Da die Erde aber in einem Monat auf ihrer Bahn ein gutes Stück vorankam, zielt diese Verbindungslinie runde vier Wochen später in eine andere Himmelsrichtung. Der Vollmond tritt zwangsläufig vor einer anderen Hintergrundkulisse ein. Jetzt kommen uns aber plötzlich Bedenken. Wir haben gesagt, der Monat sei die Zeit eines Mondumlaufs um die Erde. Der wäre also herum, wenn die Himmelsrichtung wieder stimmt, wenn also beispielsweise Regulus wieder passiert wird. Dann hat der Mond eindeutig einen vollen Kreis von 360° durchlaufen. Es ist aber noch nicht wieder Vollmond. Was machen wir nun? Was ist nun ein Monat? Ein genauer Umlauf oder die Zeit von Vollmond zu Vollmond?

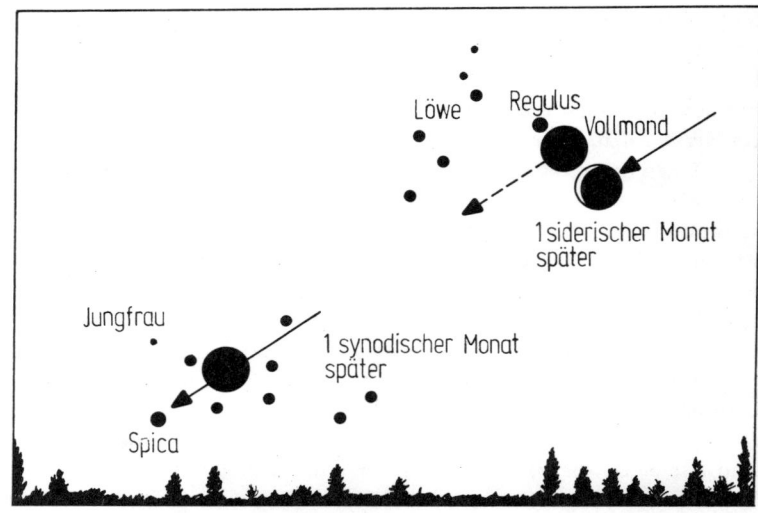

Siderischer und synodischer Monat. Wenn Regulus wieder passiert wird, ist ein siderischer Monat vergangen, zum Vollmond fehlt noch ein kleiner Streifen. Der synodische Monat ist erst vorbei, wenn der Mond in der Jungfrau steht

Man hat sich einfach aus dem Dilemma geholfen. Die Wissenschaft hat immer den Ausweg über Fachausdrücke zur Verfügung. Beides ist ein Monat. Wir brauchen nur einmal vom siderischen Monat zu sprechen und das andere Mal vom synodischen. Der *siderische* ist der Monat der genauen Runde. Start und Ziel ist ein als Markierung gewählter Stern. Seine Dauer (um ganz genau zu sein): 27 Tage 7 Stunden 43 Minuten und 11,5 Sekunden. Der Monat von Vollmond bis Vollmond dauert länger. Es geht dem Mond hier wie dem Rennfahrer, der zwar an der Ziellinie abgewunken wird, aber noch ein ganzes Stück weiter ausrollt, bis er endgültig zum Stehen kommt. Diesen Monat taufen wir den *synodischen*; und er dauert 29 Tage 12 Stunden 44 Minuten und 3 Sekunden. Dieser Monat liegt unserem Kalendermonat zugrunde, d. h. unser Kalendersystem verknüpft den synodischen Mondumlauf mit dem Sonnenjahr.

Mancher wird überrascht sein zu hören, daß die Ware damit noch nicht ausverkauft ist. Das Sortiment ist noch größer. Da können wir noch den tropischen Monat bieten; das ist die Zeit, die zwischen zwei Durchgängen durch den Frühlingspunkt vergeht. Dann wäre noch der drakonitische Monat anzubieten. Das ist die Zeit, die zwischen zwei Durchgängen durch den Aufsteigenden Knoten der Mondbahn vergeht. Der Aufsteigende Knoten ist der Punkt, an dem der Mond die Ekliptik (Sonnenbahn am Himmel, Spiegelbild der Erdbahn) von Süden nach Norden überschreitet, denn die Mondbahn ist nun mal um $5°$ gegen die Erdbahn geneigt. Wem diese Auswahl nicht reicht, dem geben wir als Zugabe noch den anomalistischen Monat mit. Hier dient der erdnächste Punkt der ja immerhin elliptischen Mondbahn, den wir Perigäum nennen (Erdferne: Apogäum), als Bezugspunkt. In ihrer Dauer unterscheiden sich diese Monate aber weit weniger vom siderischen als vom synodischen. Der tropische Monat ist nur 6,9 Sekunden kürzer, der drakonitische rund $2^1/_2$ Stunden, und der anomalistische ist rund 6 Stunden länger als der siderische Monat.

Warum das so ist? Weil in der Natur alles in Bewegung ist. Das alte Wort des griechischen Denkers Heraklit ‚Panta rhei!' — alles fließt — bewahrheitet sich immer wieder, und die uns wegen seiner Nähe so vielfältig durchschaubare Bewegung des Mondes ist geradezu ein klassisches Beispiel dafür. Der Frühlingspunkt verschiebt sich — wir werden uns noch mit dem Burschen befassen müssen —, Erdnähe und Erdferne wandern in 8,8 Jahren einmal um die ganze Mondbahn, desgleichen die Knotenpunkte. Bei ihnen dauert es aber 18,6 Jahre. Ein ganz schönes Durcheinander, wie?

So, das wäre geklärt. Nun stoßen wir aber auf einen anderen Punkt, der — für den ständig mit der Materie Befaßten ist es fast unbegreif-

Verschiedene volkstümliche Deutungen der Flecken im ‚Mondgesicht'

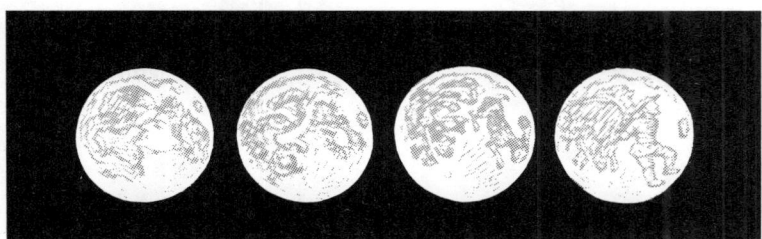

lich — weitgehendst ungeklärt in der Luft hängt. Es ist die Frage:
„Dreht sich der Mond um seine eigene Achse oder tut er das nicht?"
Wir sehen immer dasselbe Bild des Mondes vor uns. Der Volksmund
hat in das ‚Mondgesicht' alles mögliche hineingedichtet. Da ist der
Mann im Mond — im deutschen Volksmärchen verankert. Da gibt es
aus anderen Kulturen den Hasen im Mond, den Käfer im Mond usw.
In der Zeit der Romantik hat man die dunklen Flecken des Mondes
sogar als zwei sich küssende Gesichter interpretiert. Am einfachsten ist
der Kindervers ‚Punkt, Punkt, Komma, Strich — fertig ist das Mondgesicht'. Es ist den Zeichnungen der Mondoberfläche nachempfunden,
ergibt aber ein recht deutliches Schiefgesicht. Immerhin steht aber fest,
daß wir immer dasselbe ‚Gesicht' sehen. Folglich kann sich der Mond
nicht drehen. Nehmen wir eine garantiert selbsterlebte Szene.
Ich sitze am Schreibtisch — rrrringggg ... das Telefon. Ein Anrufer
meldet sich: „Wir sind hier im Büro nicht einig und haben eine Wette
abgeschlossen. Es geht um einen Kasten Bier. Frage: Dreht sich der
Mond oder dreht er sich nicht?"
Meine Antwort: „Er dreht sich."
Gegenfrage: „Aber das kann doch nicht sein! Wir sehen doch immer
nur dieselbe Seite!"
Ich merkte schon, daß der Gesprächspartner der war, der jetzt den
Kasten Bier bezahlen mußte. Wir redeten noch etwas hin und her, und
er stand auf dem Standpunkt, daß sich der Mond nicht drehen kann,
eben weil: — siehe Mondgesicht. Darum behält er doch seine Stellung
bei! Ich war fast verzweifelt, bis ich einen erlösenden Einfall hatte. Ich
fragte ihn: „Sie sitzen doch sicher an einem Schreibtisch. Vielleicht
haben Sie da so etwas
wie einen Kleistertopf
mit Firmenetikett ste-
hen?"

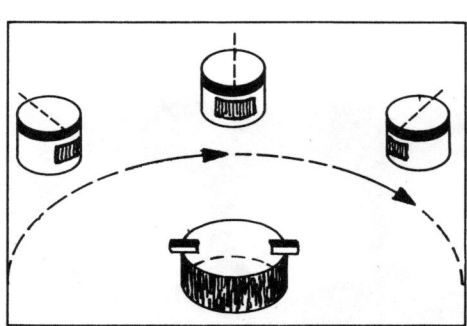

„Zufällig ja!"
Darauf machte ich wei-
ter: „Jetzt brauchen Sie
noch einen Aschenbecher

Wenn das Etikett immer zum
Aschenbecher zeigen soll,
muß der Leimtopf sich drehen

78

oder was sonst gerade greifbar ist. Nehmen Sie nun den Kleistertopf so in die Hand, daß das Firmenetikett zum Aschenbecher gerichtet ist. Versuchen Sie jetzt einmal, den Topf im Kreis so um den Aschenbecher zu führen, daß das Etikett immer zur Mitte, also zum Aschenbecher,

Die Erde schaut einmal von unten und dann wieder von oben auf den Mond

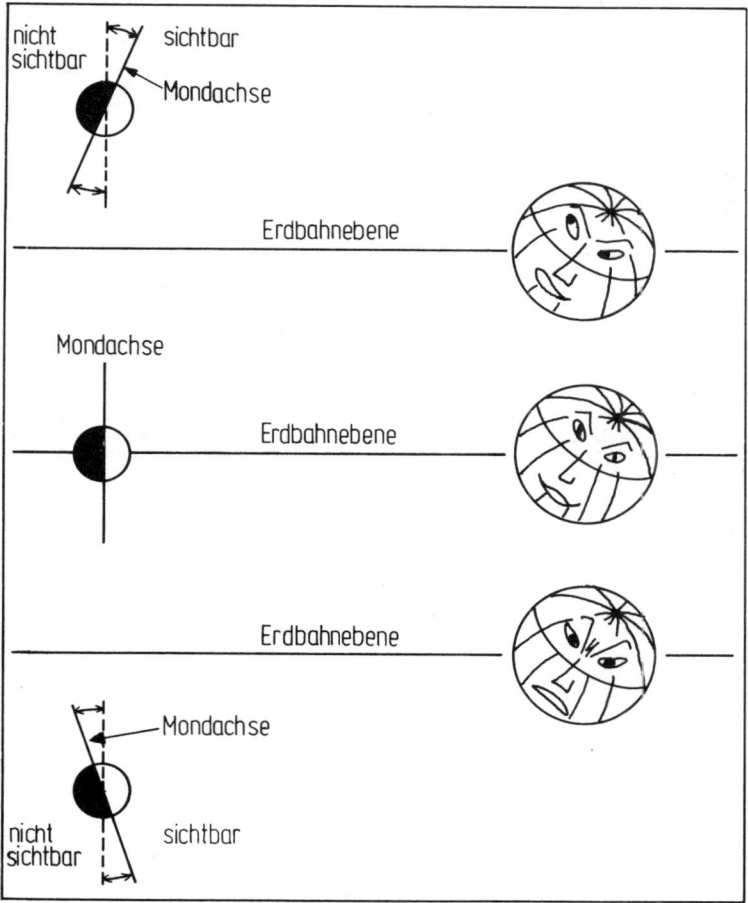

weist. Greifen Sie aber nicht nach, sondern bleiben Sie beim Anfangsgriff. Merken Sie jetzt, wie Sie Ihr Handgelenk verdrehen müssen, damit das ‚Gesicht‘ immer zur Mitte weist?"

Es folgte mindestens eine Minute Schweigen und dann die Antwort: „Stimmt, Sie haben recht, man muß drehen, wenn das Etikett, also das Gesicht, der Mitte zugewandt bleiben soll."

Probieren Sie's auch. Es ist eines der besten handgreiflichen Beispiele, die mir zu diesem Thema eingefallen sind. Der Mond muß sich drehen, um den beobachteten Effekt hervorzurufen. Allerdings muß die Rotationsdauer mit der Umlaufzeit zusammenfallen. Ein Umlauf um die Erde gleich eine Drehung um die Achse. Wenn das nicht stimmt, kommen die beiden Vorgänge ‚aus dem Tritt‘.

Und dieses ‚Aus-dem-Tritt-Kommen‘ gibt es wirklich. Der Mond läuft auf einer Ellipsenbahn um die Erde. In Erdnähe ist er schneller, in Erdferne langsamer. Die Drehung um seine Achse ist in der Zeitdauer konstant. So kommt es, daß wir einmal etwas mehr am Westrand, dann etwas mehr am Ostrand sehen. Zudem steht der Mond zeitweilig nördlich der Erdbahnebene, dann schauen wir von unten und sehen etwas mehr von seiner — Verzeihung — ‚Po-Seite‘. Dann steht er wieder

Schematisches zur Libration: Die linke Situation wäre gegeben, wenn Bahngeschwindigkeit und Rotationszeit stets völlig konform liefen. Doch schwankt die eingesehene Oberfläche A–B bzw. C–D bei ungleichförmiger Bahngeschwindigkeit (rechts)

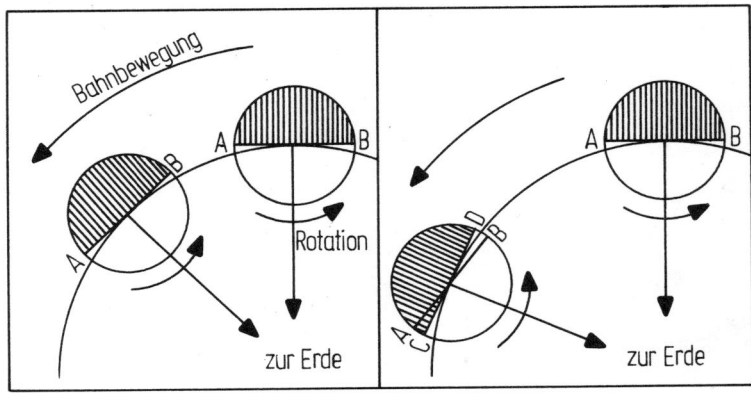

südlicher als wir, und wir können ihm sozusagen auf den Kopf spukken. Auf diese Art war den Mondkartographen schon lange vor den Astronauten ein Anteil von etwa 60 % der Mondoberfläche bekannt. Die unbekannte Rückseite umfaßte nur etwa 40 %. Jetzt hat sie ja vor der Kamera der Astronauten auch die letzten Hüllen fallen lassen müssen, und der Mond ist ‚vorn und hinten‘ zu 100 % kartographiert. Den Effekt, der uns mal links, mal rechts, mal oben und mal unten etwas mehr als die Hälfte der Mondoberfläche sichtbar macht, nennt man ‚Libration‘.

Wenn wir aber gerade bei den Mondkarten sind, dann läßt sich ein neuerdings aufgetauchtes Dilemma nicht umgehen. Noch und noch mußte ich telefonisch, persönlich und brieflich die Sache auseinanderklamüsern, warum nicht auch hier. Wer den Vollmond beim Blick nach Süden, wo er im täglichen Ablauf des Auf- und Unterganges seinen höchsten Stand erreicht, voll am Himmel stehen sieht, ist sich über die Himmelsrichtungen restlos im klaren. Norden ist oben, Süden ist unten, Osten ist links, und Westen ist rechts. Das gilt für jeden Bewohner der Nordhalbkugel, der nach Süden schaut. Die traditionelle Astronomie ist auf der Nordhalbkugel der Erde gewachsen, und weil die Gestirne im Süden ihren Höchststand erreichen, wird diese Blickrichtung in den meisten Fällen zugrunde gelegt. Mondkarten wurden also so gezeichnet. Im 17. Jahrhundert, als erstmals die Fernrohre Einzelheiten erkennen ließen, begann das Zeitalter der Mondkartographie. Grundlage jeder Karte war ‚Norden ist oben ... usw.‘ Dann hat sich aber etwas Merkwürdiges eingestellt. Astronomische Fernrohre stellen das Bild auf den Kopf. Das liegt am optischen Strahlengang. Man kann durch eine Zusatzoptik das Bild wieder senkrecht stellen, verzichtet in der Astronomie aber darauf. Die Zusatzoptik würde die Bildhelligkeit mindern, und am Himmel sind oben und unten ohnehin sehr relative Begriffe. Da man aber am Fernrohr beim Beobachten ständig das auf den Kopf gestellte Bild vor sich hat, hat es sich eingebürgert, Mondkarten und Mondfotos immer so zu orientieren, daß Süden oben ist, so wie man es im Fernrohr sieht. Da gilt dann die Regel ‚Süden ist oben, Norden ist unten, Osten ist rechts, und Westen ist links‘. Wohlgemerkt, das entspricht genau der ursprünglichen Ordnung, nur das Bild wird im Mondatlas der Einfachheit halber gleich auf den Kopf gestellt, weil es im Fernrohr ja auch auf dem Kopf steht.

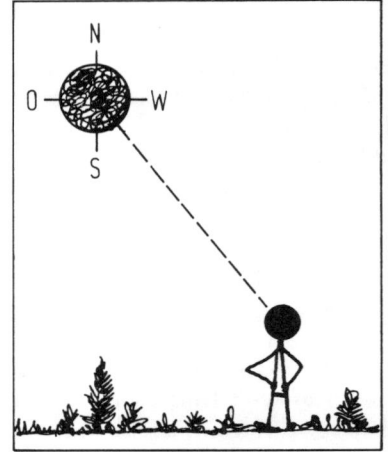
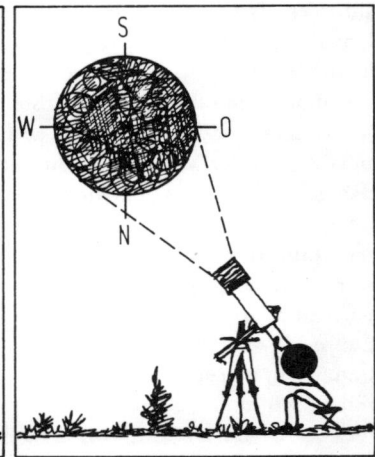

Durch die Umkehrwirkung
des Fernrohres (oben rechts)
werden die Himmelsrichtungen auf dem Mond, wie sie
der Beobachter mit freiem
Auge sieht (oben links), alle
vertauscht

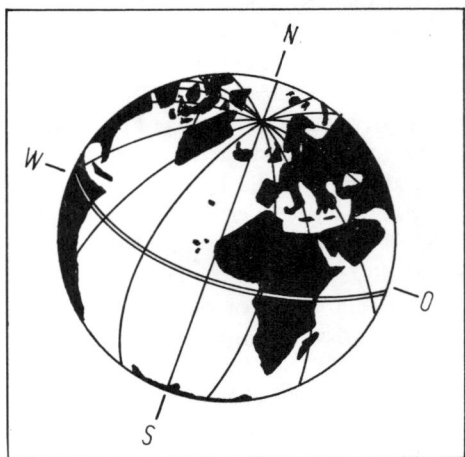

Wenn wir die Erde als Globus betrachten (links), sehen
wir Norden oben, Süden unten . . .

. . . und genau so sieht der
Astronaut den Mond, wenn
er ihn in der Raumkapsel an-
steuert (rechts)

Aber wir leben in einer Zeit der Umwälzungen. Astronauten steuern
den Mond an. Sie sehen ihn wie die Erde als Globus im Raum hängen,
und sie orientieren sich auch entsprechend. Norden ist oben — nach der
Erde orientiert, eben in der Raumrichtung, in der auf dem danebenge-
haltenen Erdglobus die Richtung zum Nordpol ist. Süden ist unten,
stimmt wieder, aber West und Ost . . . da wird's verrückt. Für den Be-

trachter von draußen ist Westen links und Osten rechts. Nehmen Sie
einen gewöhnlichen Schulglobus. Schauen Sie die Karte an. Norden ist
oben — gewiß, aber Amerika, im Westen, liegt eben links von Europa,
da kann man nicht dran drehen. Verzeihung — drehen! Das ist eigentlich das Stichwort. Die Erde dreht sich von West nach Ost. Drum
scheinen alle dadurch vorgetäuschten Bewegungen, wie das Auf- und
Untergehen der Gestirne, in umgekehrter Richtung zu verlaufen. Wenn
wir vom Erdboden zum Sternhimmel schauen und uns umgekehrt in
den Weltraum versetzt fühlen und die Erde von draußen betrachten,
geht es uns wie dem Mann an der gläsernen Tür, auf der ‚Eingang'
steht. Will er hinein, kann er das Wort lesen, will er hinaus, sieht er das
Wort von der Rückseite, er hat eine Spiegelschrift vor sich.
So kommt heute das Durcheinander der Mondkarten zustande. Die
herkömmliche Regelung sieht den Mond vom Erdboden aus, mit der
Orientierung, die von hier gegeben ist. Der Astronaut sieht ihn von

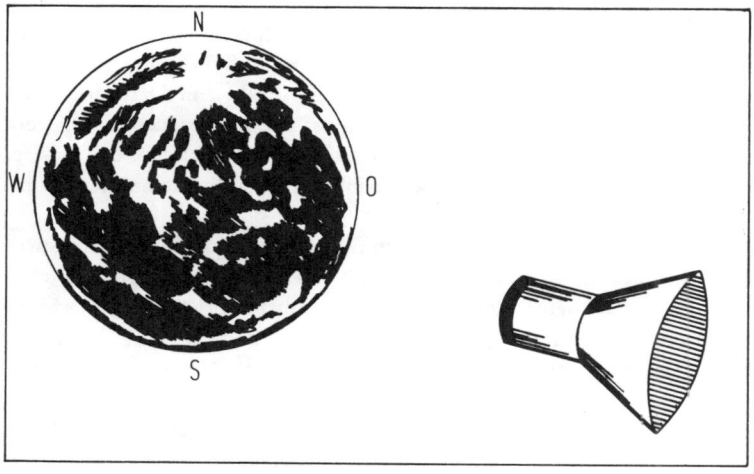

außen. Was er als östlichen Mondrand bezeichnet, ist auf herkömmlichen Karten der westliche und umgekehrt. Das ist viel schlimmer als
das alte ‚Auf-den-Kopf-Stellen' per Fernrohr. Dort blieb der Oceanus
Procellarum, eines der großen Maregebiete, einfach am Ostrand, auch
wenn er im Fernrohr statt links, wie sich das vom Beobachter aus gesehen geziemt, am rechten Mondrand erschien. In der neuen Astronau-

tenkartographie ist das aber umgedreht. Er ist, wenn der Astronaut unser ‚Mondgesichtbild' vor sich hat, am Westrand des Mondes. Das kann man dem Astronauten gar nicht übelnehmen. Er ändert während seiner Reise die Blickrichtung, je nachdem, in welcher Kursposition er steht. Der irdische Beobachter schaut praktisch immer von einem festen Punkt aus. Wie das Dilemma sich löst, ist im Augenblick noch nicht geklärt. Jedenfalls sollte heute allen einschlägigen Kartenveröffentlichungen eine Kurzerläuterung beigefügt sein, nach welchem System die Angaben gemacht sind, sonst entsteht ein heilloses Durcheinander.

Eben wurde viel von Mondkarten erzählt, darum sei zur grundsätzlichen Mondkartographie noch einiges gesagt. Jeder hat schon einmal Mondfotos gesehen. Neben den ausgedehnten dunklen Flächen liegen weite Gebiete, die sehr gebirgig sind, wobei aber die Formenbildung der Gebirge grundsätzlich anders als die irdischer Gebirge ist. Die Ringform herrscht vor. Es ist hier nicht der Platz, die ewige Diskussion auszufechten, ob diese ‚Krater' durch Meteoreinschläge oder durch vulkanartige Explosionen entstanden sind. Es dürfte wohl so sein, daß *beide* Vorgänge eine Rolle spielten. Fest steht, daß die ersten Fernrohrbenutzer im 17. Jahrhundert plötzlich eine Fülle von Details vor die Nase gesetzt bekamen, mit der sie zunächst einmal fertigzuwerden versuchten. Das erste ist, kartenähnliche Skizzen anzufertigen, das zweite, durch Benennungen eine gewisse Ordnung in die durcheinandergewürfelte Fülle des Materials zu bringen.

Es lag auf der Hand, die großen dunklen Flächen als Meere anzusprechen. Es sind in Wirklichkeit, mangels Wasser, nur trockene Tiefebenen. So entstanden Namen wie Mare Imbrium (Regenmeer), Mare Serenitatis (Meer der Heiterkeit), Mare Tranquillitatis (Meer der Ruhe), Mare Nectaris (Meer des Göttertrankes), Mare Crisium, Oceanus Procellarum usw. Kein Mensch hat zwar je im Mare Imbrium Regen oder im Mare Nubium Wolken gesehen, noch war im Mare Serenitatis besonders viel Heiterkeit zu beobachten. Aber irgendwo muß man ja einen Namen suchen.

Übrigens fällt mir da eben ein, daß der Plural von Mare eben leider Maria heißt, was dazu führt, daß mancher beim Lesen oder Hören dieses Wortes plötzlich irritiert ist. Ich wurde einmal nach einem Vortrag, bei dem ich dieses Wort benutzen mußte, von einem offenbar nicht ganz aufmerksamen Zuhörer gefragt, ob denn die Kirche bei der Na-

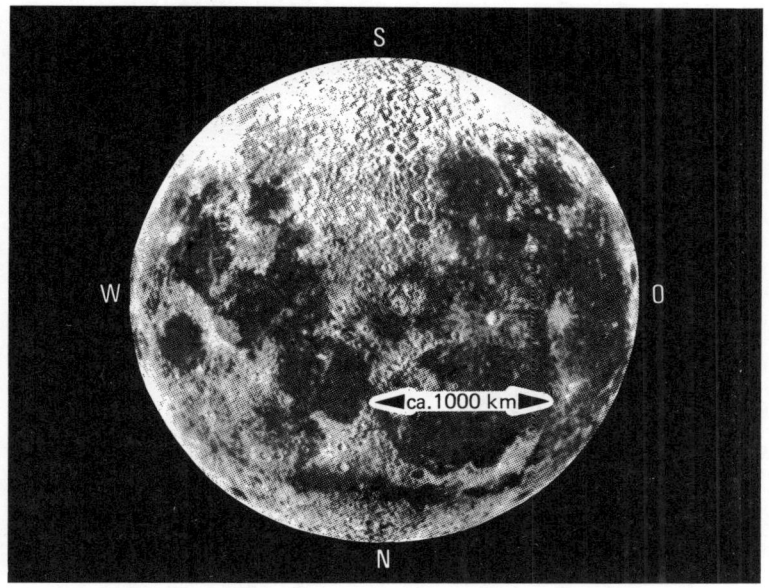

Der Vollmond mit seinen Maria. Das Mare Imbrium gibt mit seinen 1000 km Durchmesser einen Begriff für die Größenverhältnisse. Orientierung wie gewöhnlich am umkehrenden Fernrohr

mensgebung Einfluß genommen hätte, da doch offenbar Maria auf dem Mond vorkomme.

Die manchmal wie Kettengebirge aussehenden Randwälle der Maria hat man nach irdischen Gebirgen benannt. Da gibt es, vor allem im Rahmen der Randgebirge des Mare Imbrium, die Karpaten, die Apenninen, den Kaukasus und die Alpen. Vorsicht! Die irdischen Gebirge sind nur Taufpaten. Irgendwelche äußere Ähnlichkeiten bestehen ganz und gar nicht.

Die Rundformen, die meist als Krater bezeichnet werden — für die großen, die teils über 100 km im Durchmesser messen, wird vielfach auch das Wort Ringgebirge verwendet, was zweifellos zutreffender ist —, hat der italienische Astronom Riccioli mit Namen berühmter irdischer Gelehrter belegt. Da gibt es z. B. die griechische Ecke rings um

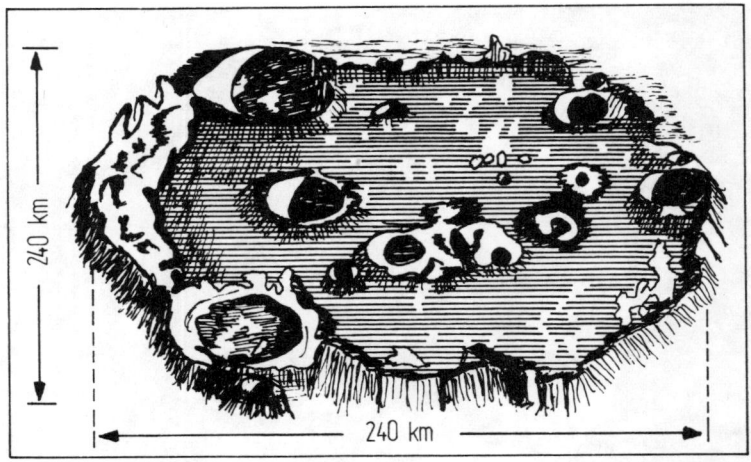

Skizze des Mondkraters Clavius, der einen Durchmesser von 240 km aufweist. Da er aber in der Nähe des von uns eingesehenen Mondrandes liegt, erscheint er uns oval verzerrt. Clavius wird im allgemeinen als der größte Krater des Mondes genannt

das Mare Imbrium: Eratosthenes, Archimedes, Timocharis, Aristillus, Autolycus, Plato. Natürlich fehlen Kopernikus und Kepler nicht.

Auch nach Riccioli haben die Mondkartographen weitergemacht. Er selbst bekam einen Krater (oder hat er sich den schon selbst verliehen?), Cassini, Olaf Römer, Hevelius, alle wichtigen Astronomen des 17. Jahrhunderts und der Folgezeit wurden als Kratertaufpaten herangezogen. Auch anderweitig wichtige Leute mußten herhalten. Es gibt ja so viele Krater auf dem Mond.

Reizvoll ist die Geschichte eines ganz nüchternen Finanzmannes namens Mösting. Er lebte Anfang des 19. Jahrhunderts und war zeitweilig Finanzminister von Dänemark. Ihm klagte einmal der Hamburger Astronom Schumacher, daß er gerne eine astronomische Zeitschrift herausgeben würde, daß ihm aber das Geld fehle. Mösting sorgte für die Finanzierung, und so erschienen 1821 erstmals die heute noch existierenden ‚Astronomischen Nachrichten‘. Zum Dank wurde Herrn Mösting ein Mondkrater verehrt. Es ist ein kleiner — die großen waren alle schon vergeben, aber — oh Wunder! — beim genauen Vermessen des Mondes zeigt es sich, daß dieser Krater im geometrischen Mittelpunkt der von uns aus einzusehenden Mondscheibe steht. Als die Kartographen des 19. Jahrhunderts ein (gedachtes) systematisches Gradnetz über den Mond warfen, vor allem, um die geometrische Mondmitte, die seine Position am gesamten Himmelsgradnetz markiert, eindeutig zu definieren, gerieten sie an einen Punkt nahe Mösting. Er wurde Mösting A genannt. Mein Vorschlag: Machen Sie eine große Stiftung für astronomische Zwecke, vielleicht bekommen Sie auch einen Krater. Auf der Rückseite wimmelt es von vorläufig noch namenlosen, nur numerierten Objekten.

Die Sache mit den Planeten

Schon wieder das Telefon! Ich nahm den Hörer ab. Ein guter Bekannter war dran: „Haben Sie's schon gelesen? Der zehnte Planet ist entdeckt worden! Wissen Sie Näheres?"

Ich stoppte: „Halt, Moment — wann gelesen? Was gelesen?" Usw.

Ich erhielt bereitwilligst Auskunft. Ein 14jähriger Schüler in England habe den seit langem gesuchten Planeten, der jenseits des Pluto in eisigen Fernen um die Sonne kreist, berechnet, und der Computer eines bekannten Institutes habe die Richtigkeit bestätigt. Das genügte mir. Ich erklärte, daß im amtlichen Nachrichtennetz der Internationalen Astronomischen Union bislang davon nichts erwähnt wurde, daß ich mich aber um die Sache kümmern würde. Der Titel der Zeitung, in der das gestanden war, wurde mir auch genannt. Also opferte ich die Groschen und kaufte mir am nächsten Kiosk dieses sehr ,bildende' Blatt. Da stand es. Dreispaltig aufgemacht mit doppelzeiliger Balkenüberschrift: „14jähriger entdeckte neuen Planeten." Man erfuhr noch mehr. So, daß der ,Poseidon' getaufte Planet 11 000 km groß sei, in 512 Erdenjahren einmal um die Sonne kreise, fast 10 Milliarden km von der Sonne entfernt, und ähnliches in gleicher Preislage. Nur ein kleiner, an sich unbedeutender Schönheitsfehler wurde der Einfachheit halber gar nicht erwähnt: Gesehen hatte den Planeten noch keiner!

Unter einer Entdeckung verstehe ich eigentlich etwas anderes. Wenn das ins Unbekannte Rechnen auf teils zahlenmäßig belegten, in der Auswahl meist jedoch recht willkürlichen Grundlagen eine Entdeckung ist, dann ist der zehnte Planet schon oft entdeckt worden. So z. B. 1950 von Professor Schütte, der anhand der Bahnlage bestimmter Kometen auf einen Transpluto mit 77 AE mittlerem Sonnenabstand kam. Das entspräche 11,5 Milliarden km. Professor Kritzinger lieferte 1963

gleich die Daten für 5 denkbare Planeten in wachsenden Sonnenab-
ständen, für die er auch schon Namen bereit hatte. Sie sollten Hades,
Persephone, Minos, Theiresios und Charon heißen. Die mittleren Son-
nenabstände sollten zwischen 53,4 und 285 AE liegen. Auch er benutzte
bestimmte Hinweise an Kometenbahnen zu seiner Rechnung. 1972
legte der amerikanische Astronom Brady eine nur auf die Bahn
des Halleyschen Kometen bezogene Rechnung vor, die ein Ergebnis lieferte, das weder mit den Ergebnissen von Schütte noch mit

Vier ‚Planetensucher', vom Rechner bis zu dem, der wegen des Nichtfindens weiter-
grübelt, fahnden nach dem unbekannten Planeten

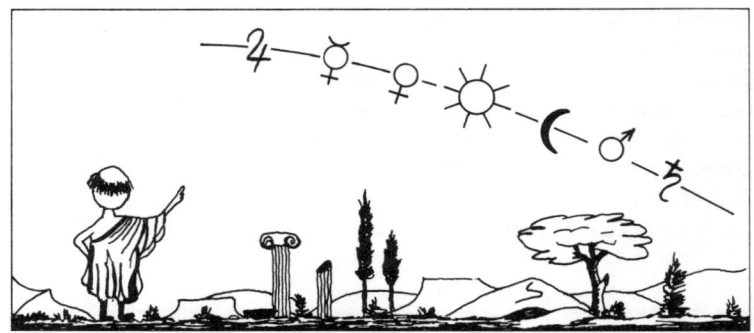

denen von Kritzinger vereinbar war. Und die drei genannten waren
nicht die ersten, die sich an den Transpluto heranmachten.

Das Dumme ist nur, wie schon vorhin gesagt, beobachtet hat bisher
noch keiner einen dieser errechneten Planeten. Alle diese Rechner sind
damit aber keineswegs in schlechter Gesellschaft. Verzeihung, aber hier
juckt es mich in den Fingern, etwas Astrogeschichte zu erzählen, weil
sie streckenweise wie ein Krimi wirkt. Ich muß mich dabei aber auf
stichwortähnliche Angaben beschränken, sonst wird aus diesem Kapitel
ein ganzes Buch.

Im Altertum gab es sieben Planeten, sieben bewegte Gestirne, die im
Lauf von Tagen, Wochen und Monaten ihre Position am Himmel er-

Der Planet Merkur läuft innerhalb weniger Tage von der Sonne weg, taucht am
Abendhimmel auf und läuft dann wieder auf sie zu, um am Taghimmel zu verschwinden

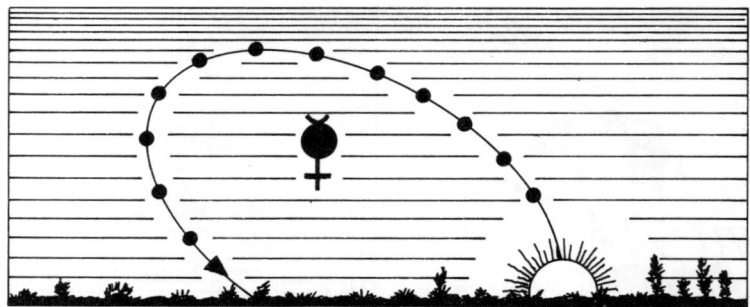

kennbar ändern. Es waren Sonne, Mond, Merkur, Venus, Mars, Jupiter und Saturn. Entdeckt hat sie keiner, sie waren eben da — seit grauer Vorzeit. Tücken haben sie. Merkur kann sehr hell werden (bis — 1m.3), taucht aber immer nur kurzzeitig seitlich neben der Sonne in der Dämmerungszone auf, um dann schnell wieder in ihrer Nachbarschaft am Taghimmel zu verschwinden (Abb.). Venus tut es ihm gleich. Auch sie schwingt nur seitlich nach Osten aus — dann erscheint sie am Abendhimmel — oder nach Westen — dann ist sie Morgenstern —, um in der Zwischenzeit mit der Sonne am Taghimmel zu stehen. Allerdings sind bei Venus die Sichtbarkeitsperioden sehr viel länger als bei Merkur und die Zeiten des Verschwindens geradezu jämmerlich kurz. Das

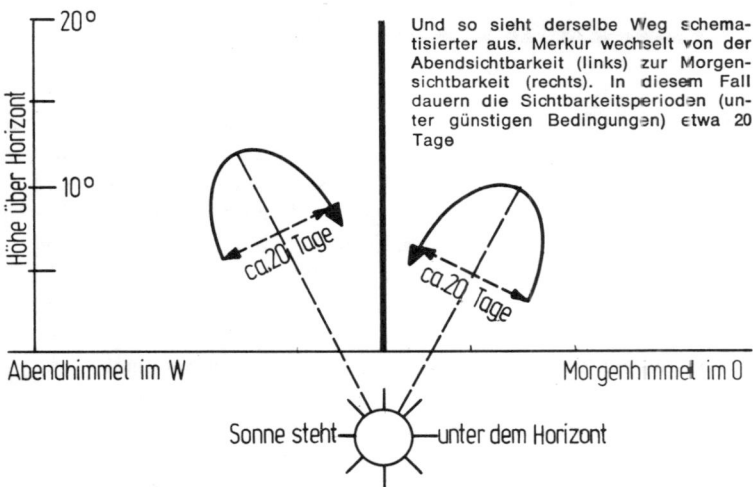

Und so sieht derselbe Weg schematisierter aus. Merkur wechselt von der Abendsichtbarkeit (links) zur Morgensichtbarkeit (rechts). In diesem Fall dauern die Sichtbarkeitsperioden (unter günstigen Bedingungen) etwa 20 Tage

verdankt sie aber auch ihrer übergroßen Helligkeit. Venus ist immer, wenn sie am Himmel steht, der hellste aller Sterne (minimal — 3m.3, maximal — 4m.4). In der Maximalhelligkeit ist sie so hell, daß ein aufmerksamer Beobachter sie mit unbewaffnetem Auge am Taghimmel finden kann, wenn er weiß, wo er zu suchen hat.

Ich erinnere mich an einen Telefonanruf, in dem ein aufgeregter Frager von einem Ufo berichtete, das am hellen Nachmittag dicht unterhalb der am Taghimmel bekanntlich blaß sichtbaren Mondsichel stand, offensichtlich auf Beobachtungsposition. Natürlich glaubte er mir nicht,

als ich ihm erklärte, das sei die Venus, die sei eben gerade so hell, und aus jeder astronomischen Tabelle könne er entnehmen, daß sie gerade heute dicht beim Mond stehen müsse. Er war der Meinung, daß ich eben einer von den unbelehrbaren Wissenschaftlern sei, die jedes beobachtete Ufo einfach wegdiskutieren. So jemandem ist eben nicht zu helfen.

Immerhin genügte die außergewöhnliche Erscheinung der Venus einigen Frühkulturen, sie mit Sonne und Mond zu einer Art Triumvirat des Himmels zusammenzufassen. Gewisse Aspekte des Mayakalenders deuten darauf hin, daß ein wichtiges Nulldatum dieser Zeitrechnung auf eine untere Konjunktion der Venus bei Neumond zutrifft. Das ist eine Stellung, bei der Sonne, Mond und Venus senkrecht in einer Linie am Himmel übereinanderstehen, was sehr selten vorkommt. Mars zeigt die größte Schwankungsbreite in der Helligkeit. Er erreicht die Oppositionsstellung, das heißt die Stellung gegenüber der Sonne: 180° Winkelabstand trennen dann beide. Geht das eine Gestirn unter, geht das andere auf. Zuvor hat er aber seinen Lauf, der normal in gleicher Richtung wie der der Sonne erfolgt, gewendet, ist zurückgelaufen. Zur Mitte seines Rückweges hat er die Oppositionsstellung erreicht und die größte Helligkeit, in extremen Fällen − 2^m.4. Dann macht er kehrt, wird von der Sonne eingeholt, verschwindet am Taghimmel und kommt erst sehr viel später auf der anderen Seite der Sonne als kümmerlicher Stern der Helligkeit + 1^m.8 wieder an den Morgenhimmel.

Dasselbe Schleifenspiel machen auch Jupiter und Saturn. Nur bewegen sie sich viel langsamer. Der Helligkeitsspielraum liegt bei Jupiter zwischen − 2^m.5 und − 1^m.2, bei Saturn zwischen − 1^m.3 und + 1^m.3.

Dieser ganze Tanz hat die Menschen der Antike zu mannigfachen göttlich gesteuerten Funktionen greifen lassen. Das Verhalten der Planeten

war für sie ein ,Zeichen' für das Verhalten der von ihnen symbolisier-
ten oder gar verkörperten Gottheit.

Die nüchtern denkenden Griechen haben sich bemüht, mystische Göt-
tergedanken beiseite zu lassen und nur den Lauf der Planeten zu berechnen. Mit vielen Tricks geometrischer Bahnkonstruktionen gelang
ihnen das beinahe auf der Basis, die Erde sei die Weltmitte und alles
laufe um sie.

Dann kam Nikolaus Kopernikus (1473—1543) und krempelte auf
Grund weitverzweigter Überlegungen vielfach philosophischer Art die
Sache um. Er setzte die Sonne in die Weltmitte, ließ die Erde als Pla-
neten um sie kreisen und beließ der Erde als einzigen Trabanten den
Mond.

Johannes Kepler, dessen Leben und dessen Erkenntnisweg ein Roman
für sich ist, entdeckte, daß die Planeten nicht auf Kreisen, sondern auf
Ellipsen laufen und daß sie auf diesem Ellipsenweg in Sonnennähe
rascher, in Sonnenferne langsamer laufen (1. und 2. Keplersches Gesetz). Isaac Newton setzte den Schlußstein mit seiner Entdeckung des
Gesetzes der allgemeinen Massenanziehung, des Gravitationsgesetzes,
aus dem sich mathematisch ableiten ließ, warum die Keplerschen Ge-

So stehen die Gestirne bei unterer
Konjunktion der Venus bei Neumond.
Sonne, Mond und Venus stehen in
gleicher Blickrichtung

Bei seiner Oppositionsschleife bewegt
sich Mars von der Sonne weg, auf sie
zu und wieder weg (die Skizze ist
nicht maßstabgerecht)

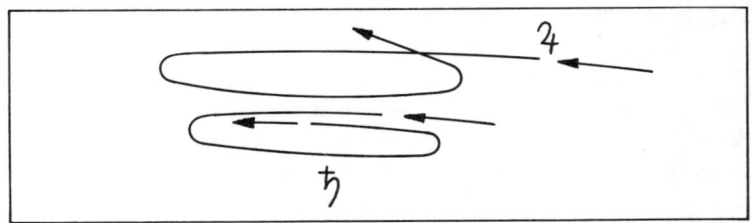

Die Schleifen von Jupiter und Saturn im maßstabgerechten (!) Größenvergleich. Dargestellt ist eine sogenannte dreifache Konjunktion, wenn die beiden Planeten ihre Schleifen dicht beieinander ziehen und sich im Verlauf des Hin und Her dreimal besonders nahe kommen

setze so und nicht anders ausfallen mußten. Das war die Vorgeschichte. Erst jetzt beginnt der Krimi.

Im Jahr 1766 weist der Herr Professor Johann Daniel Titius in Wittenberg auf einen Punkt hin, den schon Johannes Kepler bemerkenswert gefunden hatte. Die Bahngrößen der Planeten von Merkur bis Mars wachsen in mathematisch logisch erscheinenden Größensprüngen. Dann klafft plötzlich eine brutale Lücke bis zur Jupiterbahn. Man könnte sich — gefühlsmäßig — prachtvoll eine Planetenbahn in dem Zwischenraum denken. Leider gibt es keine Bahn, weil es keinen Pla-

Keplersche Ellipse: Es ist nicht nur die Bahn elliptisch, auch die Bewegung ist ungleichförmig. Die verschieden dicht stehenden Punkte sollen die wechselnden Geschwindigkeiten andeuten

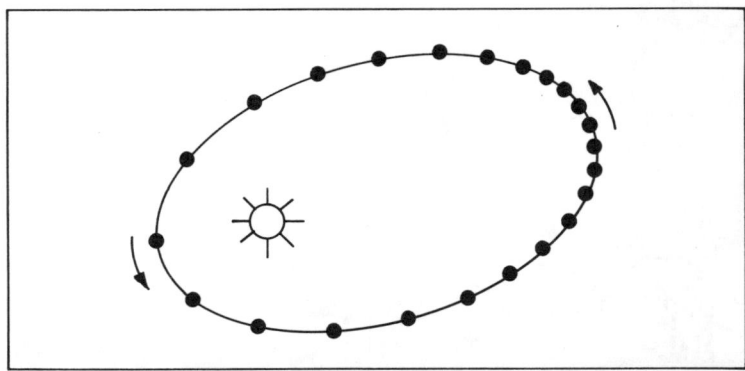

neten gibt. Titius ließ Gefühl Gefühl sein und rechnete. Er kam auf
eine erstaunliche Formel. Wer mathematisch versiert ist, durchschaut
sie, wer nicht — der vertraue auf die Ergebnisse. Die nackte Formel
lautet:

$$r = 0,4 + 0,3 \cdot 2^n.$$

Ins Deutsche übersetzt heißt das, daß der mittlere Sonnenabstand (in
unserer Formel als r bezeichnet) eines Planeten, ausgedrückt in Astronomischen Einheiten (AE), nach obiger Formel zu errechnen ist, wenn
die dubiose Potenz n bei Merkur als $-\infty$ (steht für unendlich), für
die Venus gleich 0, für die Erde gleich eins, Mars gleich zwei usw. gesetzt wird.

Die Ergebnisliste lautet (Ergebnisse immer in AE):

	nach Formel	tatsächlich
Merkur	0,4	0,39
Venus	0,7	0,72
Erde	1,0	1,00
Mars	1,6	1,52
?	2,8	—
Jupiter	5,2	5,20
Saturn	10,0	9,55

Für Titius' Zeiten ist das ein erstaunliches Ergebnis. Leider hat es eine
Lücke. Mit dem n-Exponenten 3 ergibt sich eine Planetendistanz von
2,8, für die kein Vertreter zur Verfügung steht.
Astronomen pflegen so etwas auf den Grund zu gehen. Prof. Bode in
Berlin, der für die Veröffentlichung dieser mathematischen Erkenntnis
gesorgt hatte, organisierte eine Art Jagd nach dem Unbekannten. Er
hatte allen Grund dazu. 1781 war William Herschel in England bei der
Routinearbeit, alte Sternverzeichnisse und Sternkarten auf ihre Zuver-
lässigkeit zu überprüfen, auf ein Sternchen der Helligkeit 6^m gestoßen, das in eben diesen Unterlagen nicht verzeichnet war. Kontrollbeobachtungen zeigten ihm in Kürze, daß das Objekt sich bewegte. Er
hielt es für einen sonnenfernen Kometen, doch als auch aus alarmierten
Kollegenkreisen genügend Beobachtungen vorlagen, stand fest: Es ist
ein Planet, ferner als Saturn. Der Bannkreis der antiken Planeten war
gesprengt! Erstaunliches Ergebnis: Der neue Planet, der nach intensi-
vem Streit, wie er getauft werden sollte, nach Bodes Vorschlag Uranus

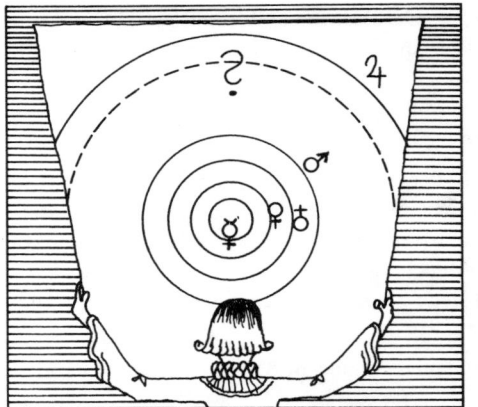

genannt wurde, paßte in die Titius'sche Reihe. Sonnenabstand nach der Formel 19,6 AE, nach der Beobachtung 19,22 AE.

Da mußte man doch nach dem „Lückenplaneten" zwischen Mars und Jupiter suchen!

Bode organisierte Kollegen, die jeweils ein ausgewähltes Gebiet zur Überwachung zugewiesen bekamen. Doch einer, der gar nicht zu diesem Kreis gehörte, Piazzi in Palermo, fand ihn. Am 1. Januar 1801 entdeckte er — bei ähnlichen Kontrollarbeiten an alten Verzeichnissen — ein offensichtlich bewegtes Objekt der siebten Größenklasse. Es schien in die Lücke zu passen. Doch jetzt ging alles daneben. Schlechtes Wetter verhinderte weitere Kontrollbeobachtungen. Piazzi erkrankte. Man kann sagen, daß ihm eine Grippe seine Entdeckung stahl. Als er sich entschloß, seine Entdeckung trotzdem seinen Kollegen bekanntzumachen, blieben seine Briefe in den Wirren der Napoleonischen Kriege auf irgendwelchen italienischen Poststationen liegen (soll heute auch ohne Napoleon vorkommen). Bis sie ihre Empfänger erreichten, war der neue Planet von der Sonne eingeholt und am Taghimmel verschwunden. Der fehlende Planet war entdeckt und wieder entfleucht. Warum hat er nicht telegrafiert? Antwort: „Das Telegrafieren war damals noch nicht erfunden."

Krimisituation: Täter gestellt — konnte jedoch entkommen und Spur verwischen. Die Polizei ist ratlos. Doch wozu gibt es Privatdetektive? Da kommt ein junger Mann, Mathematiker zwar, aber kein beamteter Astronom, und sagt: „Ich weiß, wo die verschwundene Ceres (so war der entwischte Planet getauft worden) ist. Mir genügen 3 Beobachtungspositionen, um die Bahn zu berechnen." Skepsis bei den Fachleuten ... da kann ja jeder kommen! Wieder ein ‚Privater' sagt sich: „Versuchs

doch mal!" und er findet die Ceres wieder! Der junge Mathematiker
hieß Carl Friedrich Gauss — später legendärer ‚Princeps mathemati-
cus', Fürst der Mathematiker; manche sehen in ihm überhaupt den
größten Mathematiker seit den legendären Griechengelehrten.
Der Praktiker war Arzt und Apotheker in Bremen, Olbers mit Namen.
Auch sein Name ist nicht nur durch die Wiederentdeckung der Ceres in
den Annalen der Astronomie fest verankert. Er fand übrigens kurz
darauf einen weiteren Planeten, die Pallas. Harding entdeckte die
Juno, wiederum Olbers die Vesta — es wimmelte plötzlich von Planeten in der früher so schmerzlich empfundenen Lücke. Nicht einen Täter
hatte man erwischt, es war gleich eine ganze Bande.
Nach einer rund 40jährigen Pause ging die Entdeckungsserie weiter,
und als Ende des 19. Jahrhunderts die Fotografie mit raffinierten Fallen hinter dem Wild her war, verlor man fast die Übersicht. Heute liegen nahezu 1800 berechnete Bahnen vor. Beobachtet wurden noch viel
mehr, geschätzt wird die Gesamtzahl der Planetoiden (was planeten-
ähnlich bedeutet) auf 50 000. Deutsch sagt man auch ‚Kleinplaneten',
denn die Burschen verhalten sich wie Planeten, sind aber viel kleiner.
Ceres, der größte der ganzen Bande, mißt knapp 800 km im Durch-

Gab es vorher in den Planetenbahnen bis Jupiter eine rätselhafte Lücke, so wimmelte es nachher hier von Planetoiden

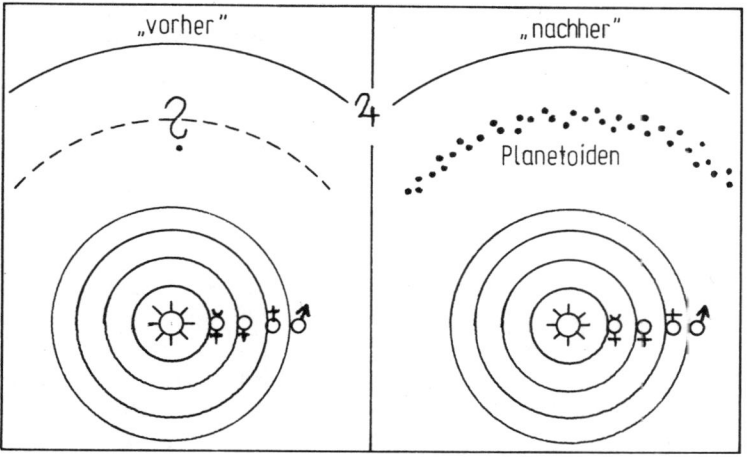

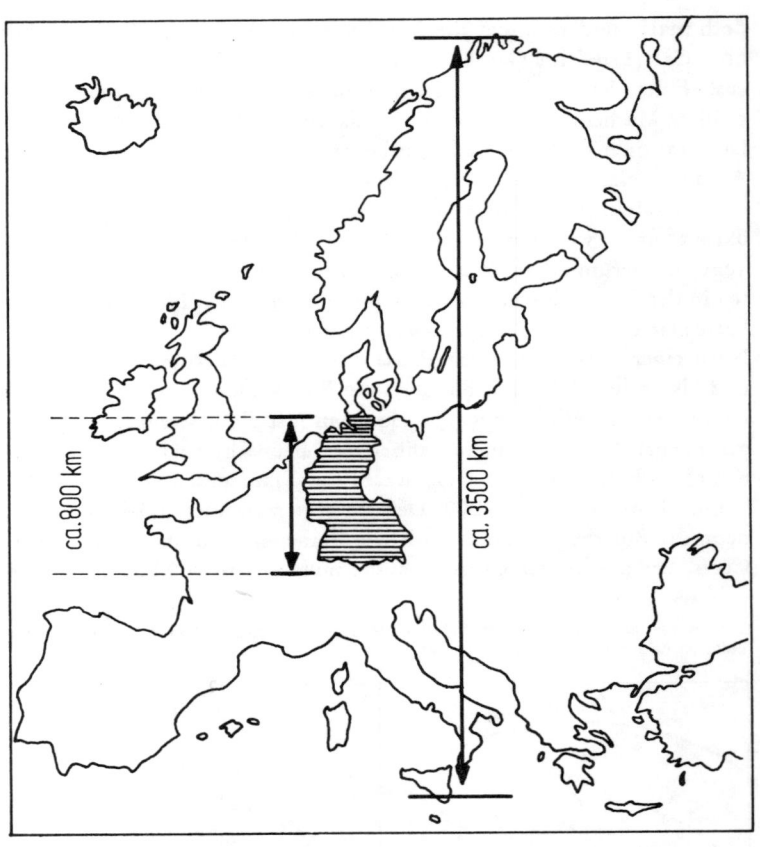

ca. 800 km

ca. 3500 km

Der Abstand Nordkap-Sizilien entspricht dem Monddurchmesser. Dagegen beläuft sich der Durchmesser der Ceres nur ungefähr auf die Ausdehnung der Nord-Süd-Erstreckung der Bundesrepublik (rund 800 km)

messer, weniger als die Entfernung Hamburg–München. Die übergroße Mehrzahl bringt es nur auf wenige km.

Nachdem Herschel 1781 den Uranus entdeckt hatte, wurde der neue Planet natürlich eifrig beobachtet. Zum Jahrhundertwechsel war er immerhin schon 20 Jahre unter Kontrolle, und auch ein sehr ferner und daher sehr langsamer Planet hat da eine deutliche Strecke zurückgelegt.

Nun bereitete er Unbehagen, und das Unbehagen wuchs von Jahr zu Jahr. Er lief nicht so, wie er sollte. Offenbar wußte er nicht, wie er sich der exakten Rechnung zufolge zu verhalten hatte. Er wich von seiner Bahn ab, wenig zwar, aber erkennbar, und zwar so, daß man die Fehler nicht einfach auf Meßungenauigkeiten schieben konnte. Die vage Idee kam auf, daß in diesen fernen Zonen das Gravitationsgesetz nicht mehr voll gültig sei. Doch mit so etwas gibt sich ein exakter Wissenschaftler ungern ab. Naturgesetze, die verschwommene Gültigkeitsgrenzen haben — unmöglich. Es gab noch eine Deutung. Irgendwo im Dunkeln lauert der Schuldige für dieses Phänomen. Ein noch unentdeckter Planet stört durch seine Anwesenheit den Uranus.

Das war wieder eine Aufgabe für Mathematiker, und zwar eine neue. Früher hieß es: „Hier hast du einen Planeten, rechne aus, inwieweit er seinen Nachbarn stört!" Jetzt hieß es: „Hier hast du die Störung, rechne mir den dazugehörigen Planeten aus!" Bedenkt man, daß die erkennbaren systematischen Abweichungen zunächst noch im Bereich von Bruchteilen einer Bogenminute lagen (Vollmonddurchmesser = 30 Bogenminuten), dann sieht man, wie knifflig die Aufgabe für die Detektive war, die auf der Grundlage winziger gesicherter Spuren auf die Jagd nach dem großen Unbekannten auszogen. Es dauerte darum auch ein paar Jahrzehnte, bis Brauchbares herauskam. Doch was sind schon ein paar Jahrzehnte im Maßstab der Astronomie...

Ein guter Krimiautor baut auch menschliche Schicksale mit ein in seinen Roman. So auch der hier Tätige. Er läßt einen jungen Mann aufmarschieren, einen Studenten in England na-

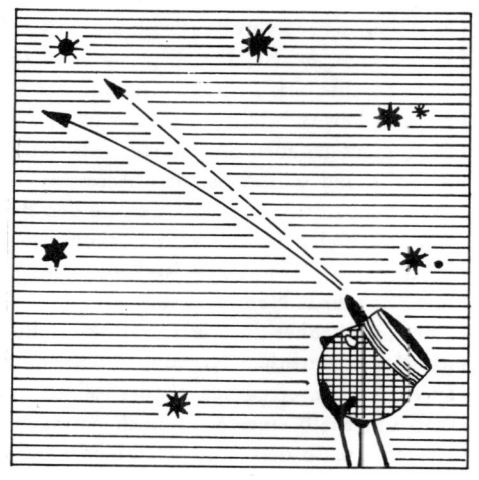

Der Gelehrte vor neuen Aufgaben. Er hat zwei Planetenspuren. 1. ‚So sollte er laufen', 2. ‚So läuft er!' — Wer hat Schuld an der Diskrepanz?

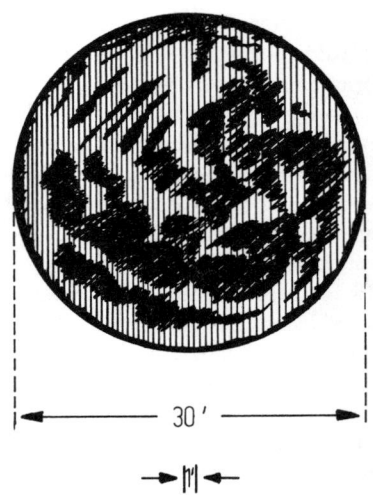

Größenverhältnis Vollmond — Bogenmi-nute (1'). Bei den zur Debatte stehenden Abweichungen handelt es sich um Bruch-teile der Bogenminute, angesammelt in Jahrzehnten

mens John Couch Adams. Er hatte sich hinter den Rechenvorstoß ins Unbekannte gemacht und legte 1845 dem Chef des Greenwicher Observatoriums, Airy, eine Arbeit vor, die die Bahnelemente und voraussichtlichen Positionen des unbekannten Planeten enthielt. Airy war wohl etwas skeptisch — was wird wohl ein so junger Mann (Adams war 26 Jahre alt) hier leisten können? Er legte die Arbeit zur Seite. Im Sommer 1846 legte in Paris Urbain Leverrier der Akademie der Wissenschaften eine ausführliche Arbeit über die Uranus-bewegung und die daraus abzuleitende Folgerung vor, daß es einen unbekannten Planeten geben müsse.

Die Arbeit wurde veröffentlicht, und in England erinnerte man sich der Adams'schen Arbeit. Die Ergebnisse waren fast identisch. In Cam-bridge machte sich Prof. Challis auf die Suche. In Berlin, wohin sich Leverrier gewandt hatte, weil er wußte, daß man dort an funkelnagel-neuen, ganz genauen Sternkarten arbeitete, versuchten es der Observa-tor Galle und sein Assistent d'Arrest am 23. September 1846. In der ersten Beobachtungsnacht hatten sie den Burschen auch schon. Der Tä-ter war gestellt. Es gab kein Entkommen mehr. Die Astronomie des Unsichtbaren, das mit dem Rechenstift ins Unbekannte Weisen, war ge-boren. So wurde Neptun entdeckt.

Adams, der früher dran war, hatte so recht wie Leverrier. Beide hatten nicht den eigentlichen Neptun, so wie er sich nach langen Beobachtun-gen entpuppte, errechnet, sondern einen anderen. Doch die Rechnung ergab innerhalb eines erstaunlich geringen Fehlerspielraumes den Be-reich, innerhalb dessen er zu suchen war, und das entscheidet für den

Erfolg. Der berechnete Neptun hätte 36,2 AE von der Sonne entfernt sein müssen, die Titius'sche Reihe hatte 38,8 AE gefordert, der entdeckte hat aber nur einen mittleren Sonnenabstand von 30,1 AE. Aber: Hauptsache, die Indizien haben zum Täter geführt, wenn es auch nicht genau der war, den der Kommissar ursprünglich vermutete.

Ist es ein Wunder, wenn nicht lange nach der Neptunentdeckung die Spekulationen um einen noch entfernteren Transneptun begannen? Immer noch konnte Neptun nicht für alle Uranusstörungen verantwortlich gemacht werden. ‚Reststörungen‘ blieben. Neptunstörungen nachzuweisen hatte es freilich noch gute Weile. Wer noch lichtschwächer als Uranus ist (Neptun bringt es in Oppositionsstellung allenfalls auf $7^m.7$) und noch entfernter, also noch langsamer (Neptun hat seit seiner Entdeckung noch keinen vollen Umlauf um die Sonne vollendet; das hat er erst im Jahr 2010 geschafft), dem können winzige Bahnabweichungen nur nach sehr langer Zeit nachgewiesen werden. Bei Uranus hatte es runde sechs Jahrzehnte gedauert, bis die stichhaltigen Rechnungen vorlagen.

Immerhin, gegen Ende des Jahrhunderts wurden die Stimmen immer häufiger, die wieder einmal zur Jagd nach einem Täter im Dunkeln aufriefen. Beschuldigung: Verursacher der Reststörungen des Uranus und der ersten herausklamüserten Störungen des Neptun. Einer war es, der sich besonders in die Spur verbiß: Percival Lovell, ein Astronom, der von Haus aus ein so großes Vermögen besaß, daß er sich eine eigene voll wissenschaftlich eingerichtete Sternwarte in Flagstaff in Arizona bauen konnte. Dort widmete er sich vor allem der Planetenforschung. Seine Arbeiten über den Planeten Mars, dem seine besondere Liebe galt, sind hervorragend; auf dem Gebiet der Astrofotografie leistete er Pionierarbeit. Er nahm sich der Reststörungen des Uranus an und rechnete in Richtung ‚Transneptun‘. Danach sollte der Flüchtling im Mittel 43 AE von der Sonne entfernt sein, eine Entfernung, die in die Zahlenreihe des Herrn Titius so wenig paßte wie die des wirklich entdeckten Neptun.

Lovells Kollege Pickering kam zu ganz ähnlichen Ergebnissen. Den Planet, dem Lovell schon den schönen Namen Pluto reserviert hatte, brauchte er nur noch zu finden, um ihm das Namensschildchen umhängen zu können. Die Chancen standen gut. Schließlich hatte man jetzt die Fotografie zur Verfügung. Auf einer Platte, einmal belichtet und entwickelt, ist in sorgfältiger Kontrollarbeit viel mehr zu finden als beim flüchtigen Blick durchs Fernrohr. Das Auge ermüdet, die Platte nicht. Das kontrollierende Gehirn verliert am Fernrohr im Lauf der Zeit die Konzentration, beim Plattenstudium kann es Ruhepausen einschalten, um dann frischgestärkt wieder an die Arbeit zu gehen. Ging es auch jetzt um ein viel lichtschwächeres Objekt als im Falle Neptun, waren die technischen Voraussetzungen doch um Potenzen besser.

Lovell suchte. Er fand nichts. Als er im Jahr 1917 starb, stand in seinem Vermächtnis, daß die Suche nach ,seinem Pluto' zum ständigen Programm der von ihm gegründeten Sternwarte gehören sollte. Sein Traum hatte sich nicht erfüllt. Der Täter war dem Kommissar entwischt. Aber die Nachfolger vergaßen sein Vermächtnis nicht.

Ende der zwanziger Jahre klopfte ein junger Mann, Landwirt von Beruf und begeisterter Amateurastronom, an die Tür der Lovell-Sternwarte. Er suchte einen Job bei den Sternguckern. Man nahm ihn an. Als Helfer der Astronomen wurde er angelernt. Bald konnte er selbständig arbeiten, wenn es darum ging, routinemäßige Überwachungsfotos aufzunehmen. Und schließlich betätigte er sich auch bei der Auswertung der Fotos. Beim Studium solcher Fotos fand er auf einer Platte vom 21. Januar 1930 ein winziges Sternchen der 15. Größe, das sich bis zum nächsten Tag um einen winzigen Winkelbetrag verschoben hatte. Der Ort lag just in dem Gebiet, in dem nach Lovells Berechnung der erhoffte Pluto stehen sollte. Was mögen die Flagstaff-Leute wohl empfunden haben? — Ist er's oder ist er's nicht? — Haben wir Lovells Vermächtnis erfüllt? — Oder war es blinder Alarm?

Um es kurz zu machen: Er war es! Die Lovell-Nachfolger hatten das Vermächtnis erfüllt. Der spurenschnüffelnde Kommissar hatte den Täter gestellt.

Doch auch dieser Entdeckung fehlen die Pointen nicht. Die erste: Wie Neptun hatte man den Planeten Pluto nahe beim errechneten Ort gefunden, aber es war nicht der angezielte Planet. Um eine englische Jagdredensart zu benutzen: Mit dem linken Lauf hatte man verfehlt, aber mit dem rechten getroffen. Die Bahn war eine andere als die errechnete, statt 43 AE beträgt der mittlere Sonnenabstand des Pluto 39,6 AE. Der Wert liegt viel näher bei den von der Titius-Reihe geforderten 38,8 AE für Neptun. Hatte man den wirklichen Transuranus gefunden und war Neptun nur ein Außenseiter?

Pech! Die Bahn des Pluto ist in anderer Beziehung so abweichend von den anderen Planetenbahnen, daß ihr der Geruch des Extremen geradezu anhaftet. Sie ist viel exzentrischer (elliptisch von der Kreisform abweichend) als jede andere Planetenbahn. In Sonnennähe steht Pluto noch näher als Neptun, nämlich nur 30 AE, in Sonnenferne läuft er bis 50 AE weg. Einen solch großen Spielraum leistet sich kein anderer Planet. Die Neigung seiner Bahn zur mittleren Ebene der Erdbahn beträgt 17 Grad! Die stärkste Neigung aller anderen Planeten hat Merkur mit

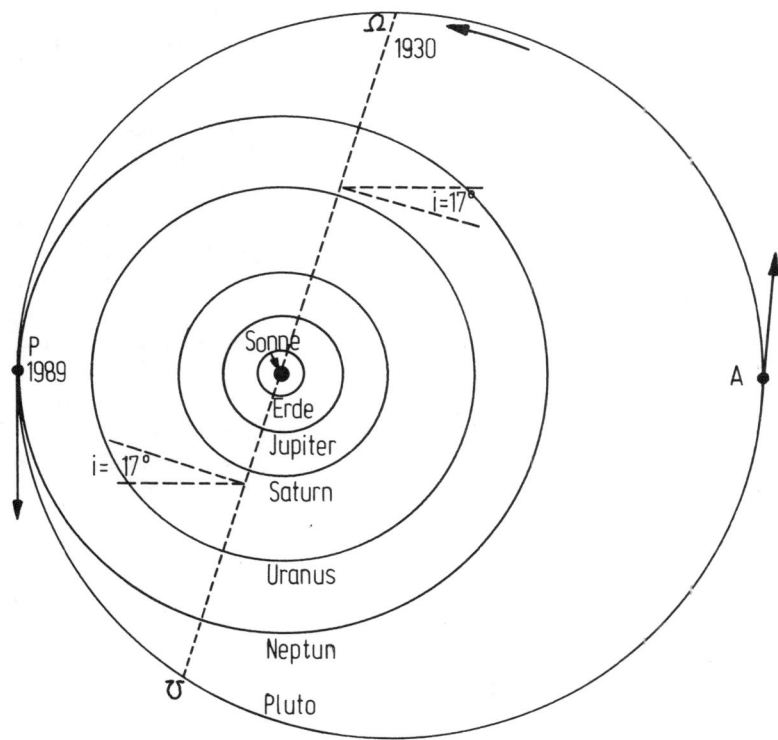

Die sehr extreme Bahn Plutos im Vergleich mit den anderen Planetenbahnen. Das Perihel (P), die Sonnennähe, bei der er der Sonne noch etwas näher als Neptun steht, wird Pluto 1979 erreichen. Die Winkelangabe 17° soll verdeutlichen, daß die Bahnebene Plutos um 17° gegen die Ebene der anderen Planeten geneigt ist

7 Grad. Zudem fällt er in der Größe aus dem Rahmen. Uranus und Neptun haben Durchmesser, die den Erddurchmesser wenigstens 4fach übertreffen. Pluto bringt es wahrscheinlich auf kaum mehr als den halben Erddurchmesser. Kurz — er ist alles andere als ein Normalplanet. Viele halten ihn für einen desertierten Mond des Neptun, der bei Gelegenheit einer uns unbekannten kosmischen Katastrophe aus dem Anziehungsbereich des Neptun entwischte. Manches spricht dafür, manches dagegen. Jedenfalls stieß er uns mit der Nase darauf, daß unser so schönes klares Schemadenken, das wir dem lieben inneren Planetensystem in seiner sauberen Gleichförmigkeit abgeguckt haben, durchaus nicht überall stimmt. Da lauern auf den Kommissar und seine Spürhunde hinter der Hausecke noch massenhaft Probleme, auf die wir erst im Laufe der Zeit kommen.

Es gibt aber noch eine Pointe, eine menschliche. Als Pluto entdeckt war und genügend Unterlagen zur Bahnberechnung vorlagen, durchforstete man natürlich auch das Archiv nach früheren Platten. Es gab da genügend, auf denen Pluto eigentlich hätte sein müssen. Tatsächlich. Da fanden sich noch Platten aus den Jahren 1914 und 1915, die Lovell selbst aufgenommen und kontrolliert hatte und auf denen Pluto identifiziert werden konnte. Lovell hatte das winzige Pünktchen nicht herausgepickt. Er hatte die Erfüllung seines Lebenstraumes in der Hand gehalten — er wußte nur nichts davon!

Wen wundert es, wenn heute wieder auf einen Transpluto zugerechnet wird, und wen wundert es, wenn außer theoretisch sehr achtbaren Arbeiten bisher noch nichts dabei herauskam? Mich wundert es nicht. Der Krimi geht eben weiter.

Nochmals die Planeten

Der Krimi der Entdeckungsgeschichte der äußeren Planeten war zu schön, um unterschlagen zu werden. Nun wäre eigentlich ein ganz sachliches Kapitel am Platz über die Eigenheiten, spezifischen Unterschiede und mit genauen Zahlenangaben zu den einzelnen Planetenindividuen. Doch hier geht es ja um die Fragen, die Sie, liebe Leser, stellen mögen, und so seien vor allem die Dinge herausgehoben, die dem aufmerksamen Beobachter auffallen und mit denen er zunächst nicht zurechtkommt.

Da wäre z. B. jener Anrufer, der eines späten Abends aufgeregt von einem soeben beobachteten hellen Ding am Himmel sprach, das kein Stern sein könne, denn dazu wäre es viel zu hell, das sich langsam bewege und daß da etwas dranhänge. Mein erster Gedanke galt einer Radiosonde des Wetterdienstes. Das sind Ballone mit einer mit Meßinstrumenten bestückten Gondel, die von Wetterstationen regelmäßig aufgelassen werden, um die Luftverhältnisse in großen Höhen zu prüfen. Die Ergebnisse werden dann automatisch zur Bodenstation gefunkt.

Solche Objekte haben schon manchen genarrt, denn nach Sonnenuntergang, wenn es am Boden schon merklich dunkel ist, werden Ballone in größerer Höhe noch vom Sonnenlicht getroffen und funkeln am dunklen Himmel wie Bergspitzen bei Alpenglühen. Doch dafür war der Abend schon zu weit fortgeschritten, die Sonne stand schon viel zu tief unter dem Horizont.

Es kostete mich einige Zeit herauszufragen, wo, in welcher Himmelsrichtung und in welcher Winkelhöhe das Objekt denn stand. Und da war denn dann die Sache eindeutig. Es war der gute alte Jupiter, der uns schon auf Seite 12 begegnet ist.

Aber da hing was daran ...? Jetzt erst stellte es sich heraus, daß der gute Mann mit einem Feldstecher beobachtete; und dranhängen — nun ja, senkrecht herunter hing das ‚Anhängsel‘ nicht, es stand eher so etwas schräg, wie der Schwanz eines Kinderdrachens oder ein Kometenschweif. (Oh diese Kometenschweife! Wir werden noch davon hören.)

Jetzt war alles klar. Ich fragte: „Sind Sie sicher, daß es ein zusammenhängendes Ding ist, oder sind es nur einzelne Pünktchen?“

Verblüffte Antwort: „Ja, es sind Pünktchen, aber ich dachte, das seien nur einzelne Lichter auf einem sonst dunklen Körper.“

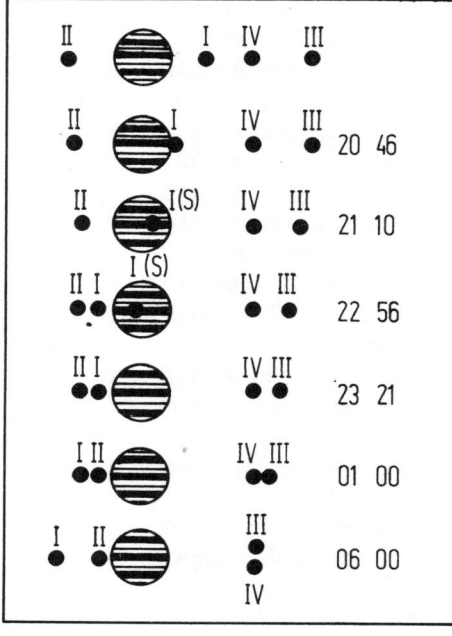

Ein Beispiel für die Positionsänderungen der Jupitermonde im Verlauf einer Beobachtungsnacht. Anfangs steht Mond II links, I, IV, III stehen rechts. Am Ende steht I links, II setzt eben an, von links hinter dem Planeten zu verschwinden, und III und IV sind eben dabei, ihre Positionen rechts neben Jupiter zu vertauschen

Letzte Frage: „Wieviel Pünktchen waren es?"

„Vier!"

Jetzt konnte ich nur noch sagen: „Da haben Sie Glück gehabt. Sie haben einen Augenblick erwischt, in dem alle vier hellen Monde des Jupiter auf derselben Seite des Planeten stehen und in dem auch keiner im Jupiterschatten verfinstert ist. Sie stehen dann wie zur Parade aufmarschiert."

Da die hellen Jupitermonde um den Planeten kreisen, der innerste am schnellsten, der äußerste am langsamsten, ändern sich ihre Positionen ständig, und es gehört mit zu den reizvollsten Beobachtungsmöglichkeiten, die sich dem Besitzer schon kleinster Fernrohre bieten, diesen Tanz der Monde zu verfolgen. An einem einzigen Beobachtungsabend genügt es, wenn man sich gemütlich plaudernd zusammensetzt, das Fernrohr in Stellung bringt, Jupiter einstellt und in viertel- bis halbstündigen Abständen durchschaut. Dann sieht man den Tanz.

Ein Beispiel sei hier genannt. Nehmen wir wahllos ein Datum aus dem Jahr 1981. Am 3. Mai konnten wir bequem folgenden Vorgang verfolgen: Der Mond Nummer I nähert sich mehr und mehr dem östlichen Jupiterrand, berührt ihn schließlich und verschwindet. Das gilt für kleinere Fernrohre. Mit größeren Instrumenten kann man ihn als blassen Fleck sehen. Wenn der Mond verschwindet, heißt das in der Fachsprache: „Der Durchgang beginnt." Das ist am genannten Datum um 22^{h}56^m der Fall. Um 23^{h}45^m taucht plötzlich am Jupiterostrand ein kleiner dunkler Fleck auf, der sich mehr und mehr vor das im Fernrohr als Scheibchen erscheinende Jupiterbild schiebt. Es ist der Schatten, den der vorüberziehende Mond auf den hellen Jupiter wirft. Um 1^{h}08^m taucht das selbständige Mondpünktchen am Westrand wieder auf und entfernt sich mehr und mehr vom Planeten. Mit diesem Wiederauftauchen des hellen Mondpünktchens ist der Vorübergang zu Ende. Um 1^{h}58^m ist auch der Schattenvorübergang zu Ende. Das schwarze Pünktchen verschwindet am westlichen Jupiterrand.

Im Verlauf von gut 3 Stunden konnten wir so einen kosmischen Vorgang, aufgegliedert in 4 verschiedene Phasen, in bequem gestaffelten Zeitabständen verfolgen. Standen zuvor (im umkehrenden Fernrohr) 3 Monde rechts und einer links von Jupiter, so sind es nun 2 rechts und 2 links. Das Gesamtbild hat sich geändert.

Manchmal vollzieht sich ein noch viel rascherer Wandel. Da geht beispielsweise ein Mond *vor* Jupiter vorbei, während ein anderer *hinter* Jupiter in der Gegenrichtung die Seiten wechselt. Das Gesamtbild ist nach einiger Zeit das gleiche, nur die Teilnehmernummern sind vertauscht.

Ach so — daß ich es nicht vergesse. Was braucht man für ein Instrument, um das zu sehen?

Wie schon von meinem Telefonfreund, der offenbar glaubte, ein Ufo gesichtet zu haben, und dann hörbar etwas enttäuscht war, daß es ‚nur‘ der Jupiter war, zu erfahren war, genügt ein guter Feldstecher, um die Möndchen zu identifizieren. Selbstverständlich kann man damit auch den ‚Stellungswechsel‘ verfolgen. Den Schattenvorübergang sieht man mit einem Feldstecher allerdings noch nicht. Seine Vergrößerung ist zu gering. Der Planet erscheint noch mehr als Punkt denn als Scheibchen, und darauf noch den viel winzigeren Schatten zu identifizieren, ist effektiv unmöglich. Hat man aber ein Fernrohr — es braucht nicht groß zu sein, schon eine 40- bis 50fache Vergrößerung stellt Jupiter einwandfrei als Scheibchen vor —, dann kann man auch auf dem Jupiterscheibchen das allerdings winzige Schattenpünktchen erkennen. Mit zunehmender Vergrößerung wird es natürlich immer deutlicher, wie auch die Oberflächendetails auf Jupiter, seine bekannte Streifenstruktur, immer mehr hervortreten.

Dieser Tanz der vier hellen Jupitermonde ist etwas, das stets von neuem fasziniert. Mancher glaubt, das Muster der Monde auf beiden Seiten von Jupiter bleibe immer gleich. So z. B. jene Dame, die glaubte, ein fehlerhaftes Fernrohr gekauft zu haben, weil sie beim ersten Ausprobieren nur drei Monde sah. Ganz aufgeregt erklärte sie, sie sehe die Monde, aber der kleine blaue rechts unten, der sei einfach nicht zu sehen.

Das erforderte wieder ein paar Kreuz- und Querfragen, bis das Mißverständnis geklärt war. Besagte Dame besaß ein Buch. Es war so eines von der Sorte, das in vielen prächtigen und oft phantasiereichen Bildern das ganze Weltgeschehen von den Sauriern früherer Jahrmillionen bis zu den fernsten Galaxien zeigt. Es zeigte natürlich auch Jupiter mit seinen Monden. Die Dame glaubte nun, das sei der Anblick, fertig und fixiert auf Zeit und Ewigkeit. Es kostete einigen Zeitaufwand, ihr klarzumachen, daß ihr hier ununterbrochen ein kosmischer Film vorgeführt wird.

Ach ja, die Jupitermonde! Wenn wir schon bei ihnen sind, dann wollen wir auch einen Seitenblick auf ihre Historie werfen. Man hat sie auch schon die galileischen Monde genannt, weil bereits Galileo Galilei sie mit seinem ersten primitiven Fernrohr sah.

Apropos Fernrohr, das ist auch wieder so ein Kapitel für sich. Vielfach wird behauptet, Galilei habe das Fernrohr erfunden. Das stimmt nicht. Er hatte davon gehört, daß bei den Kriegshändeln in den Niederlanden solche Instrumente zum Ausspionieren feindlicher Stellungen verwendet wurden. Er versuchte, sie — weil er etwas von Optik verstand — nachzuempfinden, und brachte eine brauchbare Linsenkombination aus Sammel- und Zerstreuungslinsen zustande. Dieses galileische Fernrohr ermöglicht zwar keine besonderen Vergrößerungen, hat aber den Vorteil kurzer Bauart, weswegen sein Prinzip heute noch beim Opernglas angewendet wird.

Mit diesem, für unsere Begriffe primitiven Instrument beobachtete Galilei die Gestirne, und er sah Erstaunliches. Verzeihen Sie, wenn ich hier etwas verweile, aber es ist wert, darüber nachzudenken.

Versetzen wir uns in die Lage Galileis. Er ist Naturwissenschaftler, Physiker, Astronom. Er gehört zu der Gruppe in der damaligen Naturwissenschaft, die sich von althergebrachten, vielfach von Philosophie und Religion diktierten Glaubenssätzen lösen will. Er stellt der Natur selbst die Fragen in Form von Experimenten und kann z. B. im Fall der Fallgesetze nachweisen, daß der seit fast zwei Jahrtausenden für unfehlbar gehaltene Aristoteles unrecht hatte. Die Gestirne sind bisher immer nur mit dem menschlichen Auge beobachtet worden. Man sah unterschiedlich helle Lichtpunkte, Bewegungen usw. Die Winkelmeßtechnik war die einzige instrumentelle Möglichkeit, den Sternen beizukommen: Und nun dies. Galilei richtet sein Fernrohr auf den Mond und sieht statt des geheimnisvollen hell-dunkel schattierten Mondgesichtes eine Welt mit Bergen und Tälern. Er richtet sein Rohr auf Venus und sieht statt eines gleißenden Lichtpunktes eine Sichel, wie die des Halbmondes. Er richtet sein Rohr auf Jupiter und sieht statt eines Punktes eine Scheibe und links und rechts daneben vier Pünktchen, die bei genauem Zusehen ihren Ort verändern (Zeichnung S. 110).

Es ist schwer, sich in die Situation dieses Mannes zu versetzen. Uns Menschen des 20. Jahrhunderts sind doch diese Dinge alle völlig geläufig. Galilei waren sie es nicht. Ein Vergleich mit einem Forschungs-

ereignis aus unserem Jahrhundert, allerdings auf ganz anderem Gebiet, mag vielleicht ein leises Einfühlen in diese Situation erlauben.

Die Archäologen Carter und Lord Carnavon hatten alle Hoffnung, zum erstenmal in der Forschungsgeschichte vor einem unbeschädigten ägyptischen Königsgrab zu stehen. Man hatte sich durch einen Zugangsschacht bis an eine verschlossene Tür durchgebuddelt, eine Tür, die noch das Siegel der ägyptischen Königsgräberstadt trug. In eine Ecke hatte man ein Guckloch gebohrt und ein Licht hindurchgeführt. Carter, der Ausgrabungsleiter, versuchte als erster, einen Blick in die Grabkammer zu tun. C. W. Ceram schildert den Augenblick so: „Eine Ewigkeit verging für die, die neben ihm warteten. Dann konnte Carnavon die Ungewißheit nicht länger ertragen und fragte: ‚Können Sie etwas sehen?‘ Und Howard Carter wendet sich langsam um und sagt aus tiefster Seele wie verzaubert: ‚Ja, wunderbare Dinge!‘“ — Das vollständig erhaltene Grab des Tut-ench-Amun war entdeckt.

‚Wunderbare Dinge‘ — ähnlich wie Carter dürfte auch Galilei empfunden haben, als ihm sein Fernrohr noch nie gesehene Wunder erschloß. Es lohnt sich, in einer stillen Viertelstunde zu versuchen, Galileis Gedanken nachzuempfinden. Er sah nicht nur wunderbare Dinge, er hatte plötzlich handgreifliche Beweise in der Hand. Beweise, die für die Weltidee des Kopernikus sprachen, für die Idee, daß nicht die Erde, sondern die Sonne der Mittelpunkt des Weltgeschehens ist.

Betrachten wir die Sichelgestalt der Venus einmal näher. Ich habe das bei mancher hitzigen Biertischdebatte schon mit den solcherorts stets zur Verfügung stehenden Requisiten, Aschenbecher, Bierdeckel und Salzstreuer, durchexerziert. Einmal boten sich mir vornehmere Gegenstände. Mit einigen Sternwartebesuchern, es waren persönliche Bekannte, die zuvor die Venus bestaunt hatten, saß ich in einem kleinen gemütlichen Weinlokal. Die Gesamtbeleuchtung war gedämpft, auf den Tischen standen Kerzen. Einer der Damen wollte es einfach nicht in den Kopf, warum die Venus eine Sichel war. Am Fernrohr vorhin hatte sie immer geglaubt, den Mond zu sehen, doch wenn sie dann am Fernrohr vorbeisah, war da weit und breit kein Mond. Jetzt wollte sie es genau wissen. Ich nahm die Kerze und einen gefüllten Weinpokal. Den stellte ich in ihrer Blickrichtung links neben die Kerze.

„Sehen Sie jetzt, wie die Kerze den Pokal beleuchtet? — Doch nur auf der ihr zugekehrten Seite. Die Gegenseite ist im Vergleich dazu dunkel. Jetzt nehmen Sie bitte das Glas und führen es langsam zwischen sich und dem Licht hindurch. Die Seite, auf der so ein schöner Lichtreflex liegt, gerät immer mehr aus Ihrem Blickfeld. Halt! Stillhalten! Jetzt steht das Glas genau zwischen Ihnen und der Lichtquelle. Natürlich sehen Sie es noch, weil Glas und Wein durchsichtig sind. Venus ist aber nicht durchsichtig, und wenn sie zwischen uns und der Sonne steht, dreht sie uns die unbeleuchtete Rückseite zu. Jetzt wandern Sie mit dem Glas weiter nach rechts. Mehr und mehr sehen Sie jetzt wieder von der beleuchteten Seite, von der die Rede ist, wenn in soundsoviel Trinkliedern von funkelnden Pokalen geschwärmt wird. Wenn wir das Licht zwischen Sie und das Glas stellen, dann sehen Sie die ganze funkelnde Vorderseite, falls Sie die Kerzenflamme nicht blendet." Soweit das Tischexperiment, das Sie bei einem Gläschen Wein auch einmal ausprobieren sollten.

Zurück zu Galilei. Er brauchte das Kerze-Weinglas-Experiment gar nicht zu machen, er wußte sofort, daß nur ein Planet, der selbst nicht leuchtet, aber von der Sonne beleuchtet wird und dessen Bahn zwischen uns und der Sonne verläuft, all diese Beleuchtungsphasen zeigen

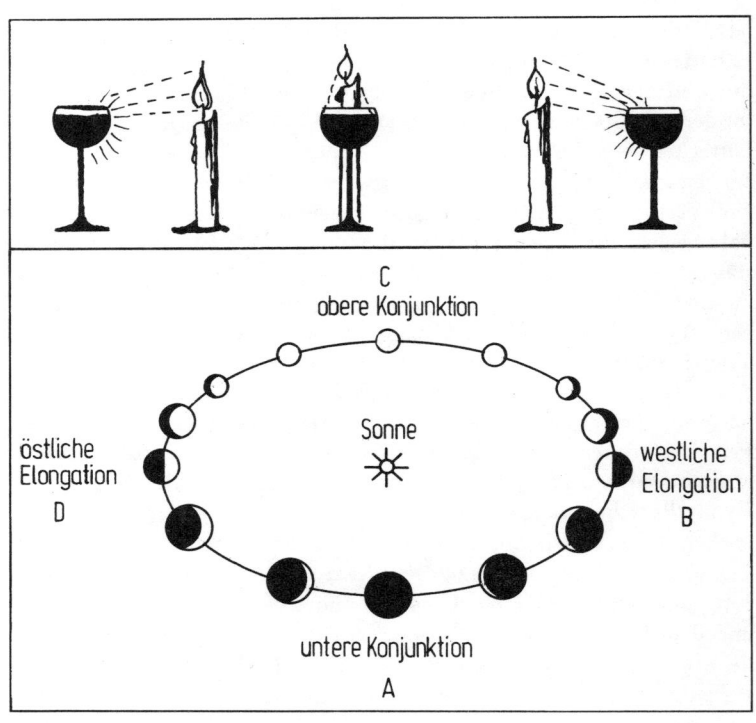

C
obere Konjunktion

östliche
Elongation
D

Sonne
☀

westliche
Elongation
B

untere Konjunktion
A

So wie im Spiel mit Kerze und Weinpokal entstehen die Beleuchtungsphasen bei Venus

kann, einschließlich des totalen Unbeleuchtetseins, wenn er zwischen uns und der Sonne steht (Fachwort ‚untere Konjunktion'), und der total beleuchteten Phase, bei Gegenüberstellung jenseits der Sonne (‚obere Konjunktion'; s. auch Seite 91—93).

Für Galilei war dies genau der gesuchte Beweis für die Zentralstellung der Sonne. Daß man ihm das trotzdem nicht abnehmen wollte, lag nicht an ihm selbst, sondern an den etwas borierten Zeitgenossen.

Und erst Jupiter mit seinen Monden! Da sind wir wieder bei denen gelandet. Für Galilei war der Tanz der vier Monde um Jupiter das Modell des Planetensystems der Sonne. Man konnte an ihnen vorexerzieren, wie z. B. Venus, Erde und Sonne stehen mußten, um diesen oder jenen Phaseneffekt zu erzielen.

Hatte Galilei noch mit entschiedenen Widersachern zu kämpfen, so bekehrte sich die Welt doch bald zur neuen Ansicht. Seine Veröffentlichung zu diesem Thema, ,Nuntius Sidereus', erschien 1610. Um die Mitte des Jahrhunderts war die Diskussion ausgestanden, und die Jupitermonde gehörten zum festen Beobachtungsprogramm der Astronomen, die über die besser gewordenen, aber doch noch seltenen Fernrohre verfügten. Die Monde waren auch getauft worden. Von innen nach außen gezählt heißen sie Jo, Europa, Ganymed und Kallisto. Lauter Figuren, die in der griechischen Mythologie mit Zeus (Jupiter) in enger Beziehung standen. Sie sind übrigens so hell, daß — wäre Jupiter mit seiner alles überstrahlenden Helligkeit nicht zu dicht dabei — die Sichtbarkeit für das freie Auge möglich wäre. Das verdanken sie ihrer Größe. Sie sind fast alle größer als unser Mond (Erdmond 3470 km, Jo 3920 km, Europa 3360 km, Ganymed 5510 km und Kallisto 5050 km Durchmesser).

Das Kapitel Jupitermonde ist damit aber noch längst nicht ausgeschöpft. Es enthält noch viel Nützliches. Werfen wir darum ein Thema in die Debatte, das anscheinend verblüffend weit davon ab liegt. Es heißt: Lichtgeschwindigkeit.

Daß das Licht eine Ausbreitungsgeschwindigkeit hat, wird heute von jedermann als physikalische Theorie akzeptiert. Trotzdem stößt man bei Unterhaltungen oft auf erstaunlich viel Skepsis. Als die Meldung durch die Presse ging, neuerliche, ganz besonders raffinierte Messungen hätten ergeben, daß der bisher angenommene Wert der Lichtgeschwindigkeit um einen Meter pro Sekunde korrigiert werden müsse — bei einem Wert von rund 300 000 km pro Sekunde wirklich eine weltbewegende Korrektur! —, wurde ich häufig darauf angesprochen, wie man denn das überhaupt messen könne, ja, wie man überhaupt ursprünglich einmal dahintergekommen sei, daß Licht eine Ausbreitungsgeschwindigkeit habe, da in unserem menschlichen Erfahrungsbereich das Licht sich doch momentan ausbreitet. Man muß ja schon beinahe bis zum Mond gehen, um feststellen zu können, daß ein Lichtsignal von der Erde um eine Sekunde verspätet ankommt.

Solche skeptische Fragereien sind berechtigt. Wie kam man eigentlich überhaupt dahinter?

In solchen Fällen habe ich eine wunderbare Antwort bereit. Ich greife in die Hosentasche und zaubere das Mondsystem des Jupiter in den Raum, fertig und blank poliert. Da ich meist keines in der Tasche mit mir herumtrage, muß ich mich anderweitig behelfen. Requisiten gibt es wie Sand am Meer. Sie wissen schon: Aschenbecher, Bierdeckel, Radiergummis, Kleistertöpfe usw. Diesmal genügt eine voll ausgebreitete Zeitung, ein Bleistift und ein etwa handtellergroßer Aschenbecher. Mit dem Bleistift wird die Zeitung zum Zeichenpapier umfunktioniert. Ein Kreis, von der Größe, daß er die Ränder des ausgebreiteten Blattes eben berührt, wird zur Jupiterbahn, der Aschenbecher in der Mitte zur Erdbahn. So stimmen die Größenverhältnisse (roh über den Daumen gepeilt). Auf dem großen Kreis der Kupferpfennig, der das ganze Jupitersystem darstellt, ist noch viel zu groß, aber darüber sehen wir großzügig weg.

Folgende Situation: 1. Innerhalb des Pfennigs, ja, eines noch kleineren Gebietes, kreisen die Monde um den Jupiter und geraten in munterer Abwechslung mal rein in den Jupiterschatten und dann wieder raus.

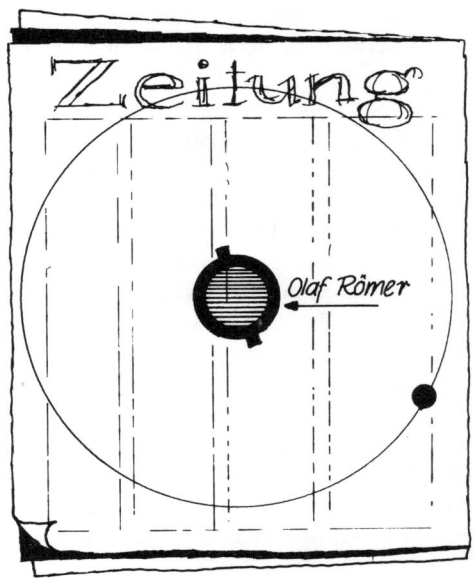

2. Auf dem Rand des Aschenbechers sitzt der dänische Astronom Olaf Römer, so um 1670 herum, und beobachtet mit seinem Fernrohr diese kosmischen Blinksignale. Natürlich ist er ein eifriger Rechner und berechnet die Verfinsterungen im voraus — wozu ist er ein guter Astro-

Modellversuch zur Roemer'-schen Lichtgeschwindigkeitsbestimmung. Zeitung, Aschenbecher und Kupferpfennig ergeben zwar kein maßstäblich genaues, aber ein ungefähres Bild der Situation

nom. 3. Römer hat Kummer. Seine schön gerechneten Zeiten stimmen nicht mehr. Etwas muß schiefgelaufen sein. 4. Römer ist erstaunt. Die Zeiten stimmen wieder! Und dabei hat er gar keine neue Rechnung angestellt.

Nun kommen wir mit unseren Kenntnissen des 20. Jahrhunderts und möchten ihm gerne zurufen: „Denk an dich selbst. Du bist ja auf dem Aschenbecherrand herumspaziert. Einmal warst du auf der Kante, die dem Pfennig am nächsten kommt, dann auf der Gegenseite, wo der ganze Aschenbecherdurchmesser dazwischen liegt! Denk an die Ausbreitungsgeschwindigkeit des Lichtes! Der Aschenbecher hat 300 Millionen km Durchmesser!"

Nun, Römer brauchte unseren Rat nicht. Er kam selbst dahinter und schloß messerscharf: Zeiten, die berechnet wurden, als der Abstand Erde—Jupiter der küzestmögliche war, stimmen nicht mehr, wenn die Erde sich bei ihrem Umlauf um die Sonne merklich von Jupiter entfernt hat, weil das Licht Zeit braucht, um die zusätzlichen Millionen km zu durchlaufen. Am krassesten muß die Abweichung sein, wenn der gesamte Erdbahndurchmesser der ursprünglichen Distanz zuzuschlagen ist. Je näher man dann wieder an die Ausgangsposition herankommt, um so besser müssen die Rechnungen wieder stimmen, weil die zusätzliche Lichtlaufzeit wegfällt.

So haben die Jupitermonde über Olaf Römer (1675) die menschliche Wissenschaft mit der Nase auf das Problem ‚Lichtgeschwindigkeit' gestoßen. Herzlichen Dank!

Wir sind immer noch nicht mit den Jupitermonden fertig. Bisher war stets nur von den vier galileischen hellen Monden die Rede. Es gibt aber noch mehr. Welcher Klassenunterschied hier herrscht, beweisen die Entdeckungszeiten. Seit Galilei galt fest und unverrückbar, Jupiter hat vier Monde. Darüber hinaus gibt es keine. Auch einen schwächeren Mond hätten die immer besser werdenden Fernrohre längst zeigen müssen. Der Glaube war rein gefühlsmäßig etwa so fest gegründet wie die vom Altertum überlieferte Ansicht, daß das Planetensystem bei Saturn zu Ende sei. Wie dieser Glaube durch die Entdeckung des Uranus gestürzt wurde, so sprengte auch hier die Entdeckung des Mondes Nr. V die Grenzen. Genaugenommen sprengte er sie aber nur gedanklich. Räumlich blieb Mond V fein säuberlich innerhalb der Grenzen, ja, noch innerhalb der Bahn des Mondes I. Er ist der jupiternächste Mond. Entdeckt wurde er von Barnard, und zwar im Jahr 1892. Mond V ist verglichen mit I bis IV ein winziges Objekt. Immerhin bekam er einen Namen: den der klassischen Ziege Amalthea; mit ihrer Milch wurde Zeus als Baby genährt. Das Mondentdecken ging munter weiter: 1904 und 1905 entdeckte Perrine die Nummern VI und VII. Melotte lieferte 1908 Nummer VIII, Nicholson 1914 IX. Dann war es wieder Nicholson, der 1938 X und XI aufstöberte und 1951 das Dutzend mit Nr. XII vollmachte. 1974 entdeckte Kowal die Nr. XIII. Als Nr. XIV wird ein Objekt geführt, das auf Aufnahmen der Raumsonde Voyager 2 (2. 7. 1979) gefunden wurde. Nachdem man das Objekt auch auf Aufnahmen von Voyager 1 finden konnte, sind die Zahlen einigermaßen verläßlich: Abstand von Jupiter 125 000 km, Umlaufzeit 0,3 Tage, Durchmesser etwa 30 km (Entdecker: Jewitt). Ein weiteres, auf Voyager-Aufnahmen gefundenes Objekt 1979 J2 wird wohl zu Mond XV avancieren, ein 1975 von Kowal gefundenes Objekt, das bisher als XIV geführt wurde, konnte seitdem nicht mehr identifiziert werden.

Auch getauft hat man wieder. Im Jahr 1975 hat eine Kommission der Internationalen Astronomischen Union folgende Namensvorschläge gemacht: VI = Himalia, VII = Elara, VIII = Pasiphae, IX = Sinope, X = Lysithea, XI = Carme, XII = Ananke, XIII = Leda. Für XIV liegt noch kein Vorschlag vor. Auf a endende Namen besagen, daß der Mond rechtläufig ist, also im Sinne der Jupiterrotation um ihn

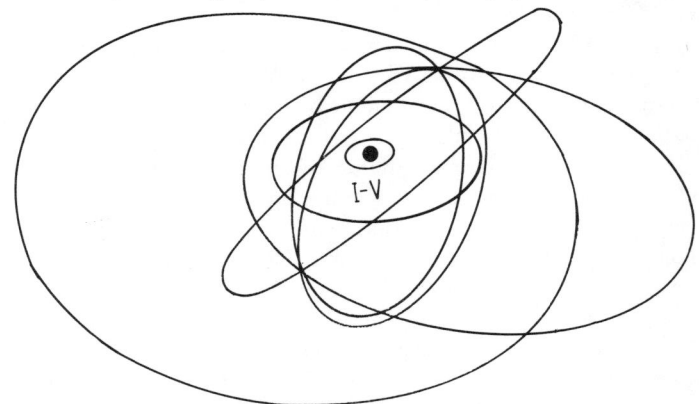

Unterschiedliche Bahnlagen etlicher Jupitermonde

läuft. Auf e endende Namen gehören rückläufigen Jupitermonden. Fragen Sie mich nicht, wieviel Trabanten sich Jupiter noch leistet. Vielleicht noch eine ganze Handvoll. Eines steht fest. Die Monde bilden zwei grundverschiedene Familien. Da sind einmal I bis V. Sie sind Jupiter vergleichsweise nahe. Kallisto ist mit 1,9 Millionen km von Jupiter am weitesten entfernt. Sie laufen alle fünf auf Bahnen, die nahezu in einer Ebene, und zwar fast in der Äquatorebene des Jupiter, liegen, und sie sind, ausgenommen V, groß. Eine Perlenkette auf der 25 Ganymeds aufgereiht sind, reicht aus, um einen Jupiterdurchmesser darzustellen. Bei den übrigen wären jeweils beiläufig 3000 Perlen nötig, um mit dem Jupiterdurchmesser zu konkurrieren.

Die Bahnen der Monde von VI bis usw. . . . . liegen beileibe nicht in der Bahnebene der inneren Monde. Sie sind bis zu 30° gegen deren Ebene geneigt. Die Abstände von Jupiter liegen zwischen 11 und 25 Millionen km, und einige davon, um genau zu sein VII, IX, XI und XII, erlauben sich zudem die Extratour, im falschen Richtungssinn um Jupiter zu laufen. Ihre Kollegen laufen im gleichen Richtungssinn wie Jupiter rotiert. Diese Vierergruppe läuft entgegengesetzt, sie ist rückläufig. Der jüngst entdeckte Mond XIII zählt zur Gruppe der rechtläufigen, also zu VI, VIII und X. Abstandsmäßig ist er zwischen X und XII einzuordnen. Über XIV liegen diesbezüglich noch keine Angaben vor.

Warum das so ist, fragen Sie? Genau wissen wir's nicht, aber gewisse Vorstellungen kann man sich schon machen. Die Minimonde mit den verrückten Bahnen sind mit an Sicherheit grenzender Wahrscheinlichkeit Kleinplaneten, die dem Jupiter zu nahe kamen und von seiner gewaltigen Schwerkraft festgehalten, also ,eingefangen' wurden. Die inneren Monde, die dem Planeten vergleichsweise so nahe sind und die so brav mit seiner Rotation konform um ihn kreisen, machen den Eindruck, als seien sie und Jupiter einmal ein gemeinsames Ganzes gewesen. Sei es nun, daß bei einer ,Tröpfchenbildung' im Urnebel des Planetensystems aus einem rotierenden Wirbel neben der Zentralmasse gleich noch ein paar Nebentröpfchen konsolidierten, sei es, daß der überaus rasch rotierende Jupiter diese Monde abgeschleudert hat. Ein enger Zusammenhang im Bewegungssystem von Jupiter selbst und Mondsystem I bis V ist jedenfalls nicht zu leugnen.

Die Jupitermonde liefern also einen ganzen Packen Gesprächsstoff. Wie steht das nun bei Saturn? Hat er auch Monde? Ja, er hat. Na —

Das Ringsystem des Planeten Saturn besteht aus Staub

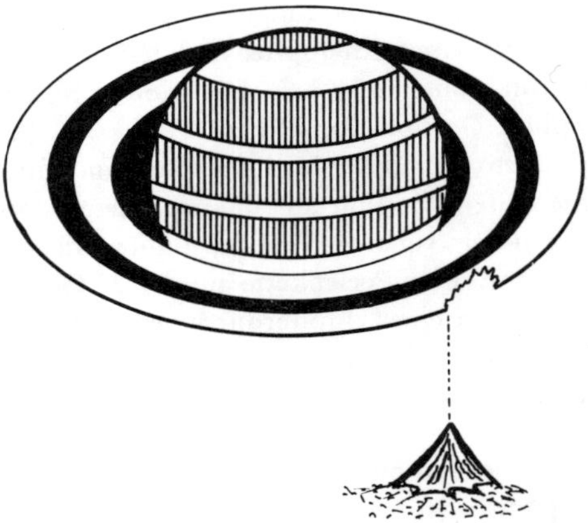

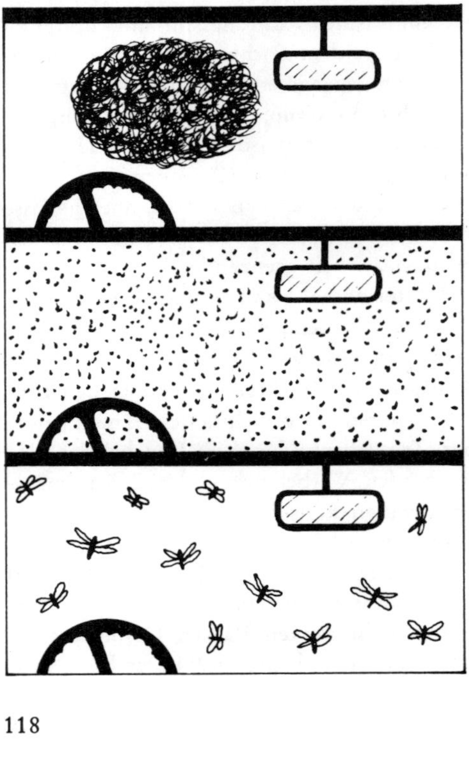

sagen wir mal etliche Milliarden! Wer jetzt behauptet, ich spinne, der irrt sich. Es stimmt nämlich. Saturn ist berühmt für sein Ringsystem. Er war damit immer noch ein Unikum. Kein anderer Himmelskörper wies Vergleichbares auf. Diese ineinandergeschachtelten Ringe bestehen aber nicht etwa aus einer Pappscheibe oder einer Gaswolke. Es ist Staub, ein gewaltiger Staubschwarm, der aus der Distanz gesehen den Eindruck eines geschlossenen Ringes macht.
Es gibt Vergleichsmöglichkeiten. Ich erinnere mich an eine Reise nach Nordeuropa. Es war im schwedisch-finnischen Grenzgebiet ganz hoch im Norden. Wir beobachteten vom Auto aus einen schwarzen Fleck, der leicht pendelnd hin und her wogte. Beim Näherkommen löste er sich in schwarze Pünktchen auf, und als wir

drinsteckten, sahen wir zu, daß wir unsere Autofenster schnellstens so dicht wie möglich machten. Es war ein Mückenschwarm aus Millionen und Abermillionen Stechmücken. Er hatte aus der Ferne wie ein geschlossener Block gewirkt.

Wenn ich von „Staub" sprach, so meine ich damit keine Staubkörnchen der Größe, die der Hausfrau soviel Kummer machen. Kaum hat sie Staub gewischt, schon wieder ist ein ‚Film' da. Dieser kosmische Staub umfaßt bestimmt alle Größenordnungen vom Sandkorn bis zum soliden Felsblock. Entscheidend ist, daß jeder Brocken so tut, als sei er ein separater Mond des Planeten. Er läuft auf einer Bahn, die genau den Keplerschen Gesetzen und damit dem Massenanziehungsgesetz von Newton entspricht. Nur tut der Brocken das nicht allein. Tausende, Millionen, Milliarden andere tun desgleichen, und so entsteht der Gesamteindruck des geschlossenen Ringes.

Wäre ich dichterisch veranlagt, würde ich jetzt gerne in einen Dithyrambus auf Saturn ausbrechen. Doch mir mangelt es etwas an Überschwenglichkeit. Aber irgendwie muß ich Saturn jetzt lobpreisen. Der Planet mit dem frei um seine Äquatorebene schwebenden Ring gehört zum Schönsten, Elegantesten, kurz ästhetisch Ansprechendsten, was uns das Fernrohr zeigt. Es gibt hervorragende Fotos von Saturn. In den letzten Jahren tauchten Farbfotos auf, die dem Anblick am Fernrohr nahekommen, aber eben nur nahekommen. Eben dieses anscheinend freie Schweben kommt nirgend anders als beim Blick durch das Fernrohr zur vollen Geltung. Wer es noch nicht gesehen hat, mag sich eigens um dieses Anblicks willen ein Fernrohr kaufen. Es braucht nicht groß zu sein. Wenn es eine 40- bis 50fache Vergrößerung leistet, zeigt es den Ring auf jeden Fall. Die oft genannte 20fache Vergrößerung ist allerdings doch zu dürftig, um das einwandfreie Ringbild zu bieten.

Gelegentlich gibt es eine Position, in der der Ring nicht zu sehen ist. Da genügte eine kurze Pressemeldung, um wahre Besucherströme zu den Volkssternwarten zu lenken. Die Leute wollen anscheinend eben den Ring *nicht* sehen. Eigentlich ist das paradox, wenn man irgendwohin geht, eigens um etwas nicht zu sehen. Doch im Grunde genommen geht es wohl um etwas anderes. Man will sich, nachdem man die einsame Saturnkugel als gelbliche Scheibe mit zarten Querstreifen in absoluter Ringlosigkeit gesehen hatte, erklären lassen, wieso jemand den Ring gestohlen hat.

Das zu erklären ist höchst einfach. Hier genügt der vielmißbrauchte Bierdeckel. Man hält ihn waagrecht in Augenhöhe. Dann schaut man auf die Kante, die sehr schmal ist. Da der Saturnring nur etwa 20 bis 50 km dick ist, bietet er, wenn unsere Blickrichtung zum Planeten entsprechend ist, nicht genug Reflexionsfläche, um erkannt zu werden. Zudem gibt es in dieser Stellung eine Periode, in der das ganz flach eingesehene Stückchen Ringfläche, das uns noch zugewendet ist, von der Sonne nicht beleuchtet wird.

Während eines beschränkten Zeitraums sehen wir also Saturn ohne Ring. Das ist rund alle 14 Jahre der Fall. Ebenso ist zwischen zwei Kantenstellungen jeweils bei Halbzeit der Augenblick da, in dem wir unter dem größtmöglichen Blickwinkel auf die Ringfläche sehen. Dann ist auch der kurze Durchmesser des oval erscheinenden Ringes größer als der Durchmesser der Saturnkugel. Kein Wunder also, daß es im 17. Jahrhundert lange dauerte, bis die Astronomen dahinterkamen, was es mit den von ihnen beobachteten seltsamen Auswüchsen auf sich hatte. Huygens war es, der anläßlich einer solchen Verschwindeperiode 1655/56 hinter den Ringcharakter kam.

Doch genug vom Ring. Außer den Milliarden Ringmonden hat Saturn auch noch 10 richtige isolierte Monde, also handfeste Himmelskörper. Sie sind alle brav getauft worden. Die Namen lauten in der Reihenfolge von innen nach außen: Janus, Mimas, Enceladus, Tethys, Dione, Rhea, Titan, Hyperion, Japetus, Phoebe. Die Distanzen vom Saturnzentrum liegen zwischen 160 000 und knapp 13 Millionen km. Der größte, Titan, dürfte rund 5000 km im Durchmesser messen, der kleinste, Janus, etwa 400 km. Die Entdeckungsdaten streuen zwischen 1655 und 1966. In jedem Jahrhundert waren ein paar fällig. Da die Bahnen alle in der Ringebene liegen, bildet das Ganze ein geschlossenes System, im Gegensatz zu Jupiter, und ist somit weniger aufregend.

Trotzdem gibt es auch hier Eskapaden. Eine solche brachte mir eine ganze Reihe von, teils entrüsteten, brieflichen Anfragen ein. Um weiteren vorzubeugen, vermelde ich hier den Sachverhalt.

In herkömmlichen Astronomiebüchern stand immer, Saturn habe 10

Monde. Etwa ab Mitte der 50er Jahre wurde aber auf Astronomie-kongressen, Kolloquien usw. die Parole ausgegeben, nur noch von 9 zu reden. Der 10. Mond, Themis genannt, war nämlich seit seiner Entdeckung durch Pickering 1905 nicht mehr beobachtet worden. Man strich ihn also wieder. Wahrscheinlich war er eben eine Täuschung gewesen. Nun stand in neueren Büchern die Zahl 9. Da entdeckte 1966 Dollfuss in Paris den innersten Mond, Janus, und der blieb unter Kontrolle (war aber beileibe nicht mit dem verlorengegangenen identisch). Prompt hatte Saturn in Neuerscheinungen wieder 10 Monde.

Wen wundert es da, wenn harmlose Leser verwirrt wurden. Was stimmt nun eigentlich? Einmal 10, dann 9, dann wieder 10? Was gilt nun? Themis ist passé — Janus ist der Neue, und die Bücher aus der Neunerperiode wurden sozusagen im Interregnum geschrieben. Jetzt ist die Welt wieder heil. — Oder gibt es Themis etwa doch? Dann sind es eben 11. Man wurde vorsichtig. Neuerlich entdeckte Objekte werden zunächst mit vorläufigen Bezeichnungen geführt, z. B. „1979 S1". Voyagersonden haben eine Reihe solcher Objekte aufgestöbert. Man wartet noch mit der endgültigen Eingliederung ins Mondsystem.

Um das Mondkapitel abzuschließen, sei noch etwas zu den Monden von Uranus und Neptun gesagt. Sie sind so lichtschwach, daß kein Amateurinstrument mit ihnen fertig wird. Lange Zeit galt auch die Zahl der Uranusmonde als abgeschlossen. Der Uranusentdecker Herschel hatte schon 1787 zwei Monde entdeckt, die Titania und Oberon getauft wurden. Lassel entdeckte 1851 die noch näher bei Uranus stehenden Ariel und Umbriel, und 1948 gelang Kuiper die Entdeckung des innersten Trabanten, den man getreu der Tradition wieder nach einer Shakespearegestalt benannte, Miranda. Schließlich wurde 1977 ein saturnähnliches Ringsystem entdeckt (Näheres Seite 139).

Der Neptunmond Triton wurde schon 1846 von Lassel entdeckt. Er gehört zu den größten Monden im ganzen Planetensystem und dürfte etwa 4000 km im Durchmesser haben. Trotzdem leistet er sich die Eskapade der Minimonde des Jupiter: er ist rückläufig. 1949 entdeckte der passionierte Planetenbeobachter Kuiper den Nereide getauften Kollegen. Nereide ist rund 20mal weiter als Triton von Neptun entfernt und ist rechtläufig. An Größe weist Nereide allerdings allenfalls $1/10$ des Tritondurchmessers auf (zum Plutomond s. S. 140).

Planetensteckbriefe und ihr Familienleben

Nun war schon viel von Planeten die Rede. Es ging um ihr Verhalten am Himmel, um die Rolle, die sie in der Astronomiegeschichte gespielt haben, ihre Monde, die sie als Fernrohrobjekte interessant machen, und noch etliches in ähnlicher Preislage. Da ist es an der Zeit, ohne Anspruch auf Vollständigkeit, doch noch einiges Zusammenfassendes zu diesem Gebiet zu sagen.

Was manchem Kopfzerbrechen macht, ist dies: Wie kommen die vielgenannten und für den aufmerksamen Beobachter auch recht augenfälligen Planetenschleifen zustande? Auf Seite 92 habe ich schon kurz erwähnt, welche Eskapaden uns der Mars vorführen kann, einmal vor, dann wieder zurück, dann wieder vorwärts.

Ein Beispiel aus dem Alltag kann das verdeutlichen. Ich stehe gelangweilt im Gang eines D-Zug-Wagens und schaue mir die Landschaft an. Parallel zur Bahnstrecke verläuft eine Straße. Weit voraus sehe ich ein Auto, das zu überholen der Zug sich eben anschickt. Im weit entfernten Hintergrund steht an einem Berghang eine kleine Kirche. Blickrichtung Auto—Kirche decken sich etwa, aber nun wird der Abstand zwischen beiden größer. Schließlich fährt das Auto, und die Kirche bleibt stehen. Plötzlich ändert sich das Bild. Der schnellere Zug überholt das nur wenig langsamere Auto. Ich muß jetzt nach rückwärts sehen, wenn ich das Auto noch im Blickfeld haben will. Und was sehe ich da? Plötzlich decken sich Auto und Kirche wieder. Ich stehe nicht an zu behaupten, das Auto sei rückwärts gefahren. Anders kann es ja nicht sein, denn

Ist beim Blick aus dem Zugfenster das Auto der Kirche zunächst voraus, so gelangen beide allmählich zur Deckung. Beim Rückwärtsblick decken sich Auto und Kirche immer noch, doch während die Kirche zurückbleibt, wird sich das Auto jetzt ,nach vorn' von ihr entfernen

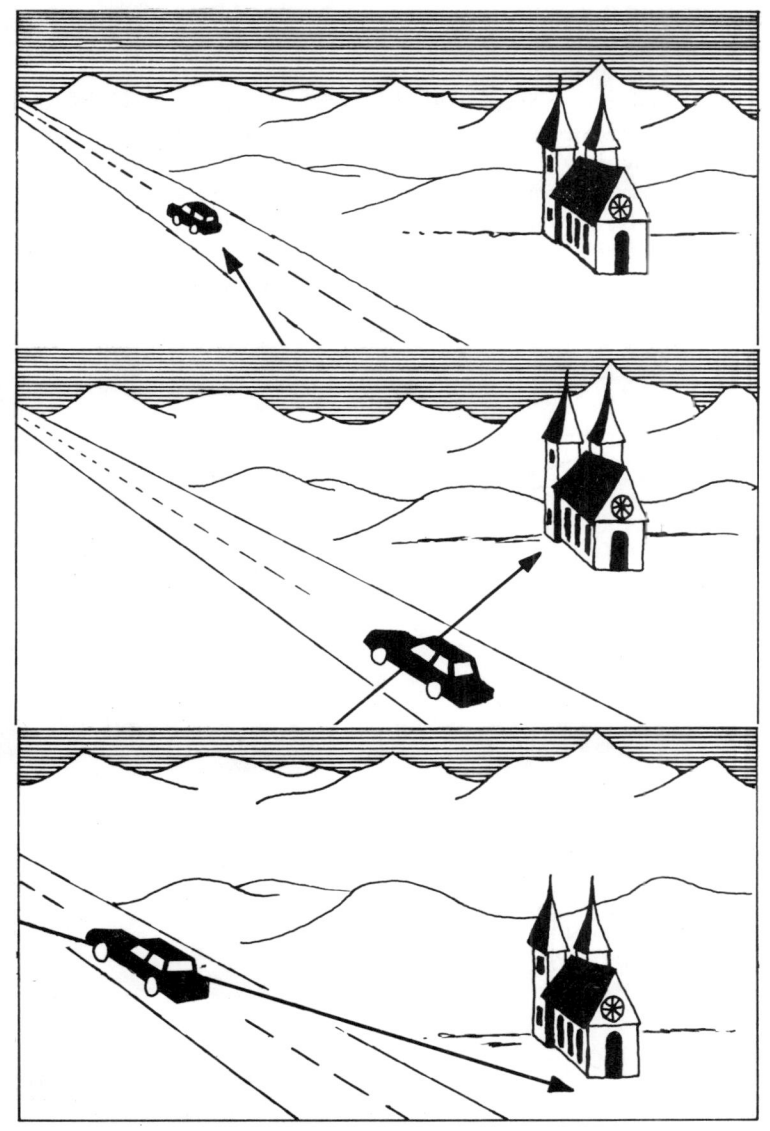

zuerst stand es richtungsgleich mit der Kirche, dann entfernte es sich nach ‚vorn'. Nun steht es wieder richtungsgleich, ergo muß es rückwärts gefahren sein.

Diese Überlegung wäre zwingend logisch, wenn ich nicht wüßte, daß ich selbst durch die Gegend gondle und mir dieser Blickrichtungswechsel nur vorgetäuscht wird. Zwangsläufig dachten die Völker des Altertums auch in dieser Richtung, wenn sie die Schleifen der Planeten beobachteten, denn für sie war ja die Erde der Mittelpunkt des Alls.

Doch auf deren Planetentheorien einzugehen, würde hier zu weit führen. Es ist sehr interessant, doch dazu suchen Sie sich am besten ein systematisches Einführungswerk in die Astronomie, möglichst eines, das

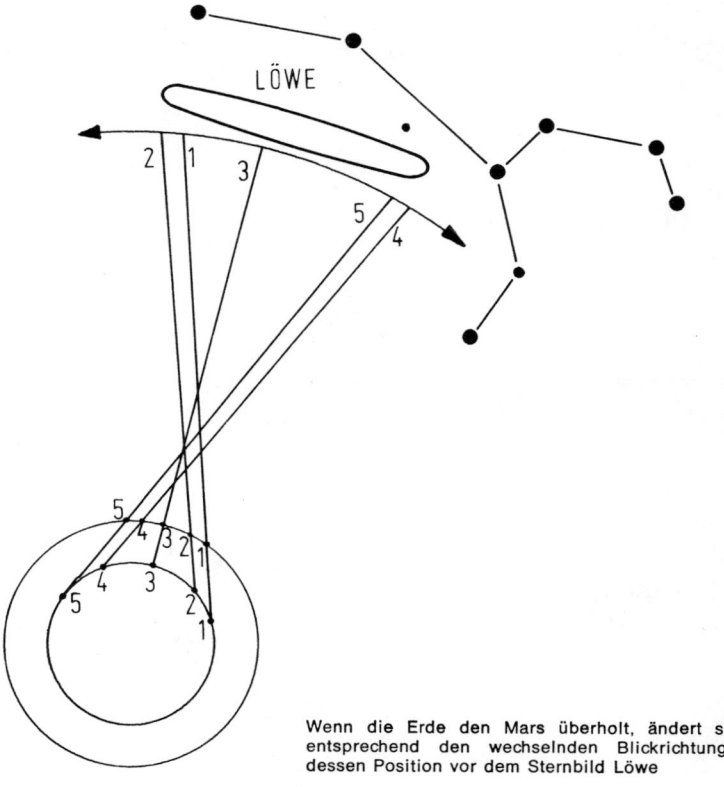

Wenn die Erde den Mars überholt, ändert sich entsprechend den wechselnden Blickrichtungen dessen Position vor dem Sternbild Löwe

auch auf die mathematischen Begriffe eingeht. Hier zeige ich Ihnen nur (Abb. Seite 124) kurz skizziert, wie wir die Sache seit Kopernikus sehen, der der Erde bekanntlich das Laufen beigebracht hat. Der innere Kreis sei die Erdbahn, der äußere die Marsbahn. Nach dem dritten Keplerschen Gesetz laufen die Planeten um so schneller, je näher sie bei der Sonne sind. Die Erde setzt zum Überholen an. Wir stehen im D-Zug, und dieser beginnt, das Auto zu überholen. Verbinden wir die Erd- bzw. Marspositionen 1 und 1 durch eine Linie, dann stellt diese die Blickrichtung zum Planeten dar. Bei zwei machen wir's genauso. Es stimmt noch, der Planet ist in der ‚Fahrtrichtung' weitergerutscht, wenn wir seine Position mit dem Himmelshintergrund — sagen wir dem Sternbild Löwe — vergleichen. Doch jetzt überholen wir. Die Position 3 ist erreicht. Die Blickrichtung ist nach ‚rückwärts' verrutscht, der Planet ist rückläufig geworden, und so macht er weiter bis Punkt 4. Es ist die Phase, in der wir auf das überholte Auto zurückblicken. Doch bei 5 ist die Lage wieder normal. Die Erde ist auf ihrer Bahn weit genug gekommen, Mars weit genug zurückgeblieben. Wir sehen ihn wieder ‚rechtläufig' nach ‚vorn' laufen.

Dieselben Schleifen machen Jupiter und Saturn auch, nur fallen sie bei denen wesentlich kleiner aus, weil diese Planeten weiter entfernt sind und sich damit der Erdbahndurchmesser, also unser Bewegungsspielraum, geringer auswirkt. Es ist überflüssig zu sagen, daß Uranus, Neptun und Pluto ebensolche Schleifchen liefern, nur entsprechend kleiner. Die Schleifen sind das Spiegelbild der Erdbewegung, das — würde der Planet stillstehen und selbst völlig passiv sein — genau ein Abbild des Jahreslaufes der Erde darstellen würde.

Da kommt ein Zwischenruf: „Aber das ist doch eine Fixsternparallaxe!"

Jawohl, genau das ist sie (vgl. Seite 94). Die Plutoschleife ist schon verdammt klein, und der Zeitraum zwischen der Wendung zur Rückläufigkeit und der nächsten Umkehr zum Rechtlauf dauert ein halbes Jahr. Bei Mars, der uns nahe ist und dessen auffällige eigene Bewegung kräftig mitmischt, vollzieht sich derselbe Vorgang in zwei Monaten. Je weiter ein Planet entfernt ist, um so langsamer ist seine Bewegung, um so kleiner fällt die Schleife aus, und um so mehr nähert sich der Zeitraum, in dem sich der Schleifentanz vollzieht, einem Jahr. Nehmen Sie den Pluto und jagen Sie ihn fort, so daß er statt 39,5 AE

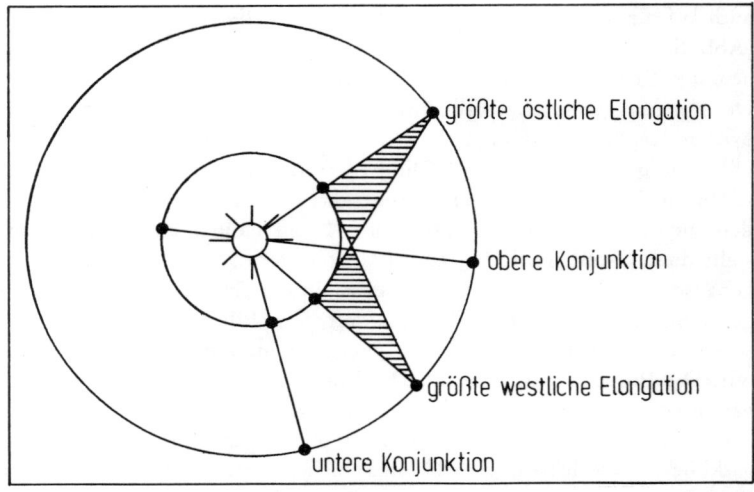

größte östliche Elongation

obere Konjunktion

größte westliche Elongation

untere Konjunktion

Hauptstellungen der inneren Planeten. Obere und untere Konjunktion, größte westliche bzw. östliche Elongation

deren 3950 entfernt ist, dann ist das noch lange keine Fixsternentfernung. Die Schleife, die dieser davongejagte Bursche dann aber am Himmel zieht, wird sich so gut wie nicht mehr von der Jahresparallaxe eines Fixsternes unterscheiden.

Soweit meine Antwort auf die Frage. Planetenschleife und Fixsternparallaxe sind ein und dasselbe, nämlich Spiegelbild der Erdbewegung. Man könnte sagen, eine Fixsternparallaxe sei eine ,entartete Planetenschleife'. So verwandt sind oft Vorgänge, die wir auf verschiedensten Gebieten aufspüren.

Nicht alle Planeten ziehen solche Schleifen. Auf Seite 91 war schon zu lesen, daß Merkur und Venus nur stets seitlich der Sonne am Abend- oder Morgenhimmel auftauchen. Der Grund ist: Sie laufen zwischen uns, der Erde und der Sonne und können daher nie in Oppositionsstellung kommen. Wer auf der Tribüne eines Sportstadions sitzt und einem Leichtathletikwettkampf zuschaut, hat die Läufer auf der Aschenbahn auch nie hinter sich im Rücken. Der Läufer ist an seine Bahn gebunden, und deren Durchmesser ist geringer als der Durchmesser des

Der Vorgang der Konjunktion etwas plastischer dargestellt: Der irdische Beobachter sieht bei ständig wechselndem Winkelabstand zur Sonne den inneren Planeten östlich und westlich der Sonne hin und her pendeln

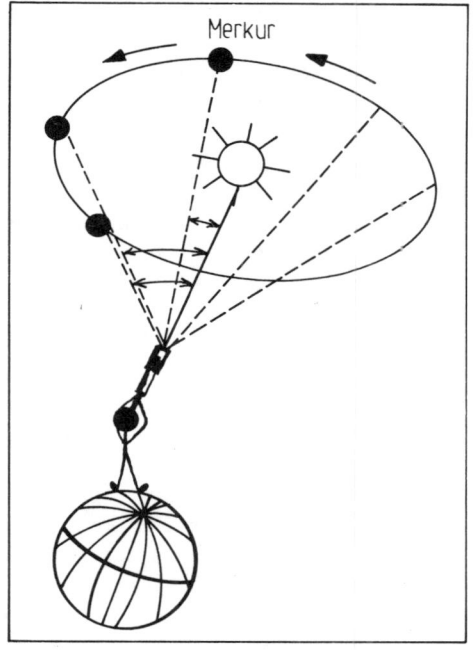

ganzen gewaltigen Stadions, auf dessen Rängen die Zuschauer sitzen. Daher pendeln diese inneren Planeten lediglich neben der Sonne hin und her.

Reihenfolge der Positionen: 1. Untere Konjunktion: der Planet steht genau zwischen Sonne und Erde und dreht uns seine unbeleuchtete Rückseite zu. 2. Größte westliche Elongation: der Winkelabstand von der Sonne hat den größtmöglichen Wert nach Westen erreicht, der Planet geht vor der Sonne morgens auf, er ist Morgenstern. 3. Wendung zur Recht-

Zweimal das Sternbild Steinbock am Abendhimmel. Oben im Dezember, unten im Januar — unversehens hat sich Merkur hineingedrängt. Kein Mißverständnis bitte! Das ist nur ein Beispiel! Die Situationen sind in jedem Jahr andere

läufigkeit und schließlich obere Konjunktion: der Planet steht jenseits der Sonne auf der ‚anderen Seite' seiner Bahn. 4. Größte östliche Elongation: der Winkelabstand zur Sonne hat den größtmöglichen Wert nach Osten, der Planet geht nach der Sonne am Abendhimmel unter. Und schließlich 5. Wendung zum Rücklauf: der Planet läuft der Sonne entgegen und passiert sie in Phase 1, der unteren Konjunktion.

Ist das verwirrend? Wohl kaum, wenn man es genau durchdenkt. Einfach wäre es, wenn Erde und Sonne stillstünden und der Planet kreiste nur so zwischen den beiden herum. Das entspräche dem Olympiastadionbeispiel, wo der Zuschauer ja auch auf seinem teuer bezahlten Platz sitzen bleibt. Da aber die Erde mitläuft, verzerren sich die Zwischenzeiten. Sie sind nicht gleich. So dauert es z. B. nur wenige Tage von der größten östlichen Elongation bis zur unteren Konjunktion und wiederum von da bis zur größten westlichen Elongation. Dafür vergeht ein viel größerer Zeitraum zwischen größter westlicher Elongation über die obere Konjunktion bis zur größten östlichen Elongation.

Im einzelnen zu analysieren, warum das so ist, ist hier nicht der Platz. Der Beobachter, der ohne jedes Fernrohr die Phasen dieser Umlaufpositionen verfolgt und erstes Auftauchen nach dem Verschwinden am Taghimmel und letzte Sichtbarkeit vor dem Eintauchen in die Sonnenhelle usw. registriert, kann sich hier reizvolle Aufgaben stellen. Aufgaben, die zum ersten seinen Beobachtersinn schulen und zweitens einem Historiker, der alte Chroniküberlieferungen, in denen solche Sternsichtbarkeiten oft als Zeitmarkierung eine große Rolle spielen, gute Hilfestellung geben können. Drittens ist da auch ein gewisser sportlicher Ehrgeiz im Spiel.

Da lese ich z. B. in einem astronomischen Jahrbuch, daß Merkur ab Mitte Januar am Abendhimmel in Erscheinung tritt.

Ein Merkurjäger geht nun so vor: Schon im Dezember ortet er am Untergangshimmel horizontnah die Stelle, wo das untergehende Sternbild Steinbock steht. Er weiß jetzt z. B. ganz genau, daß er die Horizontgegend zwischen diesem Hochspannungsmast und jenem Hausgiebel kontrollieren muß. Spätestens ab 10. Januar, vielleicht schon früher, legt er sich, evtl. mit einem Feldstecher bewaffnet, auf die Lauer.

Tafel 1. Ein gigantisches Sternsystem: der große Spiralnebel (Galaxie) M 31 in der Andromeda

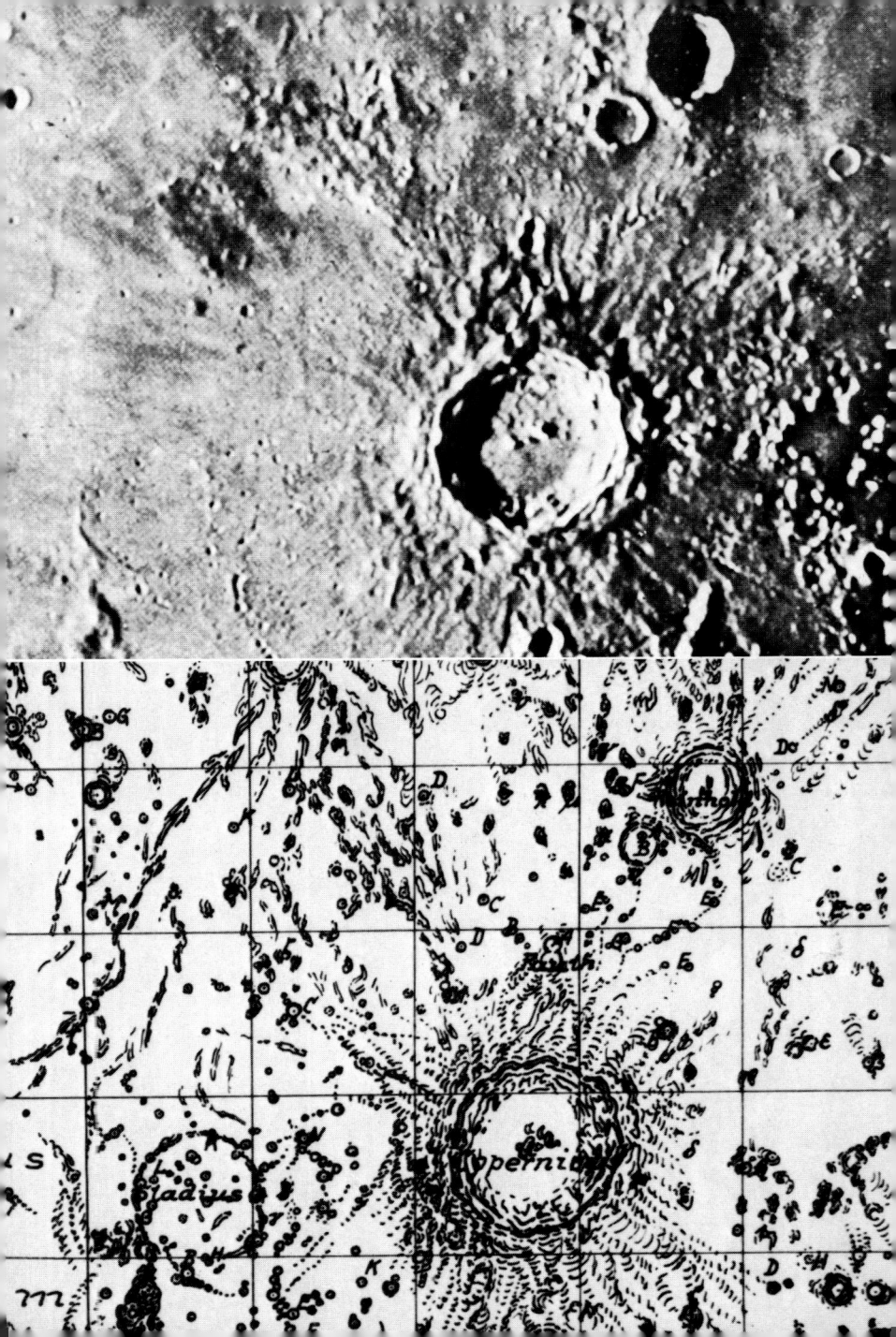

Fester Vorsatz: Ich muß Merkur erwischen! Schließlich berichtet die Legende, Nikolaus Kopernikus habe noch kurz vor seinem Lebensende beklagt, daß er Merkur nie zu Gesicht bekommen habe.

Verzeihung, aber diese Überlieferung will ich nicht schlucken. Dazu habe ich Merkur schon zu oft gesehen, auch ohne Fernrohr, und zu Zeiten des Kopernikus war die Luft noch nicht so dreckig wie heute, und Kopernikus war sicher ein guter und geübter Beobachter.

Wie dem auch sei, lassen wir Kopernikus und lauern Merkur auf. Die kritische Zeit, in der man ihn (obiges Beispiel, Mitte Januar) aufstöbern kann, liegt zwischen dem 10. und 15. des Monats. Sagen wir mal so: Am 13. habe ich den Verdacht, daß dieser sehr horizontnahe Lichtpunkt, der gleich darauf verschwand und den ich mit dem Feldstecher so gegen 17^h30^m orten konnte, Merkur gewesen sein könnte. Am 14. glaube ich, die Wahrnehmung wieder zu haben, und am 15. orte ich zum dritten Mal. Jetzt kann ich ihn mit optischer Hilfe schon bis 18^h verfolgen, und schließlich, am 16. oder 17., wage ich zum ersten Mal zu notieren: Ohne optische Hilfe, mit freiem Auge geortet.

Dann verbessert sich die Situation rapide. Zehn Tage später kann ich den Planeten eine halbe Stunde lang mit freiem Auge orten, dann geht es aber sehr schnell mit dem Verschwinden. Schon vor Monatsende erfolgt das Lauern umgekehrt. Sehe ich ihn noch, oder geht er mir heute schon durch die Lappen? Immer knapper wird die Sichtbarkeit, und schließlich fällt der Zeitpunkt, zu dem der Planet untergeht, mit dem zusammen, zu dem die Dämmerung so weit fortgeschritten ist, daß es dunkel genug wurde, Merkur zu orten. Dann schreibe ich auf: Letzte Merkursichtbarkeit ohne optische Hilfe am soundsovielten. Beim hier gewählten Januarbeispiel käme einer der letzten Januartage oder einer der ersten des Februar in Frage.

Es kann aber auch anders sein. Ich lege mich erwartungsvoll den ganzen Januar über auf die Lauer, und jeden Abend stecke ich im dicksten Schneegestöber: Merkurvorstellung fällt aus!

Jetzt muß ich aber noch eines hinzufügen. Denken Sie ja nicht, daß die eben beschriebene Januarsichtbarkeit sich jedes Jahr wiederholt. Weil die Umlaufzeiten um die Sonne von Merkur (88 Tage) und Erde (365

Tafel 2. Zweimal der Mondkrater Kopernikus: oben im Foto und unten kartographisch, am Fernrohr gezeichnet von Ph. Fauth

Tage) nicht genau ineinander aufgehen, verschieben sich die Sicht-perioden, von denen pro Jahr etwa 3 oder 4 anfallen, durch die Mo-nate. Grobe Faustregel ist die: Nächstes Jahr etwa 14 Tage früher. Die Abendsichtbarkeiten, die in den Mai fallen, sind die günstigsten. Da können Sichtbarkeitsdauern bis zu einer Stunde herauskommen. Ist es noch notwendig zu sagen, daß dasselbe Lauerspiel auch bei Venus angewendet werden kann? Bei diesem Planeten, der immer, wenn er am Himmel steht, der hellste aller Sterne ist, ist die Geschichte nur nicht so spannend, denn zu sehen kriegt man Venus todsicher, und man braucht nicht sorgenvoll auf das Wetter schauen in purer Angst, die Sichtperiode gehe vorbei, bevor der Himmel einmal aufklart. Trotz-dem ist es auch hier interessant, die Momente der ersten oder letzten Auffassungsmöglichkeit zu registrieren. Da Venus zum Zeitpunkt ihres größten Glanzes so hell wird, daß sie am Taghimmel gesehen werden kann (s. Seite 91), liegt auch hier eine reizvolle Suchaufgabe.

Es geht auch hier eine Sage um. Als sich Napoleon I. im Mai 1804 zum Kaiser krönen ließ und in einer Art Triumphzug durch Paris zog, soll die Venus hell am Taghimmel gestanden haben, und das Volk sah stau-nend zum Firmament, anstatt dem Kaiser zuzujubeln. Ich habe Venus schon am Taghimmel gesehen, und ich kann mir nicht vorstellen, daß dieses Pünktchen, von dem man schon genau wissen muß, wo man es zu suchen hat, fanatisierte Volksmassen vom Kaiserjubel abhalten konnte. Immerhin, mit dem Helligkeitsrekord der Tagsichtbarkeit steht Venus konkurrenzlos da. Zu was für Mißverständnissen der Zufallsbeobach-ter verleitet werden kann, habe ich ja schon auf Seite 92 erwähnt.

Doch jetzt ist ein Gesamtüberblick über die ‚Planetenfamilie‘ fällig. Es steht nämlich zur Debatte, ob wir es mit einer wirklichen Familie oder mit einer wirr zusammengewürfelten Bande zu tun haben. Zunächst ein Größenvergleich. Eine Zahlentabelle mit genauen Durchmessern in Kilometern gibt ein nüchternes Bild (s. Seite 136), ist aber trocken wie durch eine Kaffeemühle getriebener Sand. Ich gebe Ihnen daher hier einen Tip, wie Sie in Gesprächen handfeste Vergleiche bieten können.

Es ist der sogenannte Milliardenmaßstab mit nahrhafter Begleitmusik. Verkleinern wir alle Zahlen auf ein Milliardstel ihrer Größe, dann werden 1000 km zu einem Millimeter, und da wird die Sache schon an-schaulicher. Die Sonne wird zu einem knapp $1^1/2$ m im Durchmesser messenden Ballon. Jetzt marschieren wir die Planeten von innen nach

Sonne	Merkur	Venus	Erde	Mars

Jupiter	Saturn	Uranus	Neptun	Pluto

außen ab. Merkur hat die Größe einer Erbse, Venus wird zur Kirsche, desgleichen unsere Erde, wenn sie auch vielleicht um die Dicke einer Kirschenhaut größer als Venus ist. Mars ist eine schöne Johannisbeere. Doch dann kommen die Giganten. Jupiter hat die Größe eines Blumenkohls, Saturn steht ihm kaum nach. Sagen wir mal, er sei einer der kleinen Blumenkohlköpfe, der gerade im angebotenen Sortiment ist. Uranus und Neptun werden zu Pfirsichen von der größeren Sorte und Pluto — ja, wenn wir das genau wüßten! Sagen wir einmal, er könnte

So eifrig sich der Astronom auch bemüht, genaue Werte zu bestimmen, so sehr ärgert sich der Leser, wenn er in verschiedenen Büchern verschiedene Zahlen serviert bekommt

etwa mit der Johannisbeere Mars konkurrieren; vielleicht ist er eine besonders große Johannisbeere.

In diesem Zusammenhang muß ich immer wieder an lebhafte Korrespondenzen denken, die ich mit erbosten Lesern führen mußte, die verschiedene Astronomiebücher lasen und in jedem Buch andere Zahlenwerte über die Durchmesser der äußeren Planeten fanden. Da fallen dann spöttische Bemerkungen über die angeblich so exakte Astronomie, die offenbar doch nicht gar so exakt sei. Wer sich selbst schon einmal über die offenbar zwielichtigen Angaben geärgert hat, der sei hiermit im Namen der Astronomen um Entschuldigung gebeten.

Gewiß, die Durchmesser der uns relativ nahen Planeten, die im Fernrohr klare Scheiben darstellen, sind exakt meßbar, und die Angaben über sie weichen kaum voneinander ab. Mit entsprechenden Meßokularen am Fernrohr sind sie auf Bogensekundenbruchteile genau zu bestimmen. Auch hier setzen natürlich allein schon die Instrumente Grenzen. So kann z. B. die Fadendicke im Meßokular je nachdem, wer die Messung vornimmt, zu winzigen Unterschieden führen. Nun ist uns aber z. B. Mars sehr nahe. Ein winziger Winkelunterschied wirkt sich bei ihm noch gar nicht so sehr aus. Sagen wir einmal, zwei Beobachter messen unabhängig voneinander den Marsdurchmesser mit dem Mikrometerokular. Ihre Messung unterscheidet sich um das halbe Zehntel einer Bogensekunde, dann bedeutet dies bei Mars in Kilometer ausgedrückt einen Differenzbetrag von etwa 15 km, bei Neptun 1000 km!

Nun ist aber die Mikrometermeßmethode durchaus nicht die einzig mögliche. Man hat da raffinierte Umwege ersonnen. Eine günstige Gelegenheit bieten die allerdings seltenen Planetenbedeckungen durch den Mond, bei denen die Helligkeitsabnahme des Planeten mit modernen elektronischen Geräten vom allerersten Augenblick des Bedeckungsbeginnes bis zum endgültigen Verschwinden schärfstens bestimmt werden kann. Je nach Methode kommen dann eben verschiedene Ergebnisse heraus. Wer kann sagen, welches Ergebnis das wirklich richtige ist?

Einige Zahlen zum Vergleich: In Werken aus dem vorigen Jahrhundert stand die Zahl 54 000 km als Uranusdurchmesser. Später wurde auf 50 000 km reduziert. Dann vermaß Rabe in München in den 30er Jahren die Planetendurchmesser sehr genau. Er kam wieder auf 53 390 km.

Kurz nach dem Zweiten Weltkrieg war es Kuiper in Amerika, der mit dem 5-m-Spiegel auf dem Mt. Palomar neue Durchmesserbestimmungen vornahm. Er reduzierte den Uranusdurchmesser auf 47 600 km.

Ähnliches gilt bei Neptun. Neunzehntes Jahrhundert 62 000 km, nach 1900 50 000 km, nach Rabe 49 670 km, nach Kuiper 44 600 km. Doch dieser Kuipersche Wert wurde wieder in Frage gestellt. Im Jahr 1968 bedeckte der Planet einen Fixstern, was sehr selten vorkommt. Damit ergab sich aber die einmalige Gelegenheit, aus der Zeitdauer des Sternverschwindens auf den Planetendurchmesser zu schließen. Das Ereignis war von Australien, Neuseeland und Japan gut zu beobachten und wurde von etlichen Beobachtern erfaßt. Hier einige Ergebnisse: 50 500 km, 50 100 km, 49 100 km. Diese Werte liegen wieder sehr viel näher bei dem von Rabe ermittelten.

Man sieht: Methode, Beobachter und Instrument ergeben bei so winzigen Differenzen allemal unterschiedliche Ergebnisse. Man darf darum nicht gleich ins Schimpfen geraten, wenn zwei Bücher verschiedene Zahlen nennen. Nichts ist dem Astronomen unangenehmer, als für unfehlbar gehalten zu werden. Das ist er nämlich nicht. Leider wird ihm aber oft Unfehlbarkeit unterstellt. Stellt dann der Laie abweichende Angaben fest, dann ist er allzu gerne bereit, Briefe zu schreiben, in denen er mit spöttischem Unterton feststellt, daß sich die Astronomen offenbar über dies oder jenes nicht einig seien. Schlußfazit eines solchen Briefes: „Schreiben Sie mir nun bitte, welche Zahl nun eigentlich stimmt!"

Bums — da hast du's. Da muß ich leider passen. Ich weiß nämlich selbst nicht, wer nun recht hat; zu meiner Schande muß ich das gestehen. Dort gewesen ist noch keiner, um mittels Zollstock oder Schieblehre genau nachzumessen.

Nun will ich in Stichworten einige Steckbriefcharakteristika der Planeten aufzählen, damit ein Stein in das Mosaikbild ,Familie oder Zufallshorde?' eingesetzt werden kann.

Merkur ist — wie im Fruchtvergleich gezeigt — relativ klein. Da er der Sonne sehr nahe ist, war schon lange klar, daß er keine Lufthülle halten kann. Die Sonne heizt sie so auf, d. h. sie beschleunigt die Moleküle so weit, daß sie dem Anziehungsbereich des Planeten entwischen können. Mariner 10, die Raumsonde, hat im nahen Vorbeiflug im Jahr 1974 phantastische Bilder von Merkur zur Erde gefunkt. Beim ersten flüchtigen Blick gleicht er dem Mond haargenau. Er bietet eine wirre Kraterlandschaft. Das ist fürs erste alles, was wir über das Individuum Merkur wissen.

Venus, fast erdgroß und von einer dichten Atmosphäre umgeben, verhüllt sich in dieser Wolkenhülle schamhaft. Doch auch hier gelang es Mariner 10, etwas hinter die Kulissen zu schauen. Mit Ultraviolettaufnahmen aus kurzer Distanz gelang es, Struktureinzelheiten aufzudecken. Demnach laufen in der Venusatmosphäre rasche Bewegungen ab. Offenbar besteht ein Strömungssystem, das mit unseren Passatwinden vergleichbar, aber wesentlich stärker ausgeprägt ist. Spektroskopische Untersuchungen sprechen für einen überwiegenden Anteil von Kohlendioxid an der Venusatmosphäre.

Planet	Mittlerer Sonnenabstand in AE	Mittlerer Sonnenabstand in Mill./km	Umlaufzeit um die Sonne in Jahren	Bahnneigung gegen die Erdbahn	Durchmesser in km	Rotationszeit	Masse in Erdmassen
Merkur	0.38	57.9	0.241	7° 0.3'	4 880	?	0.053
Venus	0.72	108.2	0.615	3 23.7'	12 400	?	0.815
Erde	1.00	149.5	1.000	0 00.0	12 756	23h 56m	1.000
Mars	1.53	227.9	1.881	1 51.0	6 800	24 37	0.107
Jupiter	5.20	778.0	11.862	1 18.3	142 800	9 50	318.000
Saturn	9.54	1426.1	29.458	2 29.4	120 800	10 14	95.22
Uranus	19.18	2867.8	84.015	0 46.4	47 600	10 49	14.55
Neptun	30.06	4493.6	164.788	1 46.3	44 600	15 40	17.23
Pluto	39.75	5899.0	247.700	17 8.3	5 900	?	?(0.1—2)

Rotationszeiten für Merkur und Venus wurden mehrfach bestimmt. Die Ergebnisse sind aber so unterschiedlich, daß hier doch besser noch ein Fragezeichen steht. Dasselbe gilt für die Masse des Pluto, deren Größenordnung zwar bekannt ist, die sich aber als einigermaßen exakte Zahlenangabe nicht nennen läßt. Die Plutomondentdeckung (s. S. 140) wirft hier ohnehin neue Fragen auf.

Über die Erde braucht man keine Worte zu verlieren. Sie kennen wir. Was aber eigentlich neu ist und was erst die Weltraumfahrt gezeigt hat, ist der Anblick der Erde vom Weltraum aus. Da sehen wir einen Planetenball mit einer bemerkenswert dichten Atmosphäre. Auf allen

136

Erdfotos aus Weltraumentfernung ist der Anteil der wolkenverhüllten Gebiete am Gesamtbild größer als der der wolkenfreien, und diese Wolken bieten sich in turbulenten Bildern dar.

Mars bietet im Fernrohr ein kleines, orangerotes Scheibchen, das an einen Kupferpfennig erinnert. Auf der Oberfläche sind helle und dunkle Gebilde zu erkennen und in den Polgegenden weiße Kappen, die im Marssommer klein werden und, wenn die betreffende Halbkugel Winter hat, auf den mehr als zehnfachen Sommerdurchmesser anwachsen. Es ist immer noch nicht klar, ob es sich bei diesen zweifellos schneeartigen Niederschlägen um niedergeschlagenen Wasserdampf oder um Kohlendioxid handelt. Wenn die ersten Raumfahrer auf dem Planeten landen, werden wir es wissen. Doch es sieht fast so aus, als ob wir da noch etwas zuwarten müssen.

Marinersonden haben den roten Planeten ringsum fotografiert und die 1976 weich auf dem Planeten gelandeten Sonden Viking I und II haben eine reichhaltige Kraterlandschaft enthüllt. Diese ist aber auch von anderen Formationen durchzogen. Da gibt es Gebirge, die an irdische Faltengebirge erinnern, große Einbruchszonen, Täler, die ausgetrocknete Flußtäler sein könnten, usw. Offenbar ist auf Mars der Vulkanismus noch sehr deutlich tätig und formt die Landschaft. Zudem hat er ja auch eine, wenn auch sehr dünne, Atmosphäre. Die Polkappen beweisen es; zudem beobachtet man oft weiträumige Verschleierungen, Sandstürme, wie man weiß. Mars ist also durchaus nicht so tot wie Merkur oder der Mond. Trotzdem dürfte er eine sehr unwirtliche Gegend sein.

Nun kommt aber die unvermeidliche Frage nach den Marskanälen. Die kann nicht ausbleiben. Schiaparelli hat in den 70er Jahren des vorigen Jahrhunderts hauchdünne Linien an der Grenze der Wahrnehmbarkeit gesehen, die in schnurgeradem Verlauf den Planeten mit einem vielverästelten Netz überzogen. Nach ihm haben viele diese Kanäle gesehen, andere wieder nicht. Antoniadi, der in den ersten Jahrzehnten des 20. Jahrhunderts in Paris beobachtete und mit zu den vorzüglichsten Marsbeobachtern überhaupt zählt, bemerkte spöttisch, er sehe keine Kanäle, dazu sei sein Fernrohr zu gut. So ging von Anfang an der Streit um Realität oder optische Täuschung hin und her. Jedermann kennt die Spekulationen um die Kanäle. Ihrer Geradlinigkeit wegen durften sie nicht natürlich entstanden sein. Hier müssen intelligente Wesen, Marsmenschen, am Werk gewesen sein. Die Idee, die Kanäle seien ein Bewässerungssystem, das das Schmelzwasser der Polkappen über den ansonsten trockenen Planeten zu verteilen habe, war zu verlockend. Im Hintergrund steht immer der geheime Wunsch des Menschen, Kollegen auf anderen Gestirnen zu finden. Und heute? Haben die Vikingsonden Marskanäle fotografiert? Hier muß ich Sie enttäuschen. Nichts dergleichen ist auf den Bildern zu finden. Die Kanäle als systematisches System sind endgültig zu den Akten zu legen. Daß viele Beobachter Kanäle zu sehen glaubten, kommt wohl daher, daß unser Auge unregelmäßige Einzelheiten, die als Einzelobjekte nicht mehr wahrzunehmen sind, gleichsam schematisiert und dazu benützt, Brücken zwischen dunklen Gebieten, deren Grenzen wiederum nicht scharf fixiert werden können, zu schlagen. Diese Deutung ist wohl die wahrscheinlichste.

Ich habe selbst verschiedentlich das Experiment gemacht, in Vortragsräumen kleine Marsbilder an die Wandtafel zu hängen. Sie waren so klein, daß sie von den Hörerplätzen aus nur mühsam zu erkennen waren. Dann forderte ich die Zuhörer auf zu skizzieren, was sie sahen. Prompt kamen, vor allem von den entfernter Sitzenden, Skizzen, die Kanäle enthielten, obwohl die ausgehängten Bilder keine zeigten. Wenn die Marsmenschenidee trotzdem noch in etlichen Köpfen herumspukt, so kann man da eben nicht helfen. Liebgewordene Ideen gibt der Mensch ungern auf.

Die Steckbriefe der Planeten von Jupiter bis Neptun können zu einem Schema zusammengefaßt werden. Die Größe ist etwa eine Zehnerpotenz mehr als die der inneren Planeten. Geben wir Merkur und Mars (4800 km und 6800 km Durchmesser) noch jeweils eine Null mehr, dann kommen wir zur Größenordnung von Uranus und Neptun. Erde und Venus, jeweils zwischen 12 000 km und 13 000 km groß, geraten mit einer Zusatznull in den Größenbereich von Jupiter und Saturn (140 000 km bzw. 120 000 km).

Was die Riesenplaneten aber besonders von ihren kleineren Kollegen unterscheidet, ist ihre jeweils riesige Atmosphäre. Darin sind sich offenbar alle gleich. Sie sind von Tausenden von Kilometern dicken Wolkenhüllen umgeben, durch die wir nicht hindurchschauen können und deren Hell-Dunkel-Unterschiede lediglich verschieden dichte Strömungsschichten im Wolkenozean darstellen.

Bei Jupiter zeigen schon kleinste Fernrohre Details, und man kann die

So gliedert sich (schematisch) die Jupiter-
oberfläche in Bänder und Zonen. Das Oval
in der südlichen tropischen Zone ist der
berühmte Große Rote Fleck. Die Abkürzun-
gen bedeuten: N nördlich, S südlich, B Band,
Z Zone, P polar, A arktisch, T gemäßigt,
Tr tropisch, E äquatorial (Anblick im umkehrenden Fernrohr)

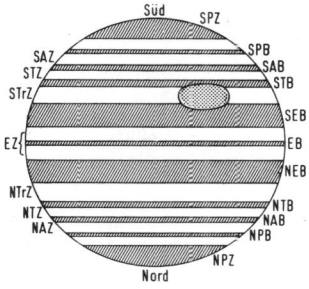

Änderungen in den Streifen (helle heißen ‚Zonen‘, dunkle ‚Bänder‘) von
Tag zu Tag verfolgen. Da Jupiter sehr
rasch rotiert (er dreht sich einmal
in 9 Stunden und 55 Minuten), sieht man auch während eines Beobach-
tungsabends die Verschiebung, vor allem anhand des ‚Großen roten
Flecks‘. Das ist eine rötlich getönte Störzone auf der Südhalbkugel, die
evtl. der Widerschein vulkanischer Vorgänge in großen Tiefen ist. Der
Fleck ist relativ konstant, hat eine Längsausdehnung von 40 000 km
und wird natürlich laufend überwacht. Detaillierte Änderungen werden laufend registriert, das Gesamtbild bleibt erhalten.

So detailreich die Jupiterhülle für den Beobachter ist, so wenig leben-
dig ist die von Saturn. Allerdings herrscht dieselbe Grundstruktur —
Bänder und Zonen — vor. Beim Ringplanet ist aber alles etwas blasser,
weniger deutlich ausgeprägt. Das muß am Charakter liegen, denn das
Planetenscheibchen im Fernrohr ist immer noch groß genug, um Bilder
von annähernd der Deutlichkeit zu zeigen, die Jupiter bietet.

Auf dem winzigen Uranusscheibchen und erst recht auf Neptun sind
allenfalls gelegentliche Andeutungen von Schattierungen zu sehen. Bei
Uranus haben sie ausgereicht, ihn als verblüffendes Unikum zu entlar-
ven. Während die Rotationsachsen aller anderen Planeten mehr oder
weniger senkrecht auf der Bahnebene stehen, liegt die des Uranus flach.
Sie ist um mehr als 90° aus der Senkrechten herausgekippt. Dann
geschah am 10. März 1977 folgendes: Der im Fernrohr als winziges
Scheibchen erkennbare Planet (maximal knapp 4″ Durchmesser) bedeckte einen zwar schwachen, aber durchaus wahrnehmbaren Fixstern
(SAO 158 687). Diese Bedeckung war auf der Südhalbkugel der Erde
zu beobachten. Sie war einwandfrei zu verfolgen. Dabei ergab es sich,
daß der 8^m.8 helle Stern vor der Bedeckung und danach Helligkeits-
dämpfungen zeigte. Die Dämpfungen erfolgten 5mal im Zeitraum von
jeweils 8 bis 9 Minuten. Man ist übereinstimmend der Meinung, daß

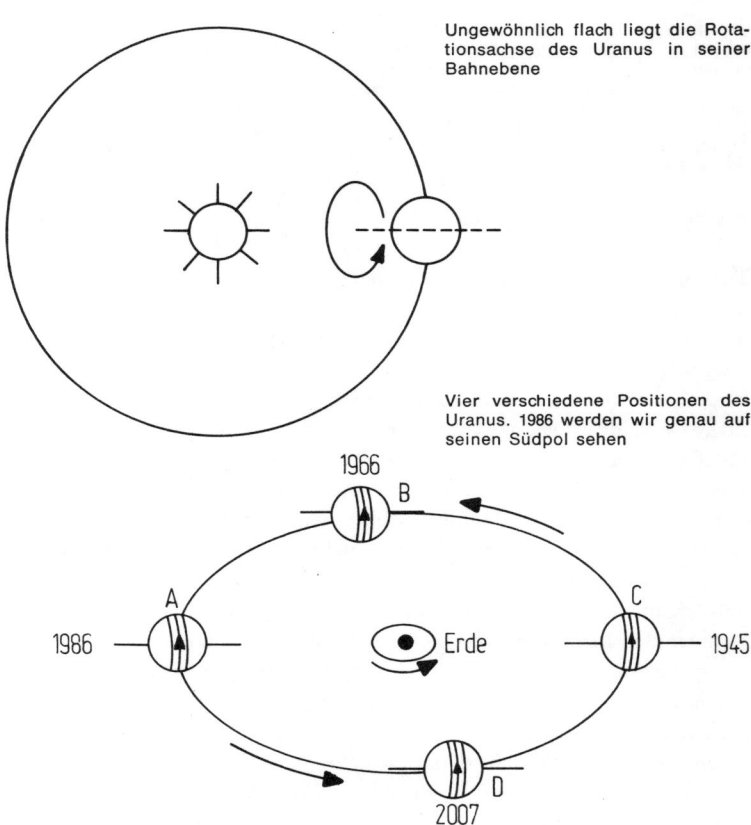

Ungewöhnlich flach liegt die Rotationsachse des Uranus in seiner Bahnebene

Vier verschiedene Positionen des Uranus. 1986 werden wir genau auf seinen Südpol sehen

1966

B

A

C

1986

Erde

1945

D

2007

für dieses Phänomen nur ein Ringsystem nach Art des Saturnringes verantwortlich sein kann, das den Stern vor und nach der Bedeckung störte. Inwieweit dieser Kleinsatellitengürtel in der Dichte mit dem Saturnringsystem vergleichbar ist, kann vorläufig noch nicht gesagt werden.

Schließlich entdeckte W. Christy am US Naval Observatory in Washington auf Aufnahmen vom 13. und 20. April sowie vom 12. Mai 1978 „Ausbeulungen" des Plutobildchens, die sich nach Kontrolle früherer Aufnahmen als Abbild eines Plutomondes erwiesen, der den Planeten in 6 Tagen und 9 Stunden umkreist. Unter diesem Gesichtspunkt muß die Masse des fernsten Planeten (bisher mit 0,1—0,2 Erdmassen eingestuft) wohl auf 2 Körper verteilt werden. Nehmen wir dies, den rückläufigen Neptunmond und dazu die exzentrische Plutobahn (s. Seite 103), dann darf man vermuten, daß sich in diesen fernen Zonen evtl. Dinge abgespielt haben, von denen wir keine Ahnung haben, denn ansonsten ist die Planetenfamilie — einigen wir uns ruhig auf Familie — recht einheitlich. Es sind eigentlich zwei Teilfamilien. Da ist die Gruppe der inneren Planeten, relativ klein, aber doch recht massiv, und da sind die äußeren Planeten, viel größer, aber eben aufgeblasener. Die Materie des Saturn ist so wenig dicht gepackt, daß ein Stück davon auf Wasser schwimmen würde (Dichte 0,9). Bei seinen Kollegen sieht das nicht anders aus, und das kommt daher, daß sie so riesige Wolkenatmosphären haben. Hätte die Erde, so wie sie ist, einen 40 000 km dicken Wolkenmantel um sich und wir würden als Durchmesser den dieser Wolkenkugel ansetzen statt den des festen Erdkörpers, dann würde sich, beim Vergleich von Durchmesser und Gesamtmasse, auch eine viel geringere Dichte ergeben.

Im übrigen haben alle Planeten viel Gemeinsames. Ihre Bahnen sind kaum gegeneinander geneigt, sie verlaufen im wesentlichen in der gleichen Ebene. Nur Merkur mit 7° und Pluto mit 17° haben Bahnneigungen, die aus dem Rahmen fallen, wenn wir die Bahnen, etwa als Drahtringe, auf einen ebenen Tisch legen wollen. Zudem kreisen sie alle im selben Richtungssinn um die Sonne, und soweit die Astronomen die Rotation feststellen konnten, rotieren auch alle im gleichen Richtungssinn um ihre Achse. Nur Uranus tanzt hier durch seine extreme Achsenlage aus der Reihe.

Bei so viel Gemeinsamkeiten muß es sich um eine Familie handeln, die einen gemeinsamen Ursprung hat. Bei der Entstehung des Planetensystems, die man sich als Ballungsvorgang in einem Gas- und Staubnebel vorstellt, wurden diese Eigenheiten schon im Ausgangsmaterial geprägt. Das Ganze ist aber noch eine kleine Spekulation wert.

Das Spektroskop hat gezeigt, daß die Wolkenhüllen der Riesenplaneten vorwiegend aus Ammoniak und Methan bestehen. Das sind Verbindungen von Wasserstoff mit Stickstoff (im Falle Ammoniak) und Wasserstoff mit Kohlenstoff (im Falle Methan). Beide Gase kommen auch auf der Erde vor, z. B. bei vulkanischen Vorgängen. Geraten

Das Männchen, das hier über die Tischplatte schaut, findet viel Einheitliches an den Planetenbahnen. Sie liegen praktisch alle auf der Tischplatte, die Planeten bewegen sich im gleichen Richtungssinn, und die Kugeln rotieren um ihre Achsen auch im selben Sinn

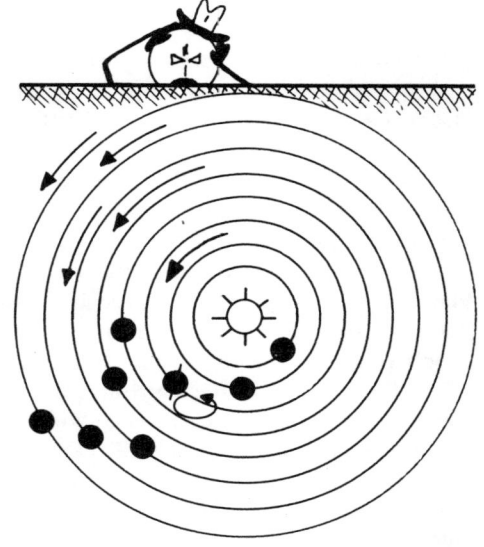

sie aber in die Atmosphäre, dann zerfallen sie zu Wasserstoff, Stickstoff und Kohlenstoff. Die Ultraviolettstrahlung der Sonne zersetzt sie. Bei den weit entfernten Planeten dürfte aber die Wirkung ultravioletten Sonnenlichtes nicht mehr ausreichen, diese Verbindungen zu zersetzen, und so blieb diese Wolkenatmosphäre, die evtl. auch einmal in frühester Entstehungszeit die Erde umgab, bei den Riesenplaneten erhalten.

Versetzen wir uns nun einmal einige -zigmilliarden Jahre in die Zukunft. Dann wird ein Augenblick kommen, in dem unsere Sonne ihren Energiehaushalt umstellen muß, weil sie auf der bisherigen Energieerzeugungsbasis abgewirtschaftet hat — es wird noch die Rede darauf kommen. Diese Umstellung erfolgt dann in Form eines Novaausbruches: Die Außenhülle des betroffenen Sternes explodiert, und für kurze Zeit verhunderttausendfacht sich die Strahlungsintensität. Daß dabei so nahe Sonnennachbarn wie die Erde irgendwie kaputtgehen, dürfte klar sein. Aber die „Dicken" kriegen auch ihr Fett ab. Bei dieser Strahlungssteigerung der Sonne werden sie so von Ultraviolettlicht überflutet, daß ihre schönen Wolkenpanzer kaputtgehen. Was nachher übrigbleibt, ist ein kleinerer, vielleicht erdgroßer Planet mit wesentlich dünnerer Atmosphäre. Und weil nun einmal die inneren Planeten kaputt sind, können jetzt die äußeren, in neuem Gewand, deren Rolle übernehmen. Vielleicht kommt dann einmal der Tag, an dem sich in einem Jupiterozean die ersten Lebensspuren bilden ... Aber nehmen Sie das bitte nicht für bare Münze, das sind nur nette Spekulationen.

Die Vagabunden

Die Sommernachts-Bowlenrunde aus Kapitel 1 fand sich, sehr viel später, im Winter, in nicht ganz derselben Zusammensetzung wieder einmal zusammen. Statt Ananas- gab es diesmal Feuerzangenbowle, und statt auf der Gartenterrasse saßen wir im Wohnzimmer. Gespräche pflegen sich langsam zu entwickeln, und wenn die letzten Fußballergebnisse durchdiskutiert sind, festgestellt wurde, daß die beamteten Politiker alles falsch machen und man genau angeben könne, wie alles besser zu machen sei, kurz, nachdem der Tagesklatsch durchgehechelt ist, schwenkt man auf irgendein ‚höheres‘ Thema ein. Es konnte nun im vorliegenden Fall nicht ausbleiben, daß einer an unser Sommergespräch anknüpfte, zumal durch die Presse vor kurzem ein, gelinde gesagt, ‚Kometenrummel‘ gelaufen war. Schließlich war ich im Sommer einer Erörterung der Kometenfrage eben noch entschlüpft.

„Sagen Sie mal" —, so äußerte sich einer der Gäste —, „was war das nun eigentlich mit dem ‚Kohoutek‘? Zuerst sollte er der Komet des Jahrhunderts werden, und dann hat dieselbe Presse, die das hinausposaunt hat, von einer Pleite geschrieben und vielfach an den Astronomen kein gutes Haar gelassen, weil sie sich so gründlich verkalkuliert haben!"

Auf so etwas war ich gefaßt. Darum konnte meine Antwort knapp ausfallen.

„Erstens ist es eine alte Astronomenweisheit, daß Kometen oft nicht wissen, wie sie sich den Regeln nach zu verhalten haben. Zweitens war der Komet Kohoutek gar keine Pleite. Er war zeitweilig sehr hell, wenn auch nicht so hell, wie ursprünglich vermutet wurde, und auch nicht über einen so langen Zeitraum, wie das zunächst erwartet wurde. Drittens hat es in dem Zeitraum, in dem er so hell war, bei uns dauernd geregnet, so daß keiner dazukam, ihn zu sehen. Und daran ist der arme Komet ja nun wirklich nicht schuld. Aus Amerika liegen ausgezeichnete Beobachtungsmeldungen und gute Fotos vor. Auf jeden Fall konnte er in den Tagen seiner Gipfelhelligkeit mit den hellsten Fixsternen konkurrieren."

Eine Dame sagte: „Ich glaube, ich hab' ihn einmal gesehen. Es war abends gegen acht Uhr, und da zog so ein helles Licht im Westen über den Himmel. Man sah es nur nicht deutlich, weil es eben dünn bewölkt war. Aber so eine halbe Minute lang konnte man es deutlich vorüberziehen sehen."

Ich war leicht erschüttert. „Was heißt vorüberziehen, beschreiben Sie das doch bitte etwas genauer. Zeigen Sie mit dem Finger auf den — jetzt eingebildeten — Kometen und folgen Sie ihm mit diesem Zeiger." Die Dame tat es und zog innerhalb von 10 Sekunden einen Bogen von der einen Zimmerwand zur anderen. Ich war nahe daran aufzugeben. Darum fragte ich: „Wer von den Anwesenden hat überhaupt schon einmal einen Kometen bewußt gesehen?"

Der Senior der Runde meldete sich. Es war der Schwiegervater des Gastgebers. „Ich! Das war der Halleysche Komet 1910! Ich war damals Student, und wir zogen extra los, um ihn zu beobachten. Da gab es doch auch noch ein Lied, das wir dazu gesungen haben. Wie ging es doch gleich? — Ach ja:

,Kommt ein Stern mit einem Schwanz,
will die Welt zertrümmern.
Betet euern Rosenkranz,
mich soll's wenig kümmern.
Wird die Welt ihm auch zum Raub,
Feld und Wald und Heide,
wird das Wirtshaus auch zu Staub,
Schwarzes Brett und Kreide!'"

Ausgezeichnet hatte der alte Herr den Studentensong behalten. Da sonst keiner konkret etwas über eigene Beobachtungen herausrücken wollte, fragte ich ihn, was er denn damals gesehen habe?

Er kramte in seinen Erinnerungen; und da kam dann heraus, daß er mit seinen Freunden irgendwann im Mai bei schönem Wetter abends auf einen Aussichtspunkt gezogen war. Man wartete ungeduldig auf den Einbruch der Dunkelheit, und dann sah man ihn am Westhimmel. Der alte Herr drückte sich vorsichtig aus. Er sagte, daß es ein heller Stern gewesen sei, nicht so scharf wie andere Sterne, verwaschener und mit einem klar erkennbaren Schweif. Meine Frage, wie lang der Schweif war, verglichen mit dem Vollmonddurchmesser, beantwortete er vorsichtig mit: „Sagen wir 15- bis 20mal; aber es ist schon sehr lange her."

„Und wie schnell fiel er herunter?" Diese Frage aus dem Publikum mußte kommen. „Der fiel überhaupt nicht. Der blieb stehen wie jeder andere Stern. Na, später ging er dann unter, aber der Mond geht ja auch mal unter!" Ich hatte wirklich einen  prächtigen Helfer gefunden. Der Mann erinnerte sich noch sehr gut an das Jugenderlebnis.

An seine Schilderung konnte ich anknüpfen. Darum erzählte ich einige Anekdoten aus eigener Erfahrung.

Sehen Sie, ähnlich helle Kometen sind zwar selten, aber wenn Sie etwas mehr dahinter her gewesen wären, hätten Sie eben in den letzten Jahrzehnten noch ein paar Gelegenheiten gehabt, das Halley-Erlebnis in etwa zu wiederholen. Da war 1957 der Komet Arendt-Roland. Er war schon im Herbst 1956 fotografisch als schwaches Pünktchen entdeckt worden. Bahnrechner hatten sich auf ihn gestürzt, und im Frühjahr 1957 wurde er prompt am Abendhimmel auch dem freien Auge sichtbar. Ich erinnere mich daran, daß sich auf bekannt günstigen Aussichtspunkten an jedem klaren Abend Menschenansammlungen bildeten, bewaffnet mit Operngläsern und Feldstechern. Und wenn es dunkel genug war, ertönte irgendwo eine Stimme: „Da ist er!" Dann erfolgte ruckartig eine allgemeine Blickwendung in die Richtung, die irgendein Arm mit ausgestrecktem Zeigefinger wies, und die Ferngläser wurden erhoben. Wartete man noch eine Viertelstunde zu, dann war der Ko-

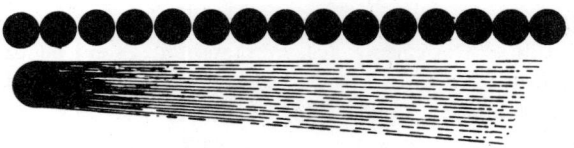

Die Länge von Kometenschweifen vergleicht man als Beobachter, der kein Winkel-
meßinstrument, sondern nur sein Schätzvermögen mit freiem Auge zur Verfügung
hat, am besten mit Vollmonddurchmessern. Hier leistet die Hand als Winkelmeßhilfe
wertvolle Unterstützung

met bequem mit freiem Auge zu sehen, und je dunkler es wurde, um so
besser wurde er sichtbar.

Eines Abends, es war schon nach 22 Uhr, störte mich wieder einmal das
Telefon. Dran war ein junger Mann, der aus einem Schwarzwalddorf
anrief. Er hatte mit seiner Freundin noch einen Nachtspaziergang gemacht und dabei in Blickrichtung der Straße, direkt vor sich, einen
merkwürdigen Stern gesehen, von dem ein Strahl ausging. Zuerst habe
er an eine Täuschung geglaubt, aber er sei sich jetzt sicher, daß das
wirklich wahr sei. So etwas habe er noch nie gesehen, ob ich ihm nicht
Auskunft geben könne.

Die Auskunft war natürlich Routine. Als der Anrufer das Wort Komet
hörte, sagte er sofort: „Aber er hat sich nicht bewegt!" Es dauerte eine
Zeit und kostete sein Geld, bis ich ihm klargemacht hatte, daß das ganz
in Ordnung war. Kometen sind, mußte ich ihm sagen, weder Raketen
noch Sternschnuppen, sondern Millionen von Kilometern entfernte
Himmelskörper, die eben an einem Beobachtungsabend genausowenig
wie Planeten eine Ortsveränderung deutlich erkennen lassen.

Schließlich kam noch die zaghafte Frage: „Kometen sollen doch eine
Bedeutung haben — kann das auch für mich etwas bedeuten?" Darauf konnte ich nur antworten, daß zwar eine mystische Bedeutung, an
die man in alten Zeiten glaubte, keineswegs vorhanden ist, daß ich
mich aber freuen würde, wenn ihm und seinem Mädchen dadurch
irgendwelche glücklichen Bedeutungen einfallen sollten ...

Tafel 3. Eines der schönsten Gebiete auf dem Mond, das ‚Mare Imbrium'. Das Bild
zeigt das Gebiet, wie man es im umkehrenden Fernrohr sieht. Oben zieht sich die
Gebirgskette der Apenninen hin, darunter stehen die drei Krater Archimedes (der
größte), Aristillus und Autolycos. Links begrenzt das Bild die ‚Kaukasus' benannte
Gebirgskette, unten ziehen sich die ‚Alpen' hin. Im Bereich der Alpen wirkt wie ein
Beilhieb das ‚Tal der Alpen'; unten schließt das Bild die große Wallebene ‚Plato' ab

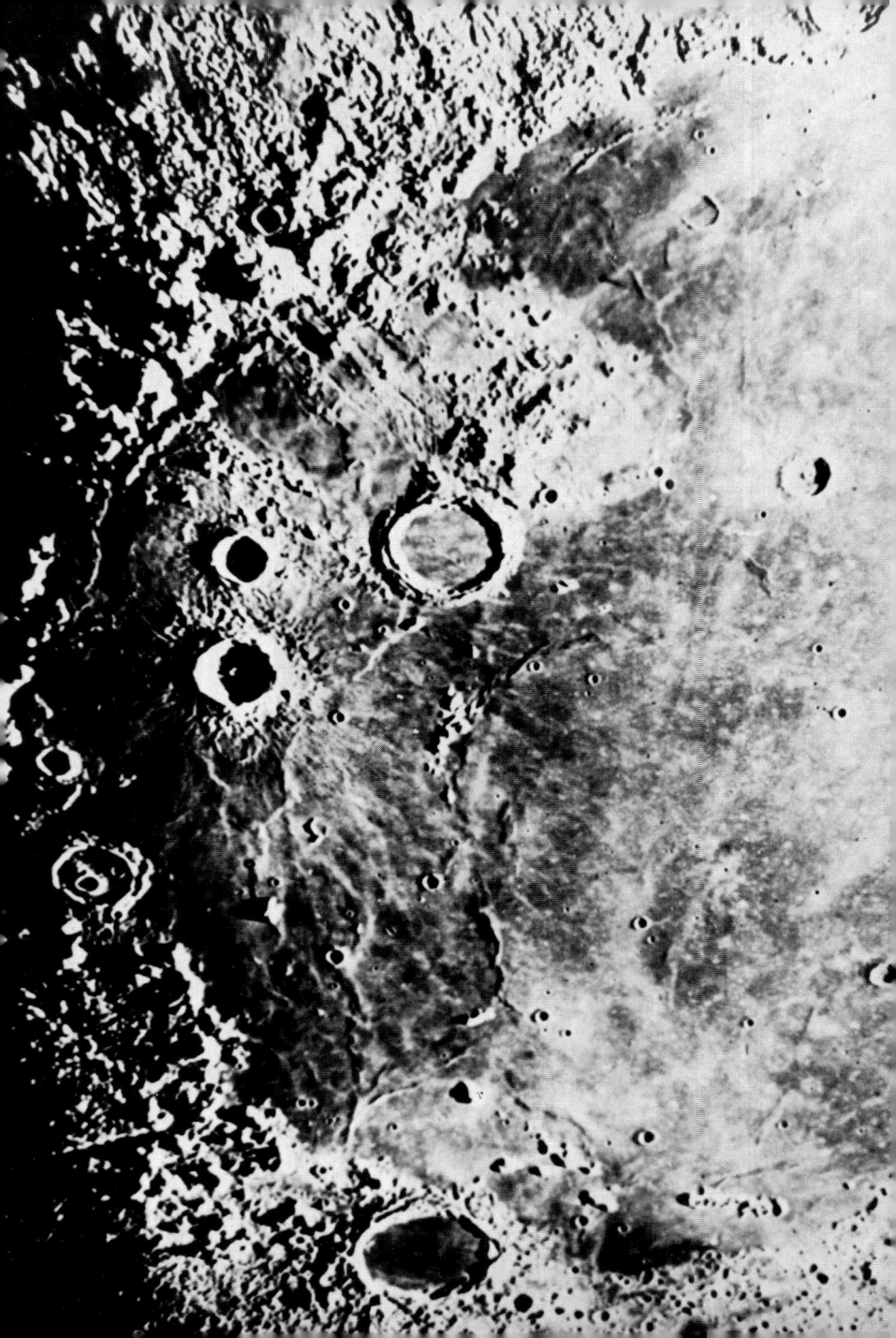

Übrigens war das fast genauso eine Zufallsbeobachtung, wie sie mir auch 1970 telefonisch zuging. Die Voraussituation war nahezu dieselbe. Der Komet Bennett war von Südafrika aus am 31. Dezember 1969 entdeckt worden. Bahnberechnungen erfolgten schnell. Sie ergaben, daß der Komet erstens ein für das freie Auge gut sichtbares Objekt abgeben dürfte und daß er zweitens im Frühjahr Himmelsgebiete erreicht haben würde, die auch in Mitteleuropa über den Horizont geraten.

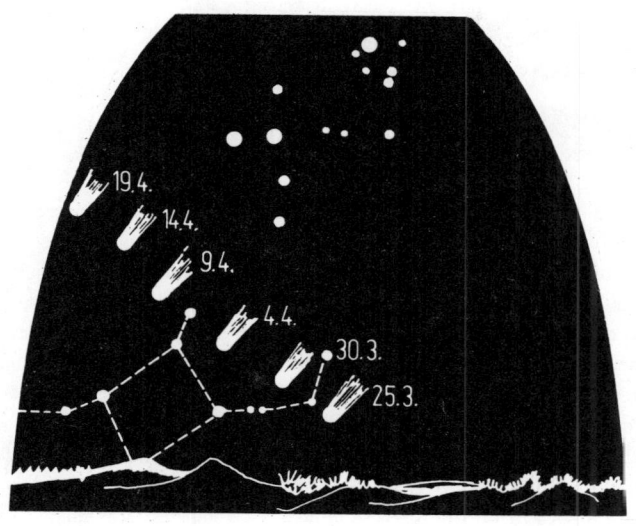

Ortsveränderung des Kometen Bennett im Jahr 1970 vom 25. März bis 19. April zwischen den Sternbildern Pegasus und Schwan. Der Himmelsanblick entspricht etwa der Situation Anfang April gegen 3 Uhr morgens, Blickrichtung nach Osten

Eine Ephemeride — so nennt man die Tabellen der vorausberechneten Örter eines beliebigen Himmelskörpers — lag schnell vor. Leider machte das Wetter nicht mit. Als der Zeitraum da war, zu dem Beobachter in Süddeutschland, allerdings erst nach Mitternacht, Chancen

Tafel 4. Oben: Infrarotfoto des Planeten Mars. — Unten: Aufnahme der Erde vom Raumschiff Apollo 11; man sieht vorwiegend Wolken und Meer. Nur gelegentlich ist Festland erkennbar.

hatten, den Kometen aufzustöbern, herrschte bestes Aprilwetter, ungeachtet der Tatsache, daß man erst März schrieb.

Am Ostersamstag, morgens um 7 Uhr, klingelt bei mir plötzlich das Telefon. Ein Anrufer meldet mir ganz aufgeregt, daß er morgens gegen 3 Uhr einen Stern mit einem Scheinwerfer gesehen habe. Er sei Jäger und sei daher, sozusagen vor Tau und Tag, im Revier gewesen. Die Wolken vom Dienst seien aufgerissen, der Sternhimmel stückweise sichtbar geworden. Und da wäre ein Stern dabeigewesen, von dem sei ein Strahl ausgegangen, wie ein Scheinwerferkegel. Ich ließ mir den Ort am Himmel genau beschreiben, Himmelsrichtung, Winkelhöhe und so ...

Der Mann beschrieb den Ort so genau, daß ich den Verdacht faßte, es müsse sich um jemand handeln, der die Ephemeride des Kometen kannte und mich nun auf den Arm nehmen wollte, indem er behauptete, er habe ihn gesehen. Ich war aber jetzt trotzdem, wie man so schön sagt, ,aufgepumpt' und stellte in der kommenden Nacht den Wecker auf 2 Uhr. Ich konnte gleich wieder ins Bett, es schneite. In der nächsten Nacht schneite es nicht, und als ich zum Fenster hinaussah, brauchte ich nicht lange zu suchen. Da stand er. Wie der Mann gesagt hatte, ein Stern mit Scheinwerfer. Der Kopf war so hell wie der hellste Stern im Schwan, Deneb, und der Schweif wenigstens 10 Grad lang, das sind 20 Vollmonddurchmesser. Da mußte ich dem Anrufer nun im Geiste den Verdacht, daß er mich hatte auf den Arm nehmen wollen, abbitten. Ich selbst aber wurde jetzt tückisch.

Jede Nacht klingelte zu angemessener Zeit der Wecker. War der Himmel klar und der Komet zu sehen, ging ich ans Telefon. Irgendein Bekannter war das Opfer. Text: „Hören Sie, wenn Sie den Kometen sehen wollen – jetzt ist er prächtig zu sehen, schauen Sie raus!" Jeder hat mir bei späteren Begegnungen für diese Nachtruhestörung gedankt. Begründung: „Es wäre mir doch etwas entgangen, was ich noch nie gesehen hatte!" 1976 war Anfang März wieder ein sehr heller Komet am Morgenhimmel zu sehen. Sein Entdecker hieß West und so auch der Komet, obwohl er im Osten am Morgenhimmel stand. Auch bei ihm habe ich mir wieder das Telefonspielchen mit gleichem Erfolg erlaubt.

So ist das nun mal, solche Kometen sind eben Mangelware, und es können viele Jahre vergehen, bis wieder einer solchen Kalibers auftritt. An die in alten Chroniken vermeldeten Riesenkometen glaube ich aber trotzdem nicht so ganz. Übertreibungssucht der Chronisten und vor allem die Erinnerung an ein Erlebnis, das bei der Niederschrift schon Jahre zurücklag, mag zu solchen Kometenlegenden geführt haben.

Jetzt war ein kräftiger Schluck Feuerzangenbowle und die unvermeidliche Frage fällig: „Sagen Sie mal, warum bedeuten Kometen eigentlich Unglück?"

Noch ein Schluck, dann: „Sie bedeuten kein Unglück. Die Kometen sind heilfroh, wenn ihnen selbst nichts passiert, oder wenigstens nichts Ernsthaftes. Die Unglückslegende, die ihnen anhängt, kommt einfach daher, daß sie erstens selten sind und zweitens unvorhergesehen auftauchen. Drittens zeigen sie in ihrem Verhalten, was Helligkeit, Schweifentwicklung, Bewegungsspur am Himmel, Dauer der Sichtbarkeit usw. angeht, auf den ersten Anblick – ich betone auf den ersten (!) Anblick – keinerlei Gleichförmigkeit. In einem Zeitalter, in dem der geregelte Ablauf des Himmelsgeschehens mit Sonnen-, Mond- und Planetenlauf, dem Wechsel von Tag und Nacht und dem Gleichbleiben der Sternbilder geradezu als

Symbol der ewigen göttlichen Ordnung galt, ja in vielen Religionen direkt als Verkörperung dieser göttlichen Weltordnung empfunden wurde, sind die Kometen die Störenfriede, die bösen Anarchisten. Von solchen, die göttliche Himmelsordnung frech durchbrechenden Burschen kann man ja nichts Gutes erwarten. Entweder sie sind die vom bösen Feind geschleuderten Bomben oder sie sind die von der jeweiligen Gottheit selbst am Himmel aufgehängten Vorzeichen einer Strafaktion, die die unbotmäßigen Menschen treffen wird. Und da die Menschheit seit Beginn ihres Daseins immer ein schlechtes Gewissen hatte, lag diese Deutung ja auch recht nahe.

Bis weit in die moderne Zeit hinein wurden in Chroniken Kometenerscheinungen mit zeitlich naheliegenden Geschehnissen wie Kriegen, Hungersnöten, Epidemien u. dgl. in Verbindung gebracht. Und heute noch geht kein heller Komet über die Bühne, ohne daß Gerüchte und Befürchtungen, von der Mystik des göttlichen Symbols bis zur wissenschaftlich verbrämten Vorstellung eines Zusammenstoßes mit der Erde oder einer Gasvergiftung der Atmosphäre durch die Giftgase des Schweifes, eifrig genährt durch eine gewisse geschäftstüchtige Presse allenthalben verbreitet werden."

Die Frage, warum Kometen so selten sind, wurde auch aufgeworfen. Da konnte ich nur antworten, daß sie gar nicht so selten sind, nur die auffällig hellen Objekte machen sich rar. Jedes Jahr wird eine ganze Handvoll Kometen entdeckt. Bisheriges Rekordjahr war 1975 mit 17 Entdeckungen, worunter allerdings auch einige periodisch wiederkehrende Kometen waren, mit denen man gerechnet hatte und von denen man genau gewußt hatte, wo man sie zu suchen gehabt hatte.

Es gibt da eine Dame, Frau Dr. Elizabeth Roemer. Sie ist an der Universität von Arizona tätig und benutzt, wenn man die Meldungen verfolgt, offenbar reihum die lichtstärksten Fernrohre, die in Arizona greifbar sind. Sie jagt Kometen, deren Wiederkehr berechnet ist, und schießt sie gleichsam bei der ersten hauchdünnen Möglichkeit ihres Auftauchens ab. Meist sind die Helligkeiten bei der Entdeckung durch Mrs. Roemer so in der Preislage von 20^m. Man kann aber kühn die Behauptung aufstellen, daß ein Komet, den Dr. Roemer jagt und den sie nicht findet, entweder gar nicht mehr existiert oder eine ganz entscheidende Bahnveränderung erfahren hat. Als ich mit meinen Erklärungen etwa soweit war, platzte einer mit der schon längst fälligen

Frage dazwischen: „Was ist denn nun eigentlich ein Komet, ich meine, rein materiell — oder so?"

Darauf hatte ich gewartet. So hatte ich auch schon, die Frage war noch gar nicht ganz heraus, blitzschnell zum Aschenbecher und zu einem Zeitungsblatt gegriffen und den Inhalt des ersteren auf die Zeitung gekippt. Die Dame des Hauses sprang entsetzt auf und sagte errötend: „Oh — Verzeihung, ich hätte den Aschenbecher längst einmal leeren sollen!"

Ich hielt schützend die Hände über meinen Raub. „Verzeihung, das sollte kein Affront gegen Ihre hausfraulichen Tugenden sein. Im Gegenteil, der volle Aschenbecher ist genau das, was ich brauche." — Sie sank wieder auf ihren Stuhl.

„Was liegt hier auf dem Zeitungsblatt? 7 Zigarettenkippen, 1 Zigarrenstummel, 5 abgebrannte Streichhölzer, 3 zusammengeknüllte Bonbonpapierchen und Asche, viel Asche! Jetzt knülle ich das alles ins Zeitungspapier, sehen Sie, so — und damit ist jetzt außer dem Zeitungspapier zum Gesamtpaket noch etwas dazugekommen. Raten Sie, was!" Meine Zuhörer zeigten sich recht ratlos. Schließlich kannte man mich bisher noch nicht als Zauberer, der jetzt vielleicht aus dem Papier ein Kaninchen wickelte.

Endlich meinte einer: „Was soll denn da noch dazugekommen sein? Doch wohl höchstens Luft."

Das war mein Stichwort. „Genau das habe ich gemeint!" sagte ich. „Luft, die wir nicht sehen, ist auch noch dabei. Und nun gehen wir in den Weltraum und werfen das Paket irgendwo, 20 Millionen km weit von der Erde entfernt, in die Gegend. Was tut es?"

Verlegenes Schweigen, allenfalls eine Bemerkung wie: „Na ja, es wird eben irgendwie durch die Gegend fliegen" oder ähnliches bekam ich zu hören. Da konnte ich einhaken:

Grundsätzliches zum Gravitationsgesetz:
Zwei Körper ziehen sich **gegenseitig** an, wenn auch der schwächere dem stärkeren — ob er will oder nicht, nachgeben muß

„Sehen Sie, wir brauchten das Zeitungspapier eigentlich gar nicht. Der Aschenbecherinhalt und etwas Luft dazu genügen im Grunde schon. Wenn wir so ein Gemisch im freien Weltraum, möglichst weit weg von einem störenden Himmelskörper, aussetzen, da bleibt es beisammen. Bekanntlich hat Isaac Newton das Gravitationsgesetz entdeckt (es war 1668 druckreif), das Gesetz der allgemeinen Massenanziehung. Vereinfacht ausgedrückt: Alle Körper ziehen sich gegenseitig an. Gegenseitig, nicht einseitig! Allerdings hat der massenreichere mehr Kraft und wirkt stärker auf einen massenärmeren Partner ein als umgekehrt. Trotzdem bleibt die Gegenseitigkeit erhalten. So eine Handvoll Buntgemischtes wie dieser Aschenbecherinhalt besteht aus allen möglichen Teilchen, die sich anziehen. Und weil sie sich anziehen, bleiben sie beisammen. Damit haben wir das Beispiel für den Kometenkopf: Gesteinsbrocken, größere und kleinere, viel feiner Staub und natürlich unsichtbares Gas. Bringen Sie das ganze Konglomerat möglichst weit fort, dorthin, wo die Sonnenstrahlung mit ihrer Wärmewirkung praktisch keinen Einfluß mehr hat, dann ist auch das Gas gefroren, und Staubteilchen wie größere Gesteinsbrocken stecken fest drin, genauso wie wenn wir diesen Aschenbecherinhalt in Wasser einrühren und im Tiefkühlfach einfrieren würden. Lassen Sie jetzt diesen Klumpen näher an die Sonne kommen, dann wird einmal der Punkt erreicht sein, an dem die Sonnenwärme das Gas aufzutauen beginnt. Hat unseren Klumpen zuvor schon ein Kometenjäger auf einer Fotoplatte eingefangen, dann war er noch ein sternartiges Pünktchen ohne besondere Merkmale. Beginnt aber nun das Gas zu tauen, dann dehnt es sich aus, und um den sternartigen Kern bildet sich eine Hülle, die Koma. Viele Kometen verbleiben in diesem Zustand, und wenn sie sich von der Sonne entfernen, wird wieder ein gefrorener Klumpen aus ihnen.“

Jetzt gab es Zwischenfragen, und zwar gleich eine ganze Menge. Die meisten fingen sinnigerweise mit ‚warum‘ an, was meist sehr unangenehm ist, denn in der Naturwissenschaft weiß man von vielen Dingen, ‚daß‘ sie so und nicht anders sind, nicht aber ‚warum‘ sie so sind.

Die Frage, warum die Kometen einmal so nahe bei der Sonne, dann wieder so weit weg sind, ließ sich vergleichsweise einfach beantworten. Ganz einfach deshalb, weil ihre Bahnen, auf denen sie die Sonne umlaufen, im Gegensatz zu den Planetenbahnen, die kaum von der Kreisform abweichen, sehr langgestreckte Ellipsen sind.

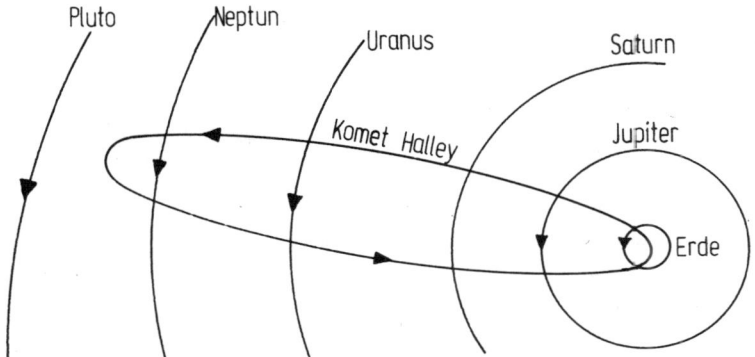

Lage der Bahn des Halleyschen Kometen im Vergleich zu den Bahnen der äußeren
Planeten und der Erdbahn

Der schon erwähnte Halleysche Komet ist der einzige *helle* Komet,
dessen Bahn so weit überschaubar und berechenbar ist, daß man seit der
erstmaligen Berechnung der Bahn durch Halley, 1682, dreimal die
Wiederkehr genau voraussagen konnte und ihn darauf auch prompt
wiederentdeckt hat. Das war 1758, 1835 und 1910. Er kommt der
Sonne im Perihel (Sonnennähe) auf 90 Millionen km nahe. Der Punkt
liegt zwischen Venus- und Merkurbahn. Und im Aphel (Sonnenferne)
steht er 5300 Millionen km entfernt, zwischen Neptun- und Plutobahn.
Bei allen anderen bekannten hellen Kometen ist das Bahnstück, das sie
unter der Kontrolle unserer Fernrohre durchlaufen, jeweils zu kurz,
um darauf die Berechnung einer Ellipsenbahn aufzubauen. Dann
nimmt man für den für uns kontrollierbaren Bahnteil die rechnerisch
einfacher zu behandelnde Parabel, die erst in größerer Entfernung
merkliche Abweichungen von einer sehr gestreckten Ellipse zeigt. Oder
man rechnet, wenn man sich die Mühe macht, eine Ellipse mit sehr langer Achse aus und kommt dann auf Umlaufzeiten von über tausend
Jahren. Dem Rechner wird ewig verborgen bleiben, ob sein Komet auf
der von ihm berechneten Bahn jemals wiederkommt.
Wer die Keplerschen Gesetze auf diese langen Ellipsen anwendet, der
erkennt, daß ein Komet, verläßt er die Sonnennähe, fortläuft wie ein
hochgeworfener Stein. So wie dieser Stein langsam dem Gipfel seiner

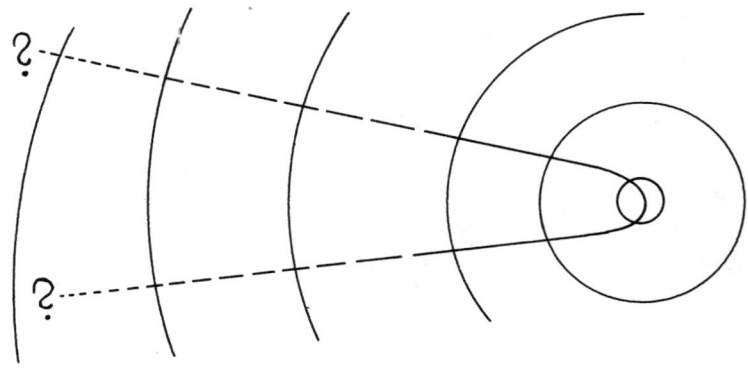

Beispiel einer Bahn, bei der die Beobachtungsunterlagen nicht ausreichen, eine endgültige Entscheidung zu treffen. Das ausgezogene Bahnstück im Inneren des Planetensystems ähnelt zu sehr einer Parabel. Man kann keine einigermaßen belegte Ellipse berechnen. Darum rechnet der Mathematiker in Richtung Parabel, was zu der gestrichelten Fortsetzung der Kurve führt, aber doch nur einen möglichen Mittelwert verschiedener Bahnmöglichkeiten darstellt

Flugbahn zustrebt, je höher er kommt, um so langsamer steigt, dann gleichsam umkippt und wieder zu Boden fällt, wobei er immer schneller wird, so rast der Komet auf seiner langgestreckten Bahn von der Sonne fort. Er wird, da ja ihre Anziehung, die ihn zurückhält, nicht wegzudiskutieren ist, immer langsamer, kapituliert schließlich und fällt wieder zur Sonne zurück. Jetzt beschleunigt ihn die Sonnenanziehung, er wird schneller und schneller und schließlich so schnell, daß ihn seine ungeheure Fliehkraft daran zu hindern vermag, in die Sonne zu fallen. Seine Geschwindigkeit ist jetzt stärker als die Sonnenanziehung, er schleudert nur um sie herum und rast mit diesem irrsinnigen Tempo von ihr fort, bis — ja bis ihn die Sonne wieder so weit gebremst hat, daß . . . siehe oben.

Das Ganze ist gar nicht so schwer zu verstehen. Es gibt viele Beispiele für dieses technisch verwertbare Spiel zwischen einer Zentralkraft, die festzuhalten bestrebt ist, und einer Fliehkraft, die fortstrebt. Was tun schließlich Raumfahrer bei der Fahrt zum Mond? Sie lassen sich hinaufschleudern und fallen dann wieder zur Erde zurück. Sie haben lediglich die Möglichkeit, den Kurs zu korrigieren, zu beeinflussen.

Man kann diese ‚Bahnanalyse' der Kometen noch viel weiter führen.

Doch da wird die Sache langsam trocken. Ich war darum über den erlösenden Wunsch der Frau des Hauses erfreut. Sie heischte, etwas über den Kometenschweif zu erfahren.

„Schade", meinte ich, „daß ich damals, bei meiner nächtlichen Anrufaktion um Bennett, nicht an Ihre Telefonnummer gedacht habe, sonst hätten Sie schon einmal einen Komet mit deutlichem Schweif gesehen. Der Schweif ist sehr zart, und der hellere Kopf hebt sich deutlich davon ab. Im Aussehen ist er vielleicht mit einem aus der Milchstraße geschnittenen schmalen Streifen zu vergleichen. Wenn Sie aber Scharfsinn walten lassen und seine Lage zum Horizont betrachten, dann fällt ihnen auf, daß der Schweif immer von dem Punkt wegzeigt, an dem zuvor die Sonne unterging, oder wo Sie erwarten, daß sie in zwei Stunden aufgeht. Das gilt grundsätzlich. Der Schweif zeigt ständig von der Sonne weg. Es ist, als puste ihn die Sonne an und wirble die leichtesten Teilchen, Gas und feinsten Staub, von sich weg, so wie ich tük-

Ein Komet am Morgenhimmel (Sonne geht im Osten auf) und derselbe Komet am Abendhimmel (Sonne geht im Westen unter). In beiden Fällen zeigt der Kometenschweif von der Sonne weg

Pustebeispiel, die leichten Teilchen werden durch verschiedene Sonnenwirkungen fortgetrieben, die schweren bleiben im Kometenkopf beisammen.

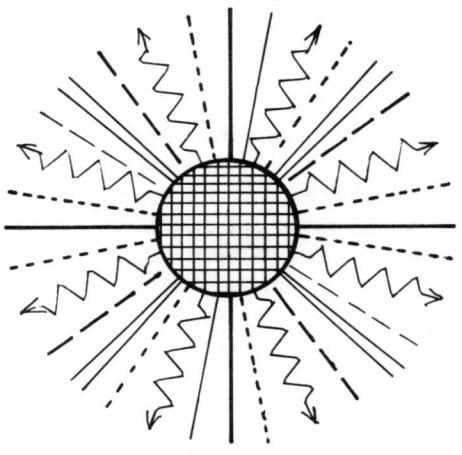

Die Sonne verstrahlt unterschiedlichste Arten von Strahlung. Nach ihren Wellenlängen, ihrer Energieaufladung usw. kann man die Strahlung in viele Unterkategorien einteilen . . .

Bestimmte Strahlungsanteile der Gesamtstrahlung der Sonne reißen Gas und Staubanteile des Kometenkopfes mit. So entsteht der Kometenschweif

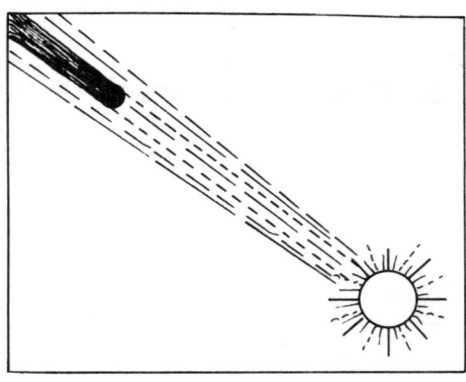

kischerweise Zigarettenasche, die mir neben den Aschenbecher fiel, einfach vom Tisch puste, ohne befürchten zu müssen, daß der Aschenbecher gleich mitfliegt. So ist es aber auch in Wirklichkeit. Von der Sonne gehen nicht nur Licht- und Wärmestrahlung, Ultraviolett, Infrarot, und wie dieses Strahlen alle heißen, aus. Die Sonne sendet auch ununterbrochen elektrisch geladene Partikeln aus: freie Elektronen und elektrisch geladene Atome, sogenannte Ionen. Dieser ‚Sonnenwind‘, wie man ihn nennt, ist von vielfältiger Bedeutung, auch für das atmosphärische Geschehen auf der Erde. Doch das ist ein anderes Kapitel. Treffen die Ladungsteilchen auf Gasatome, geben sie Ladung an das Atom ab. Das Atom wird zum Ion und wird nun innerhalb des elektrischen Feldes bewegt. Trifft der Sonnenwind den Kometen, werden

Atome der Gashülle ionisiert und vom Sonnenwind mitgerissen. Es entsteht also ein Gasstrom, weg vom Kometen. In diesem Sog wird aber auch der feine Staub aus dem Kometenkopf mitgerissen. Die Staubpartikeln reflektieren das Sonnenlicht, der Schweif wird sichtbar. Das Reflexionslicht wird aber noch durch das Eigenleuchten der Gasatome verstärkt. Schnell bewegte elektrisch geladene Teilchen geben an Atome Energie ab. Die Atome geraten in elektromagnetische Schwingungen, und dabei wird die Energie wieder in Form von Lichtwellen abgegeben. Wenn Sie da drüben die Schreibtischlampe einschalten — sie ist mit einer Leuchtstoffröhre bestückt —, dann tun sie genau das, was die Sonne mit den Gasatomen des Kometenschweifes tut. Sie jagen schnell bewegte elektrische Teilchen durch freies Gas, das allerdings sehr viel verdünnter als unsere gewohnte Luft sein muß. Der trickreiche Mensch macht das mit seiner Technik nach und beleuchtet auf diese Tour Zimmer und Straßen. Die Natur macht es in gewaltigem Ausmaß ununterbrochen. Das Leuchten der Sonnenkorona, dieses zarten Lichtkranzes um die Sonne, das wir nur bei totalen Sonnenfinsternissen sehen, beruht auf demselben Prinzip. Es ist der Sonnenwind, der in den um die Sonne ausgebreiteten hochverdünnten Gasen das Leuchten anregt. Im Kometenschweif ist mindestens ein Teil angeregtes Leuchten. In unserer Atmosphäre regt der Sonnenwind die Polarlichter an. Es ist faszinierend, wenn man daran denkt, daß all diesen Phänomenen derselbe physikalische Vorgang zugrunde liegt. Wir können noch weiter gehen. Wenn Sie uns demnächst auf unserer Volkssternwarte besuchen und im Fernrohr den zartschimmernden Orionnebel sehen, dann sehen Sie leuchtende Gase in vielen Lichtjahren Entfernung, die von der Energiestrahlung einiger heißer Sterne, die in den Nebel eingebettet sind, angeregt werden. Wieder derselbe Vorgang, nur daß diesmal nicht *unsere* Sonne der auslösende Faktor war. Man staunt immer wieder über die Einheitlichkeit des Naturgeschehens bei aller Vielfalt der Erscheinungen."

Nun wollte aber meine Gastgeberin verständlicherweise auch etwas über die Größe der Kometen wissen, wo man doch so viel darüber lesen könne, was passieren kann, wenn ein Komet mit der Erde zusammenstößt. „Wenn die Burschen so lange Bahnen haben, laufen sie doch auch einmal über die Erdbahn weg, und da kann es doch passieren, daß die Erde auch gerade da ist, dann knallt's, nicht wahr!?"

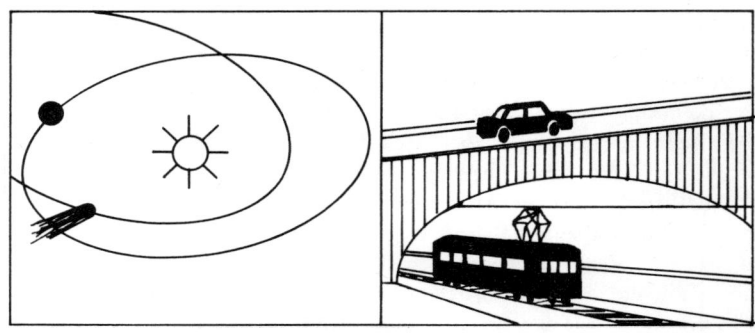

Erdbahn und Kometenbahn überkreuzen sich räumlich wie Straße und Schienen-
strang, nicht in einer Ebene, wie es in der linken Bildhälfte den Anschein hat

„Die Folgerung entbehrt nicht der Logik. Doch ist erstens dazu zu sagen, daß die Wahrscheinlichkeit der gleichzeitigen Passage des Bahn-
schnittpunktes denkbar klein ist. Zweitens gibt es meistens keinen
Schnittpunkt, sondern nur einen Überkreuzungspunkt. Erdbahn und
Kometenbahn treffen sich wie Autobahnbrücke und darunter durch-
führende Bahnlinie. Das Kreuzen erfolgt räumlich und nicht ‚schienengleich'. Käme aber einmal der Zufall zustande, daß eine in gleicher
Ebene erfolgende Schnittpunktpassage partout von Erde und Komet
gleichzeitig erzwungen werden soll, dann knallt es allerdings. Wer
ungeschoren seines Weges zieht, ist die Erde, wer ein für alle Male als
selbständiger Himmelskörper aufgehört hat zu existieren, ist der Komet.
Kometen können am Himmel ein tolles Bild abgeben, stimmt. Aber das
meiste ist Theaterdonner und Schaumschlägerei. Man hat schon Kometen beobachtet, die durch das innere Mondsystem des Jupiter liefen.
Die Bewegungen der Monde zeigten aber nicht die winzigste Störung,
was unweigerlich hätte der Fall sein müssen, wenn ein Körper von einigermaßen nennenswerter Masse zwischen ihnen durchpassiert wäre.
Andere Gelegenheiten, bei nahen Passagen von Kometen an anderen
Objekten ihren Schwerkrafteinfluß nachzuweisen und so einen Schluß
auf die Masse des Kometen zu ziehen, ergeben ebenfalls Fehlanzeigen.
Kommt ein Komet aber einmal einem der großen Planeten etwas zu
nahe, dann wird er gebeutelt und aus seiner Bahn geworfen. Allein
Jupiter hat wenigstens 60 uns bekannte periodische Kometen aus ur-

sprünglich wohl langgestreckten Bahnen in solche gedrängt, deren Sonnenferne in der Nähe der Jupiterbahn liegt. Man spricht von der Jupiterfamilie, und man kann solche Familien auch bei anderen Großplaneten nachweisen. Die Kometen der Jupiterfamilie haben Umlaufzeiten zwischen 5 und 8 Jahren, kommen also recht häufig durch die Sonnennähe. Da jeder Periheldurchgang mit einem Massenverlust verbunden ist, etwa durch die Schweifbildung, haben diese Kometen alle schon viel zuviel Materie verloren und sind mickerige kleine Burschen, Leckerbissen zwar für den Astronomen, Jagdobjekte für Frau Dr. Roemer, aber keine Augenweide für den einfachen Sterngucker.

Doch ja, wir waren ja bei den Größen. Der eigentliche Kometenkern hat sicher keine 100 km Durchmesser, wahrscheinlich wesentlich weniger. Die aufgeblasene Koma kann hunderttausend und noch mehr km groß sein, und der Schweif mißt nach Millionen Kilometern. Oft ist

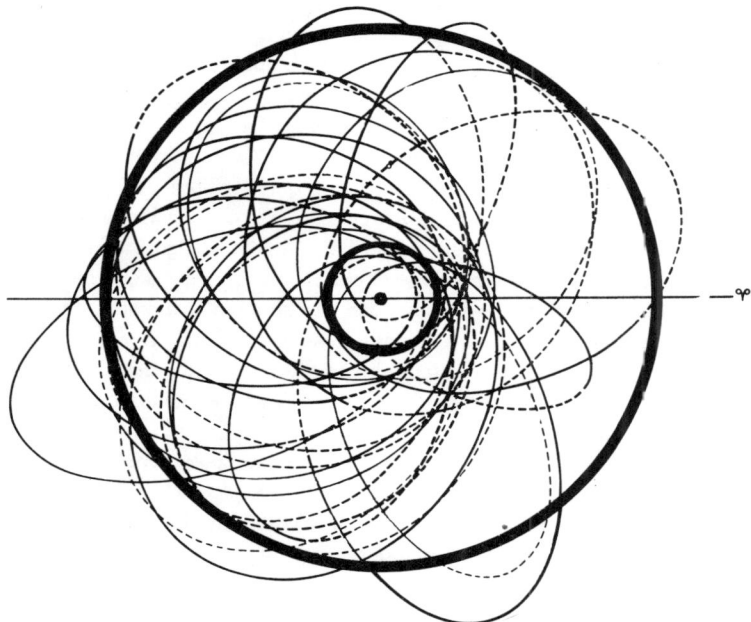

Erdbahn und Jupiterbahn sind hier dick ausgezogen. Dazu gesellen sich die Bahnen der Kometen der Jupiterfamilie. Gestrichelt sind die Bahnteile, die unterhalb (südlich) der Erdbahnebene (Ekliptik) liegen, ausgezogen die, die oberhalb verlaufen

diese Millionenzahl zweistellig, und doch beträgt die Gesamtmasse keinesfalls mehr als 100 Millionen Tonnen.

Sie meinen, das sei genug? Ich auch. Die Sprengsätze der größten Atombomben dürften etwa dieselbe Verwüstung anrichten wie ein einschlagender Kometenkopf, die Erde als Gesamtheit wird aber keineswegs gestört. Die Katastrophe bliebe örtlich begrenzt. Das immer noch nicht ganz geklärte Ereignis vom 30. Juni 1908, bei dem in Sibirien zirka 2000 km² Fläche verwüstet wurden, steht immer noch im Verdacht, von einem Kometenkopf geliefert worden zu sein. Beweisen kann man es allerdings nicht."

„Und wie ist das mit dem Schweif? Ich habe gehört, der enthielte Giftgase! Wenn wir da nun hineingeraten, wo die Dinger doch, wie Sie sagen, etliche Millionen km lang sind?" Die Frage kam vom anderen Tischende.

„Ja", antwortete ich, „das ist ein schwieriges Problem. Cyan ist z. B. drin und Kohlenmonoxid. Trotzdem werde ich weiterhin Bodenseewasser trinken, selbst wenn mir jemand glaubhaft versichert, er habe einen Eßlöffel Zyankali in den Bodensee gestreut. Ich glaube nämlich, daß der Bodenseeinhalt ausreicht, das Zyankali bis zur Unschädlichkeit zu verdünnen. So ähnlich ist das beim Verhältnis Schweifgase–Erdatmosphäre. Die Gasatome, die sich an der äußeren Atmosphärengrenze mit ihr vermischen, sind mengenmäßig hoffnungslos unterlegen. Was das Kohlenmonoxid betrifft, so habe ich da übrigens einen guten Tip. Stellen Sie sich einmal eine Stunde lang an eine verkehrsreiche Straße oder Kreuzung und lassen den Verkehr an sich vorüberrollen. Tief durchatmen, damit es auch gut bekommt! Glauben Sie mir, die Sättigung der Atmosphäre mit Kohlenmonoxid ist mit der Dichte des Kohlenmonoxids im Kometenschweif gar nicht zu vergleichen. Der Komet bleibt hoffnungsloser zweiter Sieger."

„Ja, und was geschieht dann, wenn wir einen Kometenschweif passieren?"

„Nichts — oder besser: wahrscheinlich nichts. Möglich ist eine verstärkte Sternschnuppentätigkeit oder, wenn wir Glück haben, ein besonders reichhaltiger Sternschnuppenfall."

Damit sind wir aber schon wieder um ein Kapitel weiter. Die schönen Sternschnuppen sind nämlich vom kleinen Pünktchen bis zur hellen Feuerkugel wohl meist Zerfallsprodukte von Kometen.

Die Irregulären

Es war am 9. Oktober 1933, Uhrzeit etwa 20^{h}30^m. Ich, damals ein Schulbub, hörte Radiomusik, war daneben in einen Schmöker vertieft und wartete ständig auf die elterliche Ermahnung, daß es jetzt Zeit für mich sei, ‚ins Bett zu gehen'. Da unterbrach der Rundfunk sein Programm, und der Sprecher verkündete: „Wir machen unsere Hörer darauf aufmerksam, daß zur Zeit ein außerordentlich reichhaltiger Sternschnuppenfall zu beobachten ist." Der Sprecher knüpfte noch ein paar Bemerkungen über die Quellen der Meldung daran, die hörte ich aber schon kaum mehr. Blitzartig war ich auf dem Küchenbalkon. Ich war nämlich schon damals so etwas wie ein Astronomiefan und war stolz darauf, mehr Sternbilder und Einzelsterne auf Anhieb am Himmel auffinden und benennen zu können als jeder meiner Klassenkameraden. Leider gab es dafür keine Noten. In Fächern, die benotet wurden, war ich durchaus nicht so gut.

Was ich an diesem Abend vom Küchenbalkon aus sah, war nun durchaus dazu angetan, meine Liebe zum Sternhimmel anzuheizen. Andere Leute hatten auch Rundfunk gehört, und so gingen Fenster auf, Balkone bevölkerten sich, und niemand wurde enttäuscht.

Schiller läßt Wallenstein einmal den Ausspruch tun: „Am Himmel herrscht geschäftige Bewegung." Schiller und − in seinem Namen − Wallenstein meinen damit etwas ganz anderes. Wenn aber der Spruch von ‚geschäftiger Bewegung' am Himmel einmal berechtigt war, dann an diesem 9. Oktober 1933 zwischen 20 und 21 Uhr Mitteleuropäischer Zeit.

Es sah wirklich aus, als bliebe kein Stern an seinem Platz. Da schwirrte immer wieder ein Funke über das Firmament, einer dahin, einer dorthin; während man noch dem einen nachsah, tauchte am Rand des

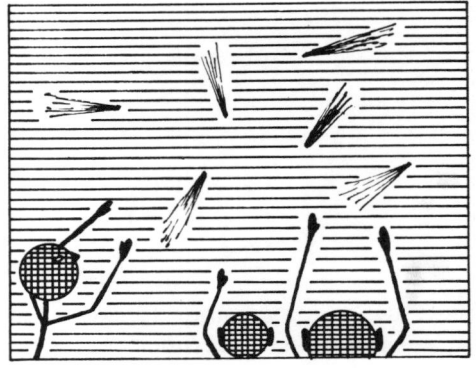

Blickfeldes schon ein anderer auf oder zog mitten über das Gesichtsfeld wieder ein neuer seine Bahn. Wohin man auch den Kopf drehte, es schien, als gerate der ganze Sternhimmel aus den Fugen. Man mochte gar nicht glauben, daß es noch Sterne gab, die ihren Platz beibehielten und nach wie vor ihren Posten im Sternbild soundso als α, β oder sonstwie registrierter Stern fest markierten. Der Himmel war wirklich durcheinander.

Aus Statistiken amtlicher Sternwarten, die natürlich ihre ganze Mannschaft zur Registrierung einsetzten und, soweit möglich, auch fotografisch ans Überwachen gingen, geht hervor, daß zur stärksten Schauerzeit pro Sekunde bis zu fünf oder sechs Sternschnuppen registriert wurden. Eine Statistik der Sternwarte Hamburg-Bergedorf verzeichnet 300 um 20^h50^m, 345 um 21^h00^m, 342 um 21^h05^m, 335 um 21^h10^m, um 21^h30^m immer noch 92, und noch 22^h30^m, also fast zwei Stunden später, waren es immer noch 8 Objekte. Der Anfang der Statistik liegt mit 20 Objekten bei 19^h50^m. Wohlgemerkt, das sind Zahlen *pro Minute!*

Der ungewöhnlich reiche Schauer war also auf eine verhältnismäßig kurze Zeit beschränkt. Rund zwei Stunden dauerte das Ganze, und der verwirrende Höhepunkt war auf etwa eine halbe Stunde zusammengedrängt.

Anderntags wurden in der Schule natürlich die Lehrer geplagt: „Was war das gestern nacht?" Die Armen waren größtenteils hilflos. Einige Tage später tat uns dann ein Studienrat kund und zu wissen, die Erde sei mit einem Kometen zusammengestoßen. Genaueres wisse man allerdings nicht.

Genaueres weiß man inzwischen längst. Man wußte es auch damals schon. Man wußte ebenso, daß ein direkter Zusammenstoß mit einem Kometen nicht zur Diskussion stand, aber ganz genau, daß ein solcher seine Finger im Spiel hatte. Es war der Komet Giacobini-Zinner, einer aus dem großen Kreis der Jupiter-Familie, der mit 6,5 Jahren Umlaufzeit um die Sonne schon seit dem Jahr 1900 bekannt war. Seine Wiederkehr wurde jedoch nur 1913 und 1926 beobachtet. Im Jahr 1933 ging er im Sommer durch die Sonnennähe. Wiederaufgefunden wurde er allerdings schon im April. Die Erde passierte an diesem denkwürdigen 9. Oktober recht genau ‚schienengleich‘ (!) die Schnittstelle ihrer Bahn mit der Kometenbahn. Der Komet selbst aber war schon Monate zuvor darübergelaufen.

Nun wissen wir von Kometen, daß sie sehr labile Burschen sind. Von vornherein haben sie keine stabile Kugelsubstanz wie etwa die Erde oder auch der Mond. Als kosmisches Trümmerzeugs — wenn dieser Vulgärausdruck erlaubt ist —, mit Gas vermischt, zeitweilig gefroren, zeitweilig aufgetaut und durcheinanderwirbelnd — so kennen wir die Kometen. Kommen sie in die Nähe eines klotzig aufprotzenden Planeten, dann lassen sie Haare. Erst recht beim Durchgang durch die Sonnennähe. Die Schwerkraft der übermächtigen Partner reißt ihnen Fetzen aus dem Kleid. Gaswolken, Staubwirbel und größere Brocken werden vom Anziehungszentrum des Kometen abgezogen. Meist geraten diese Trümmer aber keineswegs auf neue Wege. Sie laufen nach der Zerzausaktion ganz oder beinahe auf der alten Bahn hinter dem Kometen her.

Im Laufe der Zeit zieht so der Komet ein langes Gefolge von Krümeln hinter sich her, und wenn wir ein paar hunderttausend Jahre Geduld haben, können wir feststellen, daß der Komet kein Komet mehr ist. Er hat sich auf die ganze Länge seiner Bahn ‚zerkrümelt‘. Gibt es nun einen Schnitt-

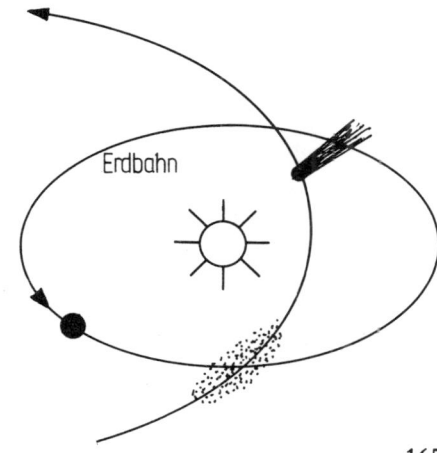

Erdbahn und Bahn des Kometen Giacobini Zinner im Jahre 1933. Die Erde gerät in den dem Kometen nachfolgenden Pulk von Zerfallsprodukten

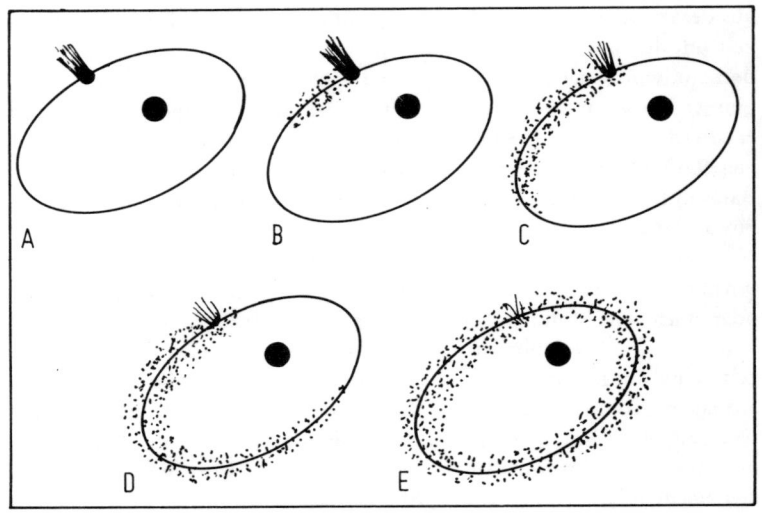

Im Laufe der Zeit löst sich der Komet auf und verstreut sein Material auf seiner
ganzen Bahn

punkt zwischen Erdbahn und Kometenbahn, dann erreicht die Erde
diesen Punkt jedes Jahr etwa um dieselbe Zeit, und sie fliegt durch die
Trümmerwolke wie ein Fußball durch einen Mückenschwarm.

Was passiert? Die Partikeln der Trümmerwolke — größtenteils staub-
korngroß, gelegentlich aber auch größere Steinbrocken — werden von
der Erde regelrecht aufgefangen. Die Erde selbst hat eine Geschwindigkeit von rund 30 km pro Sekunde. Das kosmische Steinchen ist aber
nicht reglos dagestanden wie der Fahrgast an der Bushaltestelle. Es
hatte auch seine Bewegung. Was für Wirkungen herauskommen, wenn
zwei Bewegungen sich summieren, kann jeder deklamieren, der schon
einmal einen Autozusammenstoß erlebte. Die Geschwindigkeit gegenüber der Erde, mit der ein Partikel in unsere Lufthülle eintritt — man
nennt sie die geozentrische Geschwindigkeit —, liegt im allgemeinen
zwischen 20 und höchstens 70 km pro Sekunde. Man muß sich das einmal vorstellen!

Rechnen wir einmal mit 50 km pro Sekunde! Das entspricht einer Stundengeschwindigkeit von 180 000 km! Machen Sie einen Gedankenversuch und bilden Sie sich ein, ein sagenhafter Autokonstrukteur habe Ihrem Wagen einen Motor eingebaut, mit dem Sie diese Stundengeschwindigkeit fahren können. Gut, Sie fahren — ohne ins Weltall geflogen zu sein, was bei 180 000 km/h zwangsläufig die Folge wäre. Sie wollen wieder nach Hause, ein Bier trinken — kurz, Sie treten auf die Bremse. Was glauben Sie wohl, was sich da bei den Bremsbelägen abspielt? Sie wissen es. Sie brauchen noch keine 180 000 km/h, es genügen 120: Wenn Sie eine Schnellbremsung machen müssen, dann qualmt es. Die Bremsbeläge werden durch die Reibung heiß, ja, sie können sogar glühen.

Ein Stückchen Stein aus dem Weltall, das in unsere Lufthülle gerät, wird durch die dichte Luft mittels Reibung gebremst. Endeffekt: Erhitzung! — Noch späterer Effekt: Aufglühen!

Jetzt kommt aber noch ein weiterer Punkt dazu! Wenn Ihre Autobremsbeläge zu stinken anfangen, weil Sie zu brutal gebremst haben, dann stinken sowohl die auf den Bremstrommeln wie auch die in der Radfelge. Schließlich haben beide dieselbe Reibung mitgekriegt. Warum soll also nur das Steinchen, das da mit 50 km/sec in unsere Atmosphäre gerät, aufglühen? Die Luft, die als ‚Gegenbremstrommel‘ gewirkt hat, wird ja auch ganz schön heiß, sie glüht auch mit, Ionisationsleuchten der Gasatome kommt mit dazu, und das Ganze, glühender Stein und mitglühende Umgebungsluft, das sehen wir als Lichtfunken über den Himmel schießen. Wir nennen diese Lichterscheinung und eben nur die Lichterscheinung am Himmel ‚das Meteor‘.

Gestatten Sie, daß ich hier so betont definiere. Die Lichterscheinung am Himmel ist das Meteor, auch wenn der Duden seit 1961 sowohl ‚das‘ wie ‚der‘ zuläßt. Die Duden-Leute waren hier zu großzügig. Mit dem Artikel ‚der‘ wird in der Astronomie nämlich ‚der Meteorit‘ geziert. Der Meteorit ist aber der materielle Inhalt der Leuchterscheinung, der glühende

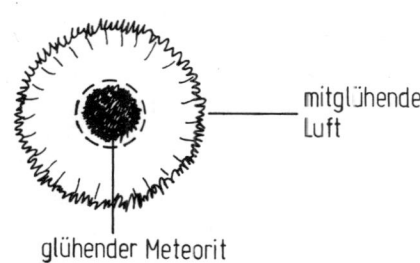

mitglühende Luft

glühender Meteorit

Gesteinsbrocken. Der eventuelle Rest, der, weil er keine Zeit hatte, bei seiner Reise durch die irdische Luft völlig zu Gasrückständen zu verpuffen, nun gefunden und ins Museum getragen werden kann — das ist der Meteorit, deutlich unterschieden von der Leuchterscheinung am Himmel, die das Meteor ist.

Soviel zur sprachlichen Definition. Zurück zur Wirklichkeit. Der Sternschnuppenfall vom 9. Oktober 1933 war Ausnahme und Regel zugleich. Ausnahme insofern, als es im ganzen seitherigen 20. Jahrhundert keinen vergleichbar heftigen Sternschnuppenschwarm, der in Mitteleuropa günstig zu beobachten gewesen wäre, gegeben hat. Regel insofern, als es ein klarer Fall von abgespaltener Kometenmaterie war, die dem Kometenkopf, wenn auch mit Abstand, nachlief. In diesem Fall dürfte die Trennung der als Sternschnuppen in Erscheinung tretenden Wolke wohl noch nicht zu lange zurückgelegen haben, denn die Wolke war noch recht kompakt und dicht beisammen. Zwei Stunden genügten der Erde, um durch den Schwarm zu kommen.

Andere Sternschnuppenschwärme sind sehr viel mehr ‚verschmiert‘. Bei den berühmten Perseiden, die Mitte August jeden Jahres passiert werden, dauert er wenigstens vom 10. bis 15. August. Vorläufer und Nachzügler sind während des ganzen Augustmonates zu beobachten. Allerdings ist die Dichte in keinem Augenblick so stark wie seinerzeit im Oktober. Man verzeichnet bei großer Aufmerksamkeit bis zu 100 Objekte pro Stunde! Darunter sind allerdings öfters sehr helle ‚Knüller‘. Wer Mitte August einen geruhsamen Abendspaziergang macht, kann, wenn das Wetter eine Beobachtung zuläßt, sehr wohl jupiter- oder venushelle Meteore erwischen.

Einmal hatte ich das Glück, in einer solchen Nacht ein praktisch vollmondhelles Objekt zu sehen. Ich stand mit einer Jugendgruppe aus einem Ferienheim auf einem Aussichtspunkt und erklärte die Sternbilder, als plötzlich ein Lichtschein wie der einer Leuchtrakete aufflakkerte. Man sollte es nicht glauben, wie schnell man in einem solchen Fall zu reagieren in der Lage ist. Alle Köpfe schwenkten in die Richtung des aufflammenden Lichtes, und wir sahen noch ein bis zwei, vielleicht drei Sekunden lang eine grelle, weißblaue, funkensprühende Leuchterscheinung, die einen durchaus flächenhaften Eindruck machte, schräg über den Himmel ziehen. Abrupt erlosch sie; aber wo sie ihre Bahn gezogen hatte, stand eine lange Rauchspur am Himmel.

Unsereiner reagiert in so einem Fall automatisch. Ich begann zu zählen: „Einundzwanzig — zweiundzwanzig — dreiundzwanzig... usw.", kurz, die bekannte Sekundenzählerei. Ich kam auf etwa 100 Sekunden, also über eineinhalb Minuten, bis ich abbrach, weil ich fest-

Aufleuchten eines hellen Meteors und langsames Auflösen seines Schwei²es. Am dahinter sich weiterdrehenden Sternhimmel sieht man, daß der Vorgang sich in unserer unmittelbaren Nähe in der Atmosphäre abspielt

stellte, daß der Rauchschweif sich endgültig verflüchtigt hatte. Mitbeobachter behaupteten zwar weiterhin, immer noch Spuren zu sehen, aber da spielt häufig Selbsttäuschung mit. Man muß auch den Mut haben, selbstkritisch zu sein.

In der einschlägigen Literatur wird von Meteorschweifen berichtet, die über eine Stunde sichtbar waren. Vor noch gar nicht zu langer Zeit, als es noch keine Raketenforschung gab, waren solche Meteorschweife die einzigen Anhaltspunkte für Luftströmungen in großen Höhen, denn ein längere Zeit hindurch beobachtbarer Meteorschweif verformt sich. Die Umgebungsluft treibt ihn auseinander, und der Beobachter hat die seltene Gelegenheit, sich einzubilden, er habe einen Kinderdrachen an einem 100 km langen Seil steigen lassen, um an seinem Hin- und Herpendeln die Luftbewegung da oben zu studieren.

Doch zurück zu meiner Jugendgruppe. Die Aufregung war groß. Allenthalben konnte man hören: „Ein Komet — ein Komet!" Da hatten wir die Verwechslung wieder auf dem Tisch des Hauses. Natürlich hatte noch keines der Kinder einen Kometen gesehen, und es kostete mich später im Zimmer des Ferienheimes noch lange Erklärungen, um den Unterschied zwischen Komet und Meteor klarzulegen.

Für den Unkundigen, der zwar schon Kometenbilder gesehen hat, aber noch keinen dieser Burschen in Wirklichkeit, liegt die Verwechslungsmöglichkeit auf der Hand. Heller Kopf, deutlicher leuchtender Schweif, Funkensprühen usw., das paßt so schön zum landläufigen Kometenbild. Es kostet immer Mühe, dem Laien klarzumachen, daß ein Komet einige -zigmillionen Kilometer von uns entfernt im Weltall steht, während die Meteorerscheinung in unserer unmittelbaren Nähe, vielleicht 70 bis 100 km hoch in der Lufthülle unserer Erde, aufleuchtet. Ich könnte viele Buchseiten füllen, wenn ich über alle Gespräche, vor allem Telefonate, berichten wollte, die sich mit solchen Beobachtungen verbinden. Als Beispiel will ich aber ein besonderes Kuriosum ausführlicher schildern.

Es war am 23. Februar 1971. Das Datum ist deshalb besonders interessant, weil es ausgerechnet der Fastnachtsdienstag war. Es war etwas nach 20 Uhr, als ich den ersten Anruf bekam. Eine aufgeregte Stimme fragte, ob ich etwas von dem Kometen wisse, der niedergegangen sei. Ich erklärte geduldig, daß ein Komet nicht niederzugehen pflege, daß allenfalls ein helles Meteor in Frage komme ... Da ließ mich der Anrufer gar nicht erst ausreden. „Dann muß das ein abstürzendes Flugzeug gewesen sein! Ich muß sofort die Polizei alarmieren!" Sprach's und legte auf.

Von nun an war der Teufel los. Immer wieder klingelte es. Mehrere Anrufer waren der Meinung, es handle sich um eine übergroße, irgendwie lebensgefährliche Faschingsrakete, und verlangten schlichtweg, daß die Sternwarte, die ja durch solchen Unfug gestört würde, etwas Amtliches dagegen unternehme. Zwischendurch rief die Landespolizei an. Man hatte von verschiedenen Stellen die Version vom abstürzenden Flugzeug gehört und mit Streifenwagen die jeweils angegebene Geländegegend abgefahren. Fazit: „Fragen wir mal bei der Sternwarte, ob ein Komet . . . usw."

Die Flugsicherungsstelle des Stuttgarter Verkehrsflughafens fragte desgleichen, denn auch dort war nach dem abgestürzten Flugzeug gefragt worden, und die Leute vermißten partout keines. Noch mehr als zwei Stunden später wollte mir eine Frau klarmachen, daß das ‚Ding' in ihrer unmittelbaren Nachbarschaft, ‚gleich hinter dem Wald', heruntergekommen sei. Ihr Mann habe sofort das Auto flottgemacht, und sie seien dorthin gefahren. Es habe auch so ein eigenartiger Geruch in der Luft gelegen, aber weil es dunkel und das Gelände ein frisch umgepflügter Acker war, konnte man ja nicht auf die Suche gehen.

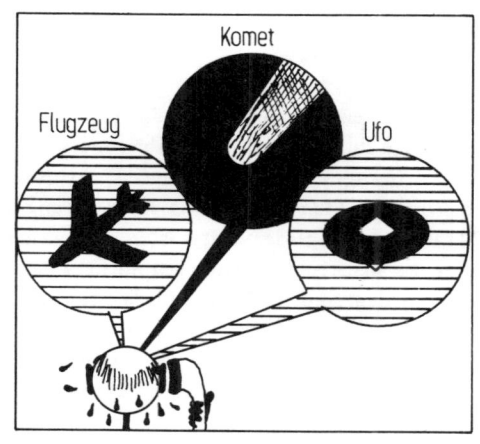

Die Leute haben sich Mühe gegeben, sicher! Aber gerade hier zeigt sich wieder einmal, was Selbstsuggestion bedeutet. Ich meine die Sache mit dem Geruch. Der war mit Sicherheit nicht vorhanden. Man erwartete ihn aber und war davon überzeugt, daß es ihn gegeben habe. Dasselbe gilt auch für den Knall. Wer ein helles Meteor platzen sieht, glaubt einfach unbedingt daran, daß ein solches Geschehen mit einem Knall verbunden sein muß. Drum hört er ihn auch. Zeigt ein solches Objekt Effekte wie Funkensprühen oder zieht einen eventuell sekundenlang sichtbaren Schweif nach sich, dann löst dies im Gehirn des überraschten Beobachters automatisch die Assoziation eines akustisch hörbaren Zischens aus. Wer den Vorgang gesehen hat, schwört später in voller Überzeugung auf sämtliche Bibeln der Welt, zuerst habe es gezischt, dann geknallt und anschließend habe es merkwürdig gerochen, „so wie Ozon...", obwohl die meisten, die solches behaupten, gar nicht wissen, wie Ozon riecht.

Es gibt in der einschlägigen Literatur Berichte, die von Geräuschwahrnehmungen sprechen. Ich bin auch dann in solchen Fällen skeptisch, wenn renommierte Fachleute sich dafür verbürgen. Zu sehr sprechen die realen Umstände dagegen. Doch darauf komme ich später noch zurück. Zunächst sei das Faschingsmeteor von 1971 abgeschlossen.

Am nächsten Tag folgten natürlich noch eine Reihe weiterer Anrufe. Ich hatte mir inzwischen ein Prüfungssystem ausgedacht. Erste Frage: Beobachtungsort, zweite Frage: Flugrichtung. In den meisten Fällen wurde die Flugrichtung als in Richtung eines Nachbarortes, einer Straße oder ähnlich beantwortet. Bei solchen Gelegenheiten zeigt sich, daß die meisten Menschen gar nicht wissen, wo von ihrem Wohnort aus Norden, Süden, Osten oder Westen zu suchen ist. Das ist eine interessante Nebenbeobachtung, die man ‚eben so' mitkriegt.

Es war kein Problem, auf einer Landkarte die von den Beobachtern angegebenen Flugrichtungen einzutragen. Und siehe da: Gleichgültig, woher die Meldungen kamen, die Flugrichtungen waren übereinstimmend parallel. Für mein näheres Einzugsgebiet, den Großraum Stuttgart, zielte die Flugrichtung generell nach Südwesten. Ein weiter entfernter Anrufer aus Freudenstadt im Schwarzwald sprach von der Richtung Wolfach, was haargenau dem oben Gesagten entspricht. Noch zwei Tage später las man in Zeitungsberichten, daß vom Mineralogischen Institut der Universität Heidelberg Suchexpeditionen in die Pfalz geschickt wurden, weil man glaubte, dort Überreste des Meteors finden zu können. Die Richtung war wieder eindeutig Südwest.

Die Expedition hätte gespart werden können, wenn die einschlägigen Stellen schon am 24., also einen Tag danach, den Sender Straßburg gehört hätten. Er berichtete nämlich über das Himmelsschauspiel, das

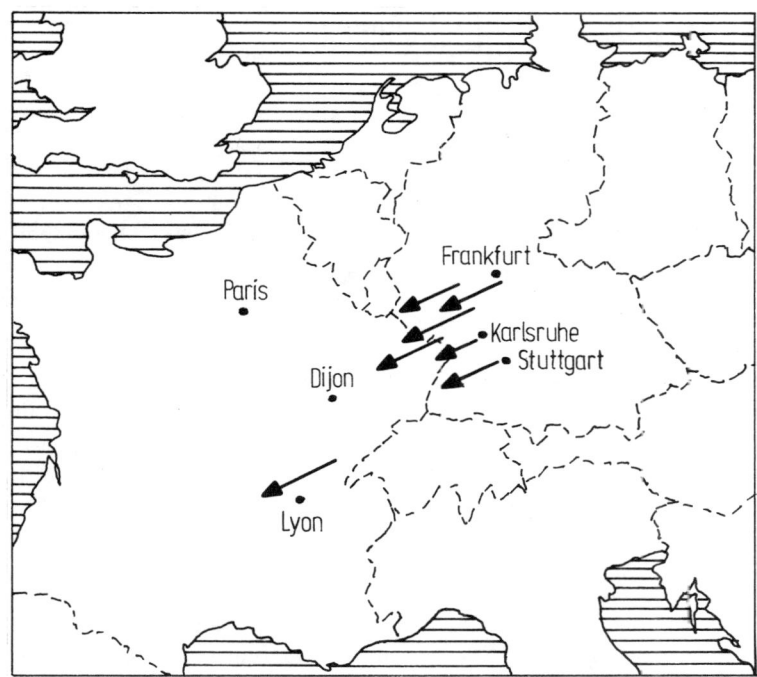

über ganz Frankreich, unter anderem auch von Lyon aus, beobachtet wurde. Wo das Ding herunterfiel, wenn überhaupt etwas davon übrigblieb, weiß bis heute noch keiner. Meiner Schätzung nach hat es den Weg bis zur Biskaya geschafft und badet seitdem im Atlantischen Ozean. Gerade dieses Objekt hat auch in Fachkreisen Diskussionen ausgelöst. Nach allen Beobachtungen, die ausgewertet werden konnten, war die Bahn ungewöhnlich flach. Man dachte daher an einen verglühenden Satelliten, dessen Bahn schon zuvor vergleichsweise parallel zur Erdoberfläche gelegen habe, fand aber unter den amtlich registrierten keinen, dessen Bahndaten dazu paßten. Aber schließlich darf man die

173

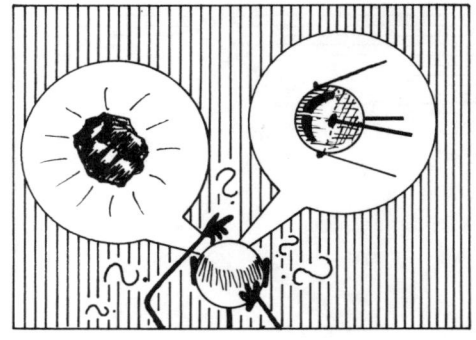 Frage stellen, wieso jeder Meteorit aus dem Weltraum verpflichtet sein muß, in steiler Kurve zur Erdoberfläche zu fallen? Warum soll so ein Brocken nicht auch mal flach herankommen?

Und da sind wir bei der Frage angelangt: „Was geht nun wirklich vor?"

Der Vergleich mit dem Fußball, der durch einen Mückenschwarm fliegt, war schon fällig. Nehmen wir einen zweiten Vergleich. Es ist der mit dem Auto im Schneegestöber. Wer sich durch ein solides Schneegestöber per Auto quält, hat den Eindruck, daß die Flocken partout von vorn her auf seine Windschutzscheibe zukommen. Noch eines scheint gewiß. Die Flocken kommen alle von einem Punkt und streben zur Seite auseinander. Da jeder weiß, daß die Flocken im allgemeinen von oben nach unten fallen, und da auch noch dunkle Erinnerungen an Schulerfahrungen in Geometrie herumgeistern, weiß man, daß das Ganze vorgetäuscht wird. Die Flocken scheinen nur von vorn zu kommen,

Ein Auto fährt durch Schneegestöber. Der Fahrer hat den Eindruck, alle Flocken kämen von einem Ausstrahlungspunkt auf ihn zu

weil der Wagen auf sie zufährt und die eigene Bewegung somit die Flockenbewegung vortäuscht. Der Punkt, von dem sie alle auszustrahlen scheinen, ist der Zielpunkt unserer eigenen Fahrt. Er liegt immer genau in der Richtung, in der die Straße verläuft, bis auf die Fälle — ja, das kann auch vorkommen —, in denen ein starker Wind die Flocken wirklich ziemlich waagrecht von der Seite über die Straße treibt. Dann liegt ihr ‚Ausstrahlungspunkt‘ nicht in der Fluchtrichtung der Straße, sondern mehr oder weniger links oder rechts seitlich, weil die Eigenbewegung der Schneeflocken und unsere eigene Fahrtrichtung sich überdecken.

Genau das passiert mit dem Fußball Erde im Weltraum und den Mükken oder Schneeflocken, dem ‚Meteoritenschwarm‘ im Weltall. Beide haben Geschwindigkeiten, die miteinander konkurrieren können. Darum liegt der Fluchtpunkt, von dem aus die Sternschnuppen zu kommen scheinen, nicht genau in der Bewegungsrichtung der Erde, sondern ist irgendwie, je nach der Eigenbewegung des Schwarmes, verschoben.

Es gibt da übrigens schöne Fachwörter. Dieser scheinbare Ausstrahlungspunkt heißt Radiationspunkt. Der Sprachgebrauch hat daraus die Kurzform ‚Radiant‘ gemacht. Die Lage dieses Radianten machen sich nun die Astronomen zunutze. Liegt er beispielsweise bei einem bestimmten Sternschnuppenschwarm im Sternbild Perseus, dann heißt besagter Schwarm die ‚Perseiden‘, liegt er im Löwen, dann sind das die ‚Leoniden‘, liegt er im Wassermann, dann sind es die ‚Aquariden‘ usw. Hier kann ich mir eine kleine Abschweifung nicht verkneifen. Es gibt auch einen, wenn auch wenig auffälligen Sternschnuppenschwarm, dessen Radiant im Sternbild Cepheus liegt. Folglich heißen diese Sternschnuppen ‚Cepheiden‘.

Weitab von der Sternschnuppenastronomie, in den höheren Sphären der Astrophysik, gibt es aber für die Entfernungsmessung höchst wichtige veränderliche Sterne (s. Seite 49), die nach dem Prototyp amtlich als ‚Delta-Cephei-Sterne‘ bezeichnet werden. Im an Kurzformen interessierten Sprachgebrauch hat sich nun die Bezeichnung ‚Cepheiden‘ für eben diese Sterne eingebürgert, und so wird sie eben für diese Veränderlichen gebraucht, trotz hartnäckigen Widerstandes der Sternschnuppenfachleute. Immerhin ist zu hoffen, daß der Satzzusammenhang jeweils zeigt, was gemeint ist.

Da haben wir sie also, die Perseiden, die Leoniden, die Geminiden, die

175

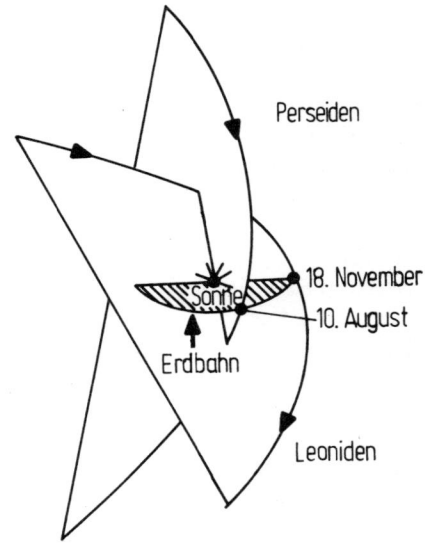

Perseiden

18. November
10. August
Erdbahn
Leoniden

So liegen die Bahnen der Persei-
den- und Leoniden-Meteore in
Bezug auf die Erdbahn. Genaue
Kreuzungspunkte sind am 10. August und am 18. November markiert. Da aber die Sternschnuppenschwärme sehr auseinandergezogen (verschmiert) sind, streuen die
Sichtbarkeitschancen um etliche
Tage zuvor und danach

Pisciden, die Draconiden und
... und ... und. In langer,
sich über viele Jahre und
Jahrzehnte hinziehender Be-
obachtungsarbeit hat man
sorgfältig Statistiken erstellt,
die recht genaue Übersichten
über die Bahnlagen der einzelnen Schwärme liefern. In
vielen Fällen konnte die Identität mit bekannten Kometenbahnen oder
zumindest ihre nahe Verwandschaft bewiesen werden. In anderen Fällen liegen Beziehungen zu den Bahnen von Kleinplaneten vor.
Wieder andere gelten als ‚sporadisch‘. Es sind einzelne Meteore, die
keine erkennbare Beziehung zu einem Schwarm zeigen, auch durchaus
nicht mit einem Kometen oder einem Kleinplaneten in Verbindung gebracht werden können, die aber doch, aus irgendeiner irregulären Richtung kommend, aufgetaucht sind, ihren kurzen Weg als verglühender
Weltenfunke durch die irdische Atmosphäre gemacht haben und bos-
haft genug waren, keine Visitenkarte mit ihrer Heimatanschrift zu hinterlassen.
Sie entstammen vielleicht dem Raum außerhalb des Sonnensystems.
Wir sehen ja die leuchtenden Gasnebel, wie z. B. den großen Gasnebel
im Orion (s. Seite 254). Wir wissen, daß er nicht nur aus Gas, sondern
auch aus Staub besteht. Warum soll dieser Staub nur dort sein, wo er
uns dadurch auffällt, daß er Teile eines leuchtenden Nebels ver-
schleiert? Daß der Weltraum, den wir, unsere Erde, unsere Sonne und
alle Planeten, die mit uns reisen, durcheilen, völlig leer ist, hat sich
längst als eine Fiktion erwiesen. Den absoluten luftleeren, sozusagen

176

völlig keimfreien Raum ohne jedes Gasatom und ohne jedes Staubkorn, den gibt es nicht. Vielleicht entstammen die keiner Gruppe zuzuordnenden sporadischen Meteore diesem ‚Streumaterial‘ des Weltraumes. Vielleicht sind sie aber auch letzte Überbleibsel eines im Laufe von Jahrtausenden aufgebrauchten Schwarmes, der als solcher gar nicht mehr erkennbar ist.

Doch jetzt ist etwas nüchterne Sachanalyse nötig — trockener Sand, ich gebe das zu —, aber das Bild soll abgerundet werden. Nehmen wir wieder einmal den Fußball und den Mückenschwarm. Etliche Mücken werden voll, frontal getroffen. Andere kommen nur streifend in Ballnähe. Zwischensituationen gibt es allenthalben. Der Beobachter sieht Objekte mit meist kurzen Bahnspuren nahe dem Radianten, und er sieht solche, die vom Radianten weit abliegen (es sind die mehr streifenden). Ihre Spur aber, zeichnet man sie in die Sternkarte ein und verlängert sie vom Aufglühpunkt nach rückwärts, führt immer zum Radianten.

Kurz, wir haben eine Vielzahl von Objekten, die sich alle auf einen Radianten zurückführen lassen. Alle treffen unsere Lufthülle unter einem mehr oder weniger schrägen Winkel. Und alle werden in der Lufthülle in die Zange der Bremsklötze genommen. Sie werden langsamer, glühen dabei auf und erreichen schließlich einen Punkt, an dem sie eigentlich stehenbleiben müßten.

Die Bremsbacken haben gewirkt. Das Auto steht. Im astronomischen Sprachgebrauch spricht man davon, daß die ‚kosmische Geschwindigkeit‘ aufgezehrt ist. Jetzt dürfte der Meteorit sich eigentlich ausruhen, kann es aber leider nicht, weil ihm keiner einen Stuhl anbietet. Er befindet sich in etwa 60 bis 80 km Höhe in der Luft. Was tun?

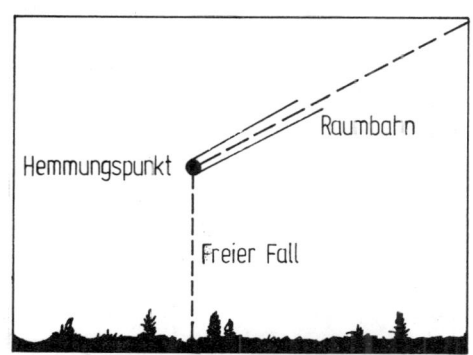

Der Meterorit nähert sich mit kosmischer Geschwindigkeit, wird dann abgebremst, und vom Hemmungspunkt an unterliegt er nur noch der Schwerkraft

Die Fachsprache nennt diesen Bahnpunkt, an dem der Meteorit hilflos wird, weil seine ganze Eigenbewegungsenergie aufgefressen ist, den ‚Hemmungspunkt‘. Von jetzt an ist der Meteorit nur noch äußeren Einflüssen ausgesetzt. Konkret ausgedrückt heißt dies: Er folgt der Schwerkraftanziehung der Erde und fällt herunter. Es ist ein weit verbreiteter Irrtum zu glauben, die Erde angle sich gleichsam mittels ihrer Anziehungskraft die Meteoriten aus dem Weltraum, sie zöge sie schon aus großer Entfernung an sich heran. Das stimmt nicht. Es sind — denken wir doch wieder an den Fußball — regelrechte Zusammenstöße. Erst wenn die Bremsung in der Atmosphäre die Eigenbewegung des Meteoriten aufgefressen hat, tritt die Erdschwerkraft voll in Funktion. Am Hemmungspunkt ist darum auch die große Geschwindigkeit, die zum Aufglühen geführt hat, verbraucht. Die Fallgeschwindigkeit, die nun folgt, ist vergleichsweise langsam. Der Glühvorgang ist beendet, und der Rest fällt als dunkler Körper zu Boden. Meist kommt es gar nicht so weit, weil das Staubkorn oder kleine Steinchen schon zuvor in Verbrennungsgase aufgelöst wurden. Bleibt aber noch ein gehöriger Brocken zurück, dann fällt er so zu Boden wie ein hochgeworfener Stein, der den Gipfelpunkt seiner ballistischen Bahnkurve überschritten hat. Plumps — da liegt er!

Wer ein glühendes Meteor hinter den nächsten Bäumen verschwinden sieht, verfällt leicht in den Irrtum, er müsse gleich hinter diesen Bäumen die Überreste finden. Nichts ist mehr falsch. Oft und oft habe ich schon das Beispiel vom Flugzeug herbeten müssen. Eine Düsenmaschine, die einen Kondensstreifen hinter sich herzieht, verfolgen wir bei ihrem Flug über uns bis weit hin zum Horizont. Je näher sie dem Horizont kommt, um so weiter ist sie von uns weg, und wenn der letzte Kondensstreifenrest dicht am Horizont verschwindet, dann wissen wir, daß das Flugzeug zwar noch durchaus weiterfliegt, aber eben aus unserem Gesichtskreis verschwunden ist, weil es weit genug von uns weg ist. Je nach Flughöhe mögen das mehr als 100 km sein.

Wer so etwas am Taghimmel sieht, betrachtet das als selbstverständlich. Die Maschine ist eben über uns weg und damit vorbeigeflogen. Wer aber am Nachthimmel ein leuchtendes Meteor am Horizont, der womöglich noch durch einen Wald kaschiert ist, verschwinden sieht, der glaubt, gleich dort müsse er die Reste finden. Daran, daß hier derselbe beobachtungstechnische Effekt wie bei dem Flugzeug vorliegt, denkt er

Verschwindet das Meteor hinter dem Gehölz (links), glaubt der Beobachter, gleich hinter den Bäumen danach suchen zu müssen. Erlischt das Meteor (rechts) in einiger Höhe, glaubt niemand, nach den Resten suchen zu müssen

nicht. Zudem ging ja alles viel schneller als bei dem Flugzeug. Trotzdem ist das verschwindende Meteor viel weiter entfernt als das verschwindende Flugzeug, weil die Leuchterscheinung in viel größerer Höhe auftritt, als irgendein Flugzeug zu fliegen pflegt. Denken wir an das Faschingserlebnis von 1971. Überall in Westdeutschland hat man danach gesucht, und in ganz Frankreich wurde es noch gesehen.

Ich habe schon die etwas überspitzte Formulierung gebraucht: „Sehen Sie das Ding hinter den Bäumen verschwinden, ist es weit weg. Alle Aufregung lohnt sich nicht. Erlischt es aber senkrecht über Ihnen am Himmel, dann nehmen Sie den Kopf weg, denn dann fällt es nur noch runter."

Natürlich ist das überspitzt gesagt, charakterisiert aber ungefähr die Gesamtsituation.

Das Gebiet der Meteorastronomie ist äußerst vielfältig. Beobachtungsberichte sind meist sehr widersprüchlich, und das ist kein Zufall. Jede andere Himmelserscheinung kann man mit einiger Sicherheit vorausberechnen. Dann legt man sich eben auf die Lauer. Denken wir an die doch durchaus unregelmäßig auftretenden Kometen. Irgendwann werden sie eben doch entdeckt, und dann sind sie so freundlich und bleiben einige Zeit am Himmel, so daß man nach der ersten Entdeckungsüberraschung neuerlich an die Beobachtung gehen kann. Selbst vergleichsweise kurzfristige Erscheinungen, wie z. B. ein in unseren geographischen Breiten seltenes Nordlicht, halten sich eventuell stundenlang. Die Sternschnuppe aber ist in Sekundenschnelle erloschen. Kleine Sternschnuppenfünkchen bringen es noch nicht einmal auf ganze Sekunden. Helle Meteore sind über eine längere Wegstrecke zu sehen. Das kann mehrere Sekunden dauern. Trotzdem ist derjenige, der so etwas wahrnimmt, zunächst überrascht, und bis er begriffen hat, was sich abspielt, ist der Spuk schon wieder vorbei.

Es mutet darum beinahe komisch an, wenn in Anleitungen zur Sternschnuppenbeobachtung steht, auf was man alles achten muß. Da geht es um das Sternbild, in dem das Objekt auftritt, um die Flugrichtung, also etwa Richtung Norden, Osten, Südwesten oder dergleichen, um die Schräge der Flugbahn zum Horizont, um die Winkelhöhe über dem Horizont, a) beim Aufleuchten, b) beim Erlöschen. Je genauer der Aufleuchtpunkt und der Hemmungspunkt bezüglich der benachbarten Fixsterne beschrieben werden kann, um so besser ist es. Die Helligkeit in Sterngrößenklassen gehört natürlich auch dazu. Etwaige Helligkeitsschwankungen sind nicht zu vergessen, und falls man daran denkt — doch das ist eigentlich selbstverständlich bei jedem Sterngucker —, die Uhrzeit (möglichst sekundengenau) darf nie fehlen.

Das alles soll man in wenigen Sekunden erkennen! Unmöglich? Sie werden lachen. Spezialisten können das. Es gehört aber schon große Übung dazu. Wer Spaß daran hat und die notwendige Geduld aufbringt — die Vokabel ‚Geduld' zieht sich durch die ganze Astronomie —, muß üben. Man fängt am besten zu einer Zeit an, zu der ein bekannter Meteorschwarm aufzukreuzen pflegt, also etwa zur Perseidenzeit Mitte August. Ausrüstung: Notizblock, gutgehende Uhr, Schreiber und eine stark abgeblendete Taschenlampe, die eben noch soviel Licht gibt, daß man nicht blind schreiben muß. Weitere Ausrüstung: Beobachtungsplatz mit weiter Sicht, ungestört von irdischen Lichtquellen. Vollmond sollte auch nicht gerade sein und — beinahe hätte ich es vergessen: möglichst gutes Wetter!

Mit Hilfe des oben genannten Ausrüstungsgegenstandes Geduld sollte es eine gute Jagdbeute geben. Viel Spaß!

Tafel 5. Die Planeten Saturn (oben) und Jupiter (unten); die Aufnahmen sind Fotos des Observatoriums auf dem Mt. Palomar (5-m-Spiegel)

Die Überreste . . .

Manchmal gerät man in peinliche Verlegenheit. Da hatte ein biederer Mann die Fahrt von einem Ort auf der Schwäbischen Alb bis Stuttgart auf sich genommen, eigens um bei der Geschäftsstelle der Sternwarte einen Stein vorzuzeigen und sich bestätigen zu lassen, daß es sich um einen Meteoriten handle. Er hatte weiter die Absicht, diesen Stein, der in seinen Garten gefallen war, seinem örtlichen Heimatmuseum als Ausstellungsstück zu stiften, und dazu brauchte er eine Beglaubigungsurkunde. Die wollte er gleich mitnehmen.

Der Stein war etwa faustgroß, schwarzgrau und für jeden, der nur entfernt etwas davon versteht, sofort als Bruchstück eines Schichtgesteines zu erkennen. Schichtgesteine sind aus Meeresablagerungen entstanden, und eben die Schwäbische Alb war einmal Meeresboden, nämlich des Jurameeres, und die dort anstehenden Gesteine sind vielfach mit Versteinerungen von Pflanzen und Tieren der Jurazeit durchsetzt. Eine solche Versteinerung fand sich zwar nicht auf dem Brocken, aber die Gesteinsart ließ sich auf Anhieb erkennen. Das Dumme war nur, daß mein Besucher felsenfest davon überzeugt war, daß das — wie er sich ausdrückte — ein ‚Himmelsstein‘ sei.

Das Indiz, das er als Beweis vorbrachte, war dies: Eines Abends hatte er auf dem Nachhauseweg mehrere Sternschnuppen gesehen, die alle in Richtung auf sein Haus gefallen seien. Am anderen Morgen fand er den Stein mitten in einem gepflegten Blumenbeet. Ein paar Stiefmütterchen hatte er kaputtgeschlagen. Nun brauchte er sein Dokument.

Tafel 6. Der Komet Bennett 1969 i. Oben in einer Aufnahme des Astroamateurs Th. Kleine aus Stade. Unten auf einer fast zum gleichen Zeitpunkt gewonnenen Aufnahme der Sternwarte Hamburg-Bergedorf

Ich konnte es ihm nicht geben. In diversen Variationen erklärte ich ihm, daß der Stein nie und nimmer ein Meteorit sein könne, daß man das schon am Äußeren erkenne und daß er höchstwahrscheinlich aus der unmittelbaren Nachbarschaft stamme. Ich stieß auf taube Ohren. Schließlich hatte mein Besucher ja die Sternschnuppen fallen sehen, und der Stein lag doch zwischen den geknickten Stiefmütterchen — na bitte! Ich wurde den Mann nur schwer wieder los, erst als ich ihn an das Mineralogische Institut der Universität Tübingen verwiesen hatte, und zwar mit der Begründung, dort hätte man die Mittel zu einer chemischen Analyse. Ob der gute Mann dort ankam und vielleicht behauptete, ich hätte den Stein als Meteorit identifiziert und er käme nur wegen der Urkunde, das weiß ich nicht. Möglich ist alles.
Der geschilderte Fall ist nicht der einzige, der mir unterkam. Meist genügte ein kurzer Augenschein, um festzustellen, daß der Brocken sicher kein Meteorit war. Einmal war ich aber nahe daran, den Meteoritencharakter zu bestätigen.
Es handelte sich um ein kleines Stück, einen ovalen, fast eiförmigen Brocken, dessen größter Durchmesser allenfalls 3 cm betrug. Er war

schwarz und hatte ein typisch ‚narbiges‘ Aussehen. Das heißt, daß seine Oberfläche weder glatt noch scharfkantig war, sondern rein gefühlsmäßig den Eindruck machte, daß hier eine flüssige Oberfläche erkaltet und dabei eventuell auftretende Blasen geplatzt waren und solche rundliche Narben hinterlassen hatten. Zudem war das Gewicht des Steines, verglichen mit seiner Größe, respektabel. Der äußere Anschein sprach daher für Meteoreisen. Eine Analyse konnte ich nicht durchführen. Der Fundort war ein Acker, und zutage war der Brocken beim Umpflügen gekommen.

Soweit gingen wenigstens die Aussagen des Finders. Ich verwies ihn, diesmal mit weit mehr Berechtigung als im oben geschilderten Fall, an besagtes mineralogisches Institut. Leider erfuhr ich nichts Weiteres über den Fall. Vielleicht war der Finder der Sache überdrüssig und verzichtete auf den Besuch in Tübingen, vielleicht bekam er einen negativen Bescheid, vielleicht sogar einen positiven. Ich weiß es nicht.

Auf jeden Fall muß gesagt werden, daß vom äußeren Ansehen her ein Urteil kaum gegeben werden kann. Es gibt zudem zwei Sorten von Meteoriten (genau gesagt noch mehr), die nur äußerlich ähnlich aussehen, sich aber in der chemischen Zusammensetzung grundsätzlich unterscheiden.

Nehmen wir zuerst die Eisenmeteoriten. Sie bestehen meist aus fast reinem Eisen. Ihr über 90 % betragender Eisenanteil ist allenfalls von wenigen Prozenten anderer chemischer Elemente ‚verschmutzt‘. Sie sind am eindeutigsten zu identifizieren.

Da gab es einmal, zu Beginn des 19. Jahrhunderts, in Wien einen Herrn Alois von Widmanstätten. Er experimentierte mit einem Meteoritenbrocken. Ein Experiment lief darauf hinaus, eine Schnittfläche mit Salpetersäure zu ätzen. So geschehen, zeigten sich regelmäßige geometrische Linien. Parallele Liniengruppen schnitten sich mit anderen Gruppen unter ganz bestimmten Winkeln. Dieses Phänomen, das auf der Erde gewonnenes und verhüttetes Eisen keinesfalls zeigt, beruht auf der besonderen Kristallstruktur des ‚Weltraumeisens‘. Die ‚Widmanstättenschen Figuren‘ sind also ein absolut sicherer Beweis für die Meteoriteneigenschaft eines solchen Brockens. Leider gilt das nur für Eisenmeteoriten.

Steinmeteoriten, deren Zusammensetzung wie die irdischer Gesteine sehr bunt gemischt ist und meist auf der Siliziumbasis beruht, zeigen

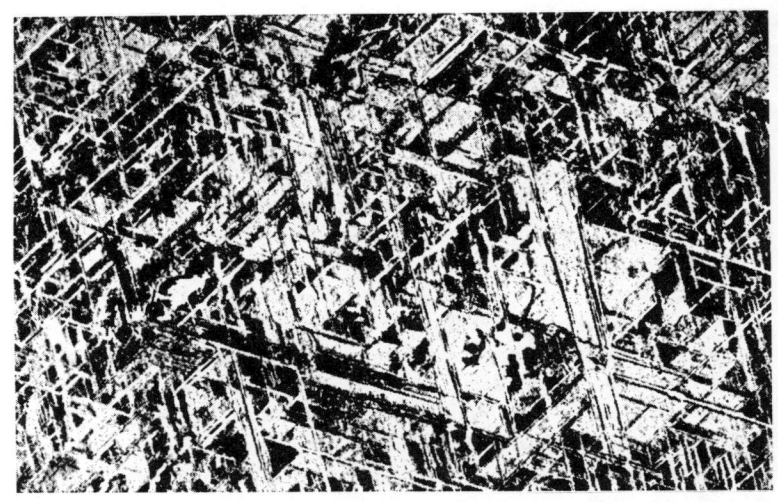

Ausschnitt aus einer geätzten Schnittfläche eines Eisenmeteoriten. Die Widmanstättenschen Figuren sind deutlich zu erkennen

keine solchen eindeutigen Merkmale. Wenn daher in Museen und geologischen Sammlungen weit mehr reine Eisenmeteoriten liegen als Steinmeteoriten, dann liegt das sicher nicht daran, daß sie häufiger sind, sondern daran, daß sie leichter als Meteoriten identifiziert werden können.

Brocken, die äußerlich auch die Schmelznarben zeigen und durchaus als Meteoriten eingestuft werden könnten, können, vor allem in unserem Zeitalter, leicht Industrieschlacken sein, Abfall irgendeines industriellen Schmelzvorgangs. Oft werden solche Schlacken dem Straßenschotter beigemischt, als Streugut verwendet usw. Wer kann, wenn so ein Brokken hin und her geschubst wurde, letztlich entscheiden, ob er aus dem Weltall oder aus einem höchst irdischen Hochofen stammt?

Das Identifizieren von Steinmeteoriten ist nur dann sicher, wenn der Fall beobachtet und unverzüglich das Gelände abgesucht wurde. Da ein solcher Meteorit zwar nicht mehr mit kosmischer Geschwindigkeit, aber doch mit einem recht ordentlichen Tempo auf dem Boden aufschlägt, pflegt er sich ins Erdreich zu bohren. Dann liegt er mehr oder weniger tief am Ende eines Tunnels oder Kraters. Findet man ihn möglichst kurz nach dem Fall, ist es wohl für jeden Geologen ein Kinderspiel, ihn als Fremdkörper im umgebenden Boden zu identifizieren. Ist das aber nicht der Fall und der Brocken kommt erst Jahre später, nachdem der Boden viele Male umgepflügt wurde, zum Vorschein, kann kein Mensch mehr sagen: Meteorit oder Schlacke?

Hält man so ein sicher identifiziertes Stück in der Hand, kann man doch gewisse eigenartige Gedanken nicht unterdrücken. Der Stein war vielleicht jahrmillionenlang im Weltraum unterwegs. In welcher Form? Wie groß war er ursprünglich? War er einmal Teil eines Kometen? Um es ganz romantisch auszudrücken: Welche unermeßlichen Tiefen des Weltraumes hat dieses Stückchen Materie schon gesehen?

Die meisten in den Vitrinen von Meteoritensammlungen liegenden Stücke sind klein. Es gab aber auch schon recht große Brocken. Allerdings gilt statistisch gesehen eben die Regel: Je größer, desto seltener. Etliche ursprünglich respektable Brocken wurden absichtlich zerschlagen. Teils geschah dies, vor allem in neuerer Zeit, um an verschiedenen Forschungsinstituten gleichzeitig Materialuntersuchungen vornehmen zu können. Was, zumal nachdem sich Laboranten der Sache angenommen haben, dann noch übrigbleibt, kann man sich ausmalen. Die Meteoriten teilen damit das Schicksal der Mondgesteine, die von den Apollo-Astronauten angeschleppt und dann auf verschiedenste Institute in aller Welt verteilt wurden, auf daß eine möglichst intensive Untersuchung gewährleistet sei.

Wenn wir schon bei den Mondgesteinen sind — es geht das Gerücht, daß die einzelnen Forschungsinstitute, die mit Mondgesteinsproben bedacht wurden, sich, gemessen an den unterschiedlichen Gewichtsmengen, die dies oder jenes Institut ‚zugeteilt' bekamen, eine Art von ‚Rangordnung' herauszulesen versuchten, nach der Melodie: „Ich kriege ein paar Gramm mehr Mondgestein als die anderen, also werde ich vorrangig eingestuft!"

Eben diese Rangordnung hat auch bei Meteoriten schon eine wichtige Rolle gespielt. So verzeichnet die Historie einen Meteoriten, der im Juli 1847 in der Gegend von Braunau zu Boden ging. Gefunden wurden zwei Brocken. Wahrscheinlich sind es Bruchstücke eines Originalobjektes, das durch die zwangsläufig in der Atmosphäre entstehenden Temperaturspannungen platzte. Die Fama spricht auch hier von Knallgeräuschen, doch da darf man, was den Wahrheitsgehalt betrifft, Zurückhaltung üben. Auf jeden Fall wurden zwei Meteoriten von zirka 23 und zirka 17 kg gefunden.

Die beiden Brocken kamen in die Obhut des Braunauer Benediktinerklosters. Dessen Abt ließ einen der Brocken ganz, den anderen ließ er zerschlagen und verteilte die Stücke je nach Größe. Das größte Stück, das nahezu 2½ Kilo wog, bekam das Hofmuseum in Wien. Weitere Stücke mit abnehmender Größe gingen nach Berlin, Breslau und Tübingen. Das Prager Museum erhielt zwei kleinere Stücke usw. In der Liste werden noch Empfänger registriert, deren Steinchen nur wenige Gramm wogen. Etliche der Bruchstücke wurden auch zu Tauschzwekken verwendet, nach dem Prinzip: „Gibst du mir etwas von deinem Meteoriten, kriegst du auch was von meinem."

Meteoritenmuseen pflegen hier tatsächlich wie die Briefmarkensammler einen schwunghaften Tauschhandel. Das führt natürlich zwangsläufig dazu, daß größere Objekte nicht in ihrer Urform erhalten bleiben, sondern zerschlagen werden. Dies läßt sich vor allem darum kaum vermeiden, weil man ja mit allen Mitteln physikalischer Materialprüfung und chemischer Analyse möglichst viel über die Zusammensetzung und die Struktur der Materialien erfahren will. Man bedenke! Es ist die einzige Möglichkeit, außerirdisches Material wirklich handfest zu untersuchen! Wenigstens *war* es die einzige Möglichkeit, bis die Apollo-Astronauten ein paar Eimer Mondstaub beibrachten.

Eben diesen Mondkrümeln kam es zugute, daß die Meteoritenspezialisten schon Methoden entwickelt hatten, die sie sofort nach Herzenslust

am Mondgestein erproben konnten. Da wird geschnitten, geätzt, geschliffen, mikroskopiert, unter raffinierten Beleuchtungen fotografiert usw., daß es eine wahre Pracht ist. Es ist also ganz gut, daß etliche gefundene Meteoriten zerschlagen wurden.

Manchmal haben aber

auch sie selbst etwas zerschlagen. Die Geschichte der Frau aus Kalifornien, die angeblich ihr Mittagsschläfchen auf der Couch in ihrem Wohnzimmer hielt und unsanft an ihrer Kehrseite von einem Meteoriten getroffen wurde, der zuvor das Dach durchschlagen hatte, ist natürlich eine Ente. Er hätte an der Hinterbacke der Madame mehr Spuren hinterlassen als den handtellergroßen blauen Fleck, den das geschäftstüchtige Wesen sogar im Fernsehen bewundern ließ.

Immerhin scheint es schon manchmal Gebäudeschäden gegeben zu haben, wenn auch die Chronikberichte darüber sehr mit Vorsicht zu genießen sind. Allzu leicht winden sich um eine so spektakuläre Sache wie einen Meteoritenfall sehr schnell Legenden.

Es gibt aber einige Stellen auf unserem Globus, wo die Spuren noch deutlich erkennbar sind. Von dem sibirischen Fall von 1908 war schon bei den Kometen die Rede. Der Hammerschlag, den die Erde da bekam, war schon von besonderer Wucht. Dreimal kreisten die Erdbebenwellen um die Erde, und die Geländeverwüstung, die erst runde 20 Jahre später untersucht wurde, war nicht von schlechten Eltern.

Es passierte am 30. Juni 1908. Reisende der Sibirischen Bahn sahen plötzlich morgens um 7^h17^m Ortszeit eine Lichterscheinung, hell wie die Sonne, am Himmel aufleuchten. Hier ist auch tatsächlich ein lauter Knall — Zeugen sprachen von einem Donnerschlag — zu hören gewesen. Die Bahn stoppte, denn man glaubte, irgend etwas sei kaputtgegangen — spätere Presseaufbauschungen haben daraus das Entgleisen des Zuges gemacht, was natürlich nicht stimmt. Gleichzeitig registrierten nah und fern Erdbebeninstrumente einen Erdstoß; desgleichen reagierten Luftdruckmesser noch bis weit nach Europa auf eine plötzliche Luftdruckänderung. Jeder, der die Ergebnisse der einschlägigen Institute in die Hand bekam, mochte im stillen denken: „Das war aber ein dicker Hund!" Ich weiß nicht, wie heute auf solch ein Ereignis reagiert würde. Jedenfalls kann ich mir ganze Luftflotten vorstellen, die zum fraglichen Einschlaggebiet unterwegs wären.

Damals war es anders. Bei Väterchen Zar ging alles sehr viel langsamer. Die Bürokratie mag sich quietschend in Bewegung gesetzt haben, mehr passierte zunächst nicht, zumal das Treffergebiet weitab jeder menschlichen Ansiedlung lag. Es gab weder Straßen oder Eisenbahnen zu reparieren noch Häuser aufzubauen oder Tote zu begraben und Überlebende zu versorgen — nichts. Die riesige sibirische Tundra

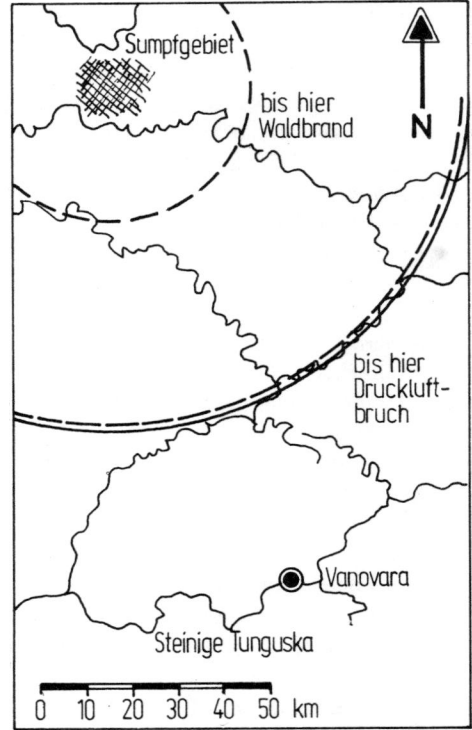

bot ja so viel Platz, und wenn ein rentiertreibender Nomadenstamm mit Mann und Maus und dem letzten Rentier vernichtet wurde — wer hatte schon zuvor von deren Existenz gewußt? So gingen die Jahre ins Land. Der Erste Weltkrieg brach aus, und die Menschen hatten offenbar das Gefühl, ‚Wichtigeres' zu tun zu haben als sich um einen Meteorfall im fernen Sibirien zu kümmern. Erst im Jahr 1927 brach eine russische Expedition unter Leitung von Prof. Kulik zur Erforschung des Gebietes auf.

Wenn die Teilnehmer allerdings auf einen großen Meteorkrater gehofft hatten, so wurden sie enttäuscht. Im Zentralgebiet der verwüsteten Zone fanden sie nur verstreut Sümpfe. Darum herum war in einem Umkreis von 25 km der Wald verbrannt, im weiteren doppelten bis dreifachen Umkreis war der Wald richtiggehend umgelegt. Riesige Bäume lagen geknickt wie Streichhölzer da. Die Richtung des Falles zeigte vom Zentrum weg radial nach außen.

Um es gleich vorwegzunehmen: So eindeutig die äußeren Spuren sind, so wenig kann man sich heute noch einen Reim darauf machen, um was für ein Objekt es sich da gehandelt hat. Es wurde schon erwähnt, daß ein Komet in Frage käme. Auf keinen Fall war es aber eine geschlossene Masse in einem Stück. Möglicherweise ist auch eine dichte Staubansammlung schon in großer Höhe zerplatzt. Feststeht, daß gewaltig Hitze und Druck gewirkt haben. Da die genaue Topographie der Landschaft zuvor nicht bekannt war, kann man auch nicht feststellen, welche Landschaftsformen z. B. die Zentralsümpfe, einige Hügelreihen usw. erst durch die Katastrophe entstanden. Da liegen die Dinge schon klarer bei dem anderen sibirischen Meteorfall, unweit von Wladiwostok, am Vormittag des 12. Februar 1947. In diesem Fall war man rascher zur Stelle. Das verwüstete Gebiet ist zwar bei weitem nicht so groß wie beim Tundrameteor, es reicht aber trotzdem. Ein Schauer von Eisenmeteoren hat eine Fläche von knapp 3 km² getroffen und — na, sagen wir einmal — ‚umgepflügt'. Mehr als 120 Krater wurden im Zentralgebiet, das knapp 1 km² umfaßt, gezählt. Es sind solche von ¹/₂ m wie auch solche von mehr als 20 m Durchmesser dabei. Hier fand man nun im Gegensatz zum Tundrameteor eine Menge Meteoreisen. Dreiundzwanzig Tonnen Material hat man bisher zusammengetragen. Darunter sind Stücke von ¹/₂ bis 1¹/₂ Tonnen Gewicht. Die Gesamtmasse schätzt man auf 200 Tonnen. Natürlich darf spekuliert werden. Die prickelndste Storymöglichkeit ist z. B. die: Wladiwostok liegt nur knapp 400 km von der Einschlagstelle entfernt. Wie, wenn das kosmische Ding nur eine winzig andere Bahn gehabt hätte und auf Wladiwostok niedergegangen wäre? Hätten die Regierungen nicht durchdrehen können? In Moskau hätte man die USA beschuldigt, eine Atombombe geworfen zu haben, in Washington hätte man erklärt, die Russen hätten ihre eigenen Leute umgebracht, nur um diese Beschuldigung in die Welt schreiben zu können! Der Zweite Weltkrieg war kaum zu Ende, in Europa standen sich die ehemaligen Verbündeten noch bis an die Zähne bewaffnet gegenüber . . .! Nicht auszudenken, was passiert wäre, wenn! Aber das ist es ja gerade, das Wenn! Wer in aller Ruhe die Landkarte anschaut und feststellt, wie riesig selbst heute noch die unbesiedelten Gegenden sind und wie winzig die besiedelten, den wundert es nicht, daß sich solche Brocken immer Plätze heraussuchen, wo nur ein paar Bäume umgeworfen werden. Es ist nicht etwa ein Wunder, daß Wladiwostok nicht getroffen wurde, es wäre ein Wunder gewesen, wäre das passiert! Die Wahrscheinlichkeit, daß die kosmische Bombe, die ja nicht ferngesteuert werden kann, sich ausgerechnet diesen winzigen Punkt auf der Landkarte aussucht, ist denkbar gering, und das gilt prinzipiell.

Vor einigen Jahren war ein interessanter Fall menschlicher Hysterie in einem solchen Zusammenhang zu beobachten. Die NASA hatte gemeldet, daß die zweite Stufe der Saturn-Rakete, die das Skylab-Raumschiff auf seine Bahn getragen hatte, demnächst wieder in die Erdatmosphäre eintreten werde bzw. in deren tiefere Schichten und dabei so gebremst würde, daß sie nach Meteorart abstürzen würde. Schon standen auf einschlägigen Zeitungen Schlagzeilen wie: „Bombe aus dem Weltraum bedroht Westeuropa!" Oder ähnliches aus demselben Nähkästchen. Emsig wurde berichtet, daß trotz teilweisem Verglühen noch eine Masse von rund 20 Tonnen zu Boden falle, daß das zwischen 50 Grad nördlicher und 50 Grad südlicher Breite geschehe und daß die von der NASA genannte Uhrzeit etwa gerade auf den Zeitpunkt fiele, zu dem die Rakete in ihrer Bahn über Süddeutschland stünde. Ein sehr interviewfreudiger Herr, der in solchen Fällen immer schnell mit einem Kommentar zur Hand ist, riet in einem Boulevardblatt, zur fraglichen Zeit in den Keller zu gehen, man könne nie wissen. Ich habe den Verdacht, daß er das ironisch meinte, wenn ja, hat er das allerdings nicht deutlich genug gemacht.
Wer ist in einem solchen Fall der Leidtragende? Natürlich sind es die armen Volkssternwarten, bei denen dann das Telefon klingelt. Damals

war ich es. Meine Nachtruhe war zum Teufel, denn das Spektakulum sollte zwischen 1^h30^m und 7^h morgens abrollen. So war wenigstens der Zeitrahmen gesteckt, den die NASA genannt hatte. Dadurch mischten sich unter die Anrufer immer mehr solche, die etwas berichteten, was sie zu sehen geglaubt hatten. In solchen Fällen sind die Leute dann auch noch beleidigt, wenn man ihnen nicht per Telefon vor Begeisterung um den Hals fällt. Sie glauben, eine hochbedeutsame Beobachtung gemacht zu haben, und werden nicht einmal gelobt. Im Gegenteil. Man sagt ihnen, daß die von ihnen geschilderte Beobachtung durchaus nicht in den erwarteten Rahmen passe. Man glaubt es gar nicht, wie die Leute in einer solchen Nacht glühende Körper mit funkensprühenden Schweifen minutenlang in allen Himmelsrichtungen über das Firmament ziehen sehen.

Tatsächlich muß in der fraglichen Nacht kurz nach 4^h ein helles Meteor zu sehen gewesen sein. Drei Beobachter meldeten es unabhängig voneinander. Bei zweien stimmte auch die angegebene Richtung — von Süd nach Nordost — einigermaßen. Der dritte Beobachter bestand aber partout auf der entgegengesetzten Richtung. Tatsächlich hat die Rakete alle genarrt und noch eine Runde zugelegt. Erst gegen 9^h stürzte sie endgültig ab. Wahrscheinlich in den Atlantischen Ozean. Alles rollte 1979 nochmals über die Bühne, als das Hauptobjekt, das Weltraumlabor „Skylab", endgültig über der australischen Wüste abstürzte. Die Hektik war aber, wenn auch vorhanden, so doch gedämpfter. Man hatte ja schon „Erfahrung".

Doch schnell noch einmal zurück zu den natürlichen Bomben. Es hat auch früher schon ganz respektable Einschläge gegeben. So den Treffer, der den berühmten Arizonakrater geliefert hat. Der Krater hat einen größten Durchmesser von 1300 m und eine größte Tiefe von 175 m. Anfang unseres Jahrhunderts sicherte sich ein Bergbauingenieur na-

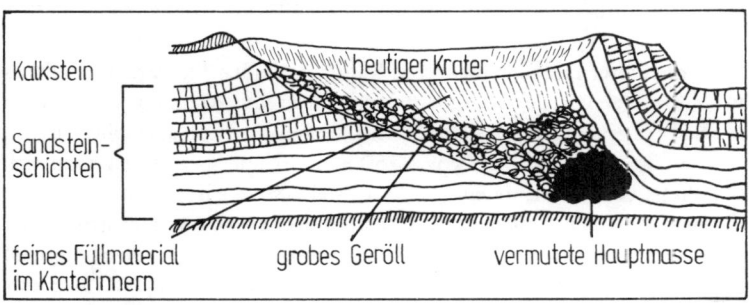

Querschnitt des Arizonakraters, wie er sich nach geologischen Forschungen darstellt

mens Barringer die Schürfrechte im Kratergebiet, da er nach Einzelbrocken, die er gefunden hatte, urteilte, die Gesamtmasse, die er unter dem Kraterboden vermutete, enthalte große Mengen Edelmetalle. Immer wieder brachte er Bohrungen nieder. Immer wieder hatte er Pech. Die Masse, die eindeutig geortet werden konnte, liegt nicht unter der Kratermitte, sondern exzentrisch unter dem Kraterwall. Offenbar ist die kosmische Masse schräg aufgetroffen und hat einen schrägen Tunnel gebohrt. Man traf auch auf Nickeleisen. Das erwies sich aber als so hart, daß die Bohrer versagten, ja teilweise brachen.

Als Barringer in den dreißiger Jahren starb, machten seine Erben zunächst weiter, gaben dann aber bald auf, weil ihnen eine bessere Idee gekommen war. Sie zogen den Krater als Fremdenverkehrsattraktion auf, nach dem Motto ,Einmaliges kosmisches Erlebnis! Jeder einmal am Arizonakrater.' Sie bauten eine Zufahrtsstraße und legten Parkplätze an. Heute blüht der Andenkenhandel. Kleine Steinchen werden verkauft und zu Staub gemahlenes Material. Eintritt kostet es natürlich auch, und verhungern und verdursten muß auch keiner. So ist aus der enttäuschenden Erzbuddelei unversehens eine florierende Goldgrube geworden.

Es gibt noch andere große Krater, den Chubb Krater in Kanada z. B., den bis zum Zweiten Weltkrieg noch keiner kannte. Erst auf Luftaufnahmen der kanadischen Luftwaffe, die auf Routineflügen während des Krieges gemacht wurden, entdeckte man den kreisrunden See, der von einem Wall umgeben ist, 3600 m im Durchmesser mißt und wenigstens 200 m tief ist. Die Entstehungszeit wird im Falle Chubb Krater auf vor etwa 13 000 Jahren geschätzt, im Falle des Arizonakraters auf 5000 Jahre.

Weitere Krater mit teils mehreren hundert Metern Durchmesser gibt es auf der ganzen Erde, allerdings weit verstreut. Afrika z. B. weist in der Sahara einen Krater von 250 m Durchmesser auf und, ebenfalls in der Sahara, einen solchen von 1750 m Durchmesser. Da ist man sich allerdings über die Entstehung (war es ein Meteorit?) noch nicht klar. In Australien kennt man das Kraterfeld von Henbury. Der größte der insgesamt 13 Krater mißt über 150 m im Durchmesser. Überhaupt ist Australien an Meteorkratern relativ reich. Drei weitere Krater mit mehr als 100 m Durchmesser sind bekannt, und wenn man bedenkt, daß deren größter, der Wolf-Creek-Krater mit 854 m Durchmesser, erst 1947 entdeckt wurde, dann kann man annehmen, daß in der menschenleeren Weite Zentralaustraliens noch weitere gefunden werden mögen.

Wie das nun mal so geht mit den Kraterentdeckungen, das ist manchmal eine verrückte Sache. Wir haben hier in Deutschland ein schönes

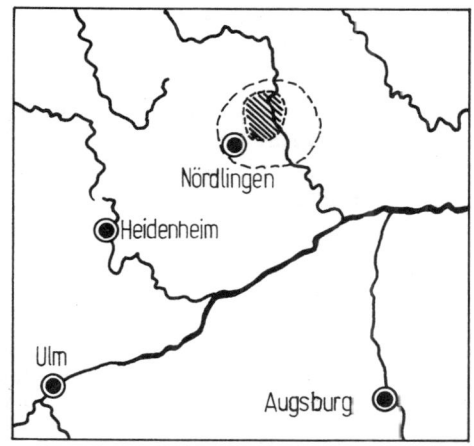

Beispiel dafür. Wer aus Richtung Donauwörth auf der B 29 nach Nördlingen fährt, passiert eine recht freundliche Landschaft. Sanfte Hügelrücken, saftige Wiesen, Obstbäume, freundliche Dörfer, nichts ist übertrieben. Auch die Hügel, die diese Landschaft in sanftem Schwung umgeben, sind nicht zu hoch. Die Landschaft ist das Nördlinger Ries. Sie hat eine Besonderheit, die aber bei flüchtiger Durchfahrt gar nicht auf Anhieb auffällt. Die Hügel ringsum stehen tatsächlich ringsum. Sie bilden eine kreisförmige Kette. Das Ries ist insgesamt ein *rundes* Tal und nicht etwa, wie sich das für ein richtiges, von einem Fluß eingenagtes Tal gehört, langgestreckt.

Was dem eiligen Durchreisenden nicht sofort auffällt, hat die Geologen aber schon immer interessiert. Schließlich liegt das Ries am Nordrand der Schwäbischen Alb, und die Alb ist eine langgestreckte Erdscholle, die irgendwann vor vielen Millionen Jahren durch tektonische Veränderung gehoben wurde, so daß der ehemalige Boden des Jurameeres jetzt zum Gebirge wurde. Da die Alb ein altes vulkanisches Gebiet ist, wurde das Nördlinger Ries als vulkanisch entstanden eingestuft. Allerdings unterscheidet es sich von all den alten Albvulkanen, dem Hohenstaufen, dem Hohenzollern, der Teck und wie sie alle heißen, ganz entscheidend. Diese Berge sind alleinstehende Kegel, deren kleine Gipfelfläche im Mittelalter bevorzugt als Bauplatz für Burgen gewählt wurde.

Anders das Ries. Es ist eine kreisförmige Eintiefung mit einem Durchmesser von 25 km. Geht man vom Vulkanismus aus, kann man darum nicht an einen über längere Zeit tätigen Vulkan denken, der gleichsam als Ventil immer wieder einmal ,Dampf' abließ, sondern eher an die einmalige Explosion einer Gasblase. Das Ries ließ den Geologen aber keine Ruhe, und hartnäckig hielt sich auch die Theorie, es sei ein gigantischer Meteoritenkrater. Erst in jüngster Zeit ist man wieder auf die Meteoritentheorie zurückgekommen, und zwar durch bestimmte Gesteinsuntersuchungen. Schon lange hatte man sogenannte ,Strahlenkalke' gefunden. Allerdings nicht im Ries, sondern im Steinheimer Becken, einer ebenfalls rundgeformten Landschaft, wenig südwestlich von Nördlingen.

Strahlenkalke haben eine ganz bestimmte, nach einem Punkt orientierte strahlige Struktur, die bei hoher Temperatur und unter hohem Druck entsteht. Solche Strahlenkalke waren aber auch an klassischen Meteorkratern, wie am Arizonakrater, gefunden worden. Die Beweisführung über den Strahlenkalk erwies sich aber doch als recht dürftig, zumal seine Entstehung durchaus auch durch Vulkanismus erklärt werden kann.

Nun kam aber ein weiteres Testgestein dazu. Es heißt Coesit. Man fand es bei technischen Versuchen in Höchstdruckkammern, die teils zu Materialprüfungen, teils zur Herstellung besonders harter Mineralien dienen. Es zeigte sich, daß Quarzsand unter hoher Temperatur und hohem Druck geschmolzen nachher ein neues Material bildet, das man nach seinem ersten Hersteller ,Coesit' nannte.

Wenn so etwas einmal bekannt ist, werden Folgerungen gezogen. Bei Meteoreinschlägen muß Quarz ähnlichen Bedingungen ausgesetzt sein. Vulkanexplosionen reichen dazu nicht aus. Es ist der wahnsinnige Druck und die gleichzeitig sich entwickelnde gewaltige Temperatur, die die Umformung bewirken. Um es kurz zu machen: Man hat die bekannten Meteorkrater untersucht und fand überall Coesit, aber sonst nirgends. Da probierte man es auch am Steinheimer Becken und am Nördlinger Ries, und prompt fand man Coesit. Die Meinung, daß das Ries ein Meteorkrater ist, wird daher heute kaum noch bezweifelt.

Merkwürdig — da leben die Leute generationenlang in einem der größten Meteorkrater der Welt, treiben Handel und Wandel, fahren heute munter mit dem Auto durch und wissen nichts davon, daß genau hier vor rund 15 Millionen Jahren eine riesige kosmische Katastrophe stattfand. Wenn Sie das nächstemal durch's Ries kommen, legen Sie bitte einmal eine nachdenkliche Minute ein, es lohnt sich.

Ist die Sonne ein Planet?

Ist das eine verrückte Frage! Natürlich ist die Sonne kein Planet! Wenn Sie so denken, bremsen Sie sich bitte! So verrückt ist die Frage gar nicht. Ich habe schon an mehr als einer Gesprächsrunde teilgenommen, in der die Sonne als Planet diskutiert wurde.

Wenn ein Quizmaster im Fernsehen oder im Hörfunk die dumme Frage stellt: „Was ist die Sonne — ein Stern oder ein Planet?", dann meint er das natürlich ganz vordergründig — sagen wir ruhig ‚dumm'. Vom tieferen Hintergrund des Problems haben weder er noch der Drehbuchschreiber eine Ahnung. Da steckt nämlich einiges dahinter. Ich denke da an eine Unterhaltung am runden Tisch, bei der das Thema irgendwie in diese Richtung gerollt war. Einer aus dem Kreis knüpfte an eine unlängst zuvor über die Runden gegangene Quizfrage an:

Nach antiker Vorstellung ist was stillsteht ein Fixstern; was sich erkennbar gegenüber dem Hintergrund bewegt, ist ein Planet

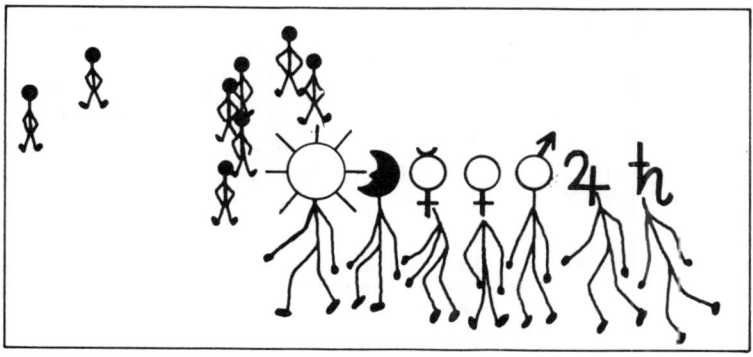

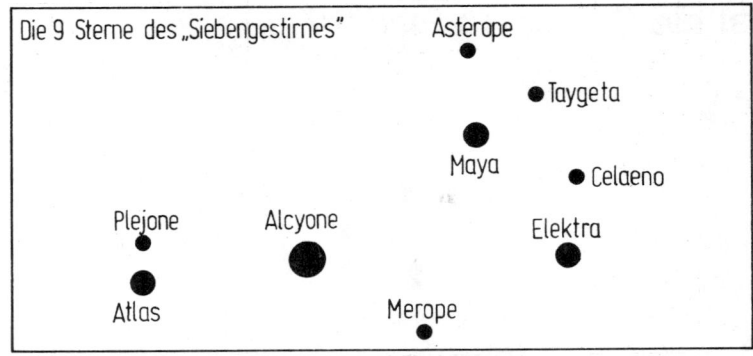

Die 9 Sterne des „Siebengestirnes"

Asterope

Taygeta

Maya

Celaeno

Plejone   Alcyone   Elektra

Atlas   Merope

Die neun unter günstigen Umständen mit freiem Auge isoliert erkennbaren Sterne des **Siebengestirns**

„Sagen Sie mal, ist die Sonne nicht doch ein Planet, ich hab da mal irgendwo was gelesen, da wurde sie schwarz auf weiß als Planet bezeichnet!"

Ja, da kam ich dann nicht um eine kleine kulturgeschichtliche Vorlesung herum. Der Hintergrund liegt, wie so oft, im grauen Altertum. Die Alten unterschieden zwischen den Fixsternen, das sind die, die das starre Sternbildmuster des Himmels formen und deren Bewegung (Auf und Untergehen, jahreszeitlicher Positionswechsel) nur als starres Gesamtmuster erfolgt. Die gegenseitigen Positionen ändern sich nicht, die Umrisse der Sternbilder sind ewig (dachten die Alten!).

Im Gegensatz zu diesen festen Sternen, den Fixsternen, stehen die Wandelsterne, die Planeten. Sie verändern klar erkennbar ihre Positionen zwischen den Sternbildern, durchwandern die Ekliptik in unterschiedlich langen Zeiträumen und sorgen so für ‚Leben' am sonst starren Firmament. Da nur diese äußerliche Betrachtungsweise als Unterscheidungsmerkmal galt, waren die Planeten im Altertum nach Maßgabe

Tafel 7. Wie sich die Bilder ähneln! — Und doch sind es zwei völlig verschiedene Objekte. Oben die Spur eines hellen Meteors, das zufällig über das Blickfeld einer Milchstraßenaufnahme schoß. Unten der Komet Arendt-Roland 1956 h, der sich während der Belichtungszeit nur soweit bewegte, wie die kleinen Strichspuren der Hintergrundsterne andeuten (Aufnahme Landessternwarte Heidelberg-Königstuhl)

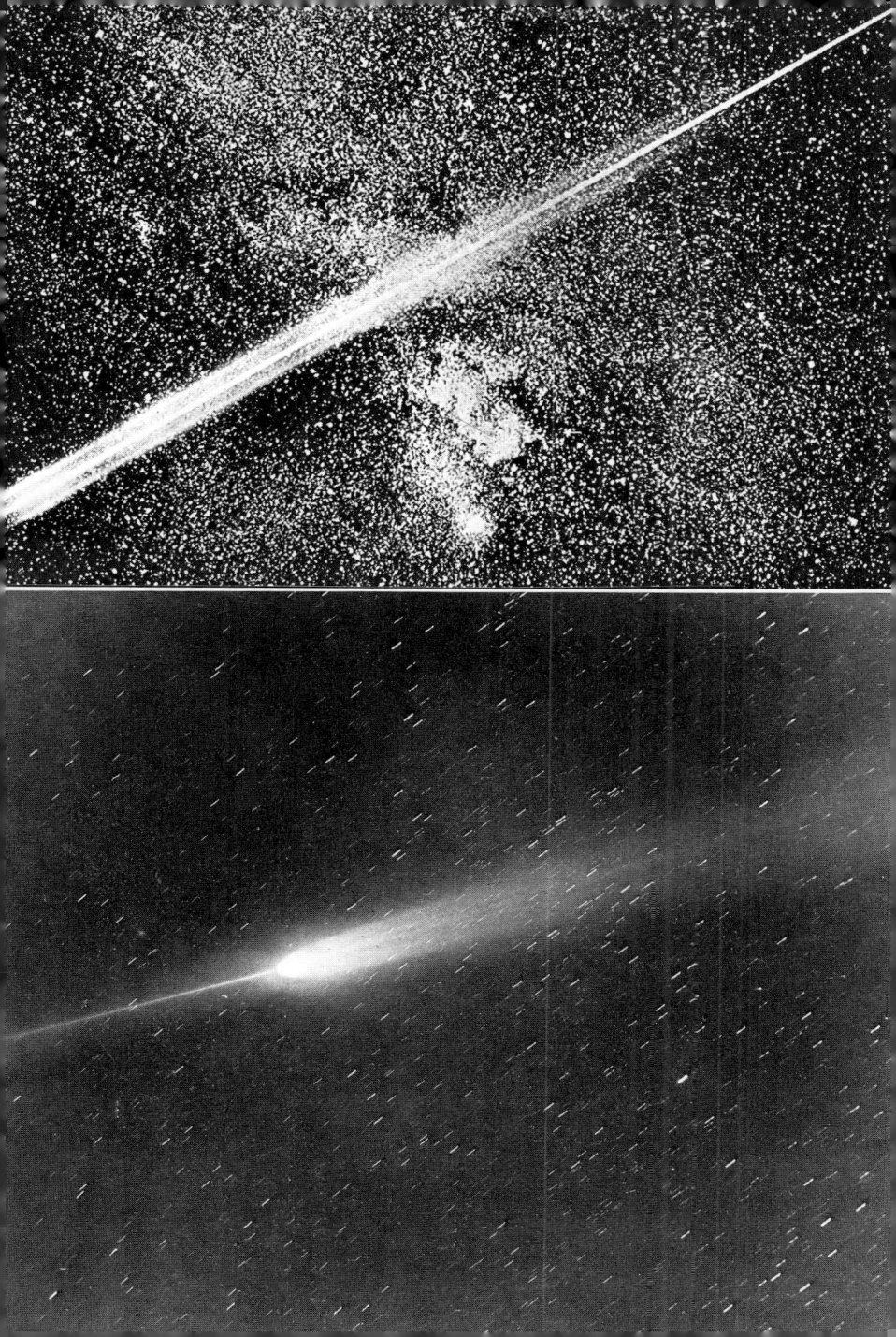

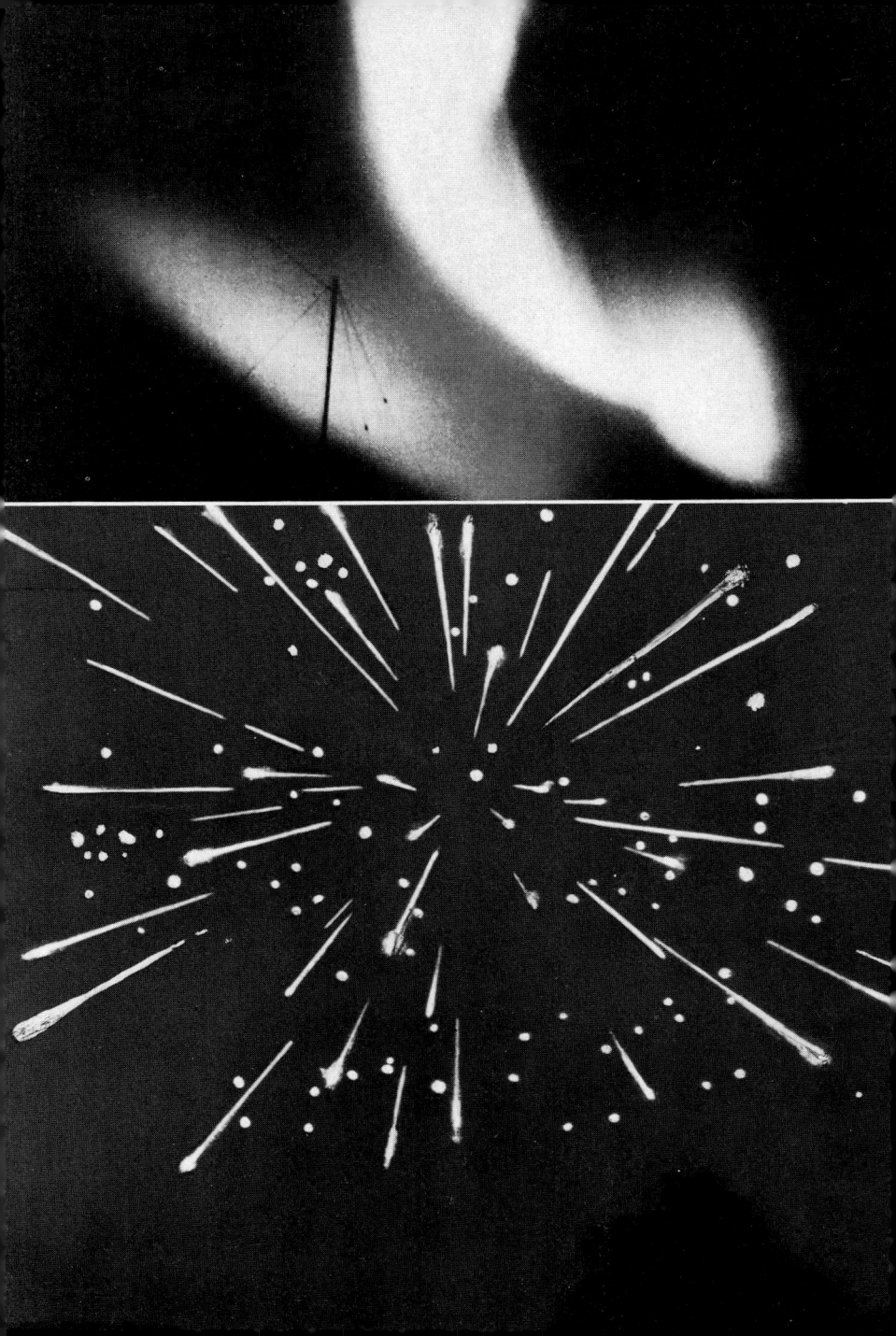

ihrer Laufgeschwindigkeit geordnet in die Reihenfolge Mond, Merkur, Venus, Sonne, Mars, Jupiter und Saturn.

Das mußte so sein. Schließlich umfaßte die Gruppe genau sieben Gestirne, und die Sieben war eine in vielen Kulten als heilig verehrte Zahl. Sieben Tage hat die Woche, weil Gott sechs Tage lang arbeitete und nach Erschaffung der Welt am siebenten Tag ausruhte. Siebenarmige Leuchter halten das fest. Die Plejaden sind das ,Siebengestirn', obwohl nie 7, sondern entweder 6 oder 9 Sterne einzeln mit freiem Auge zu zählen sind. Man könnte diese Beispiele beliebig vermehren. Daß die bewegten Gestirne eben genau 7 waren, paßte also wunderbar in das mystische Schema. Von dieser Warte aus gesehen – und die Astrologen tun das heute noch – zählt die Sonne zu den Planeten. Da ist nichts daran zu drehen.

Das war etwa der Inhalt dessen, was ich meinem damaligen Gesprächspartner darlegte. Dabei kam er aber wieder auf einen interessanten Gesichspunkt. Er meinte:

„Die Sonne ist also nach rein äußerlichen antiken Gesichtspunkten den Planeten zuzuordnen. Was gilt nun heute? Ein Planet ist sie nicht, denn wir wissen, daß es ja gerade das Wesen der Planeten ist, die Sonne, das massenmäßig weit überlegene Zentralgestirn, zu umkreisen. Was ist die Sonne dann? Ein Fixstern? ... Im alten Sinne unmöglich, denn sie steht nicht fest in ein Sternbild eingemauert am Himmel. Was dann?"

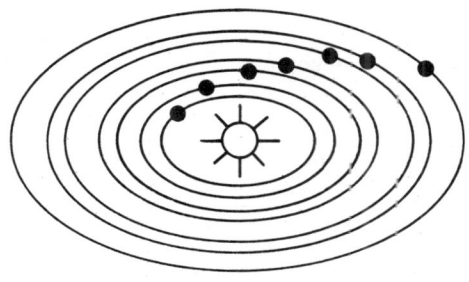

Meine Antwort: „Eben einfach ein Stern!"

Da hatte ich mich vertan und wurde prompt festgenagelt. Man holt mich ans Fenster. Draußen glitzerte ein wirklich schöner Sternhimmel. Jetzt war plötzlich ich der Examinierte.

„Was sehen wir hier?" Antwort: „Sterne."

Tafel 8. Oben: Nordlichtaufnahme aus Norwegen. – Unten: So würde es wirken, wenn alle Sternschnuppen, die wir im Laufe einer Nacht registrieren, gleichzeitig aufleuchten würden

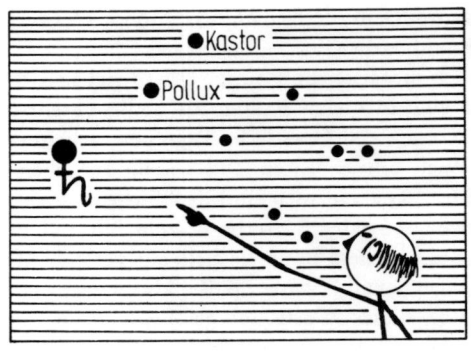

Und nun schlitterte ich auf dem Glatteis. Man definierte mir, daß also alle die glitzernden Punkte am Himmel Sterne seien und unsere Sonne genau so ein Punkt wäre, könnten wir sie nur weit genug fortschieben.

„Stimmt", bestätigte ich und freute mich, wie schnell meine Zuhörer begriffen. Da kam der Tiefschlag. Einer zeigte mir den Planeten Saturn. Er kannte ihn.

„Das ist doch auch ein Stern! Im Anblick ist kein Unterschied, außer daß Saturn besonders hell ist, was ist er nun: Ein Stern oder ein Planet?"

Nun war ich kapitulationsreif! Natürlich sehen auch Planeten aus wie Sterne. Daher heißen sie ja auch in der deutschen Übersetzung Wandelsterne. Es kommt eben immer und in jedem Spezialfall darauf an, von welcher Denkbasis aus man operiert. Das beste ist darum, gleich zur modernen Astrophysik überzugehen, d. h. nicht nach Bewegungsformen zu fragen, sondern ganz einfach nach dem, was die astrophysikalische Beobachtung erbracht hat. Danach ist die Sonne ein Stern wie jeder andere am Himmel. Wir könnten auch das Wort Fixstern verwenden, wenn wir damit den riesigen, aus eigener Kraft leuchtenden Gasball meinen, im Gegensatz zu den erkalteten Planeten, die wir nur sehen, weil sie von der Sonne beleuchtet werden, wie das Straßenschild nachts vom Autoscheinwerfer beleuchtet wird. Ist der Scheinwerfer wieder weg, ist auch das Schild nur noch ein dunkler Gegenstand.

Wohlgemerkt, damit haben wir mit der aus dem Altertum überkommenen Tradition, die Himmelskörper ausschließlich nach ihrem Bewegungsverhalten zu unterscheiden, gebrochen.

In diesem Zusammenhang ist auch die Definition des Mondes knifflig. Zeitweilig war für jedwede Monde, ob unser Mond gemeint war oder die Monde des Jupiter oder des Saturn, der Begriff ,Nebenplanet' in Gebrauch, man ist aber wieder davon abgekommen. Mond ist ein kurzer und klarer Begriff; und da uns der unsere dauernd vorexerziert, was er für eine Funktion hat, nämlich die, den Hauptplaneten auf seinem Weg um die Sonne treu zu begleiten wie ein Hund seinen Herrn beim Abendspaziergang, wissen wir auch, welche Funktion etwa der Jupitermond Ganymed oder der Saturnmond Titan hat. Physikalisch gesehen sind aber die Monde den Planeten gleichzusetzen. Für die Oberflächengestaltung oder die Frage nach einer Lufthülle ist es herzlich gleichgültig, ob der Weltkörper die Sonne allein umkreist oder nebenher noch seine privaten Kreise um den Chefplaneten zieht. In Abhandlungen zur Oberflächenentwicklung der Planeten, d. h. ihren gegenwärtigen Zustand, der ja von Fall zu Fall sehr unterschiedlich ist, werden daher sehr oft die großen Monde der Planeten mit einbezogen.

Nachdem wir uns nun über die kniffligen sprachlichen Definitionen geeinigt haben, wollen wir noch einen kleinen Ausflug in die Forschungs- bzw. Kulturgeschichte der Sonne machen. Unser übermächtiges Tagesgestirn ist das wert.

Daß die Menschen schon zu den Zeiten, da sich erste Kulturregungen bemerkbar machten, begriffen, daß ihr Wohl und Wehe in erster Linie von der Sonne abhing, dürfte einleuchten.

Das Tageslicht, die Wärme, aber auch die sengende Hitze, alles kommt von der Sonne. Scheint sie nicht, etwa bei Nacht oder bei lang anhaltendem schlechten Wetter, ist es kalt, zumindest kühl, dazu, bei Nacht, dunkel. Der Mensch der Frühzeit, der nicht einfach auf den Schalter drücken

und eine elektrische Ersatzsonne zum Aufleuchten bringen konnte, ist in der Finsternis der Nacht besonders anfällig. Überall können Gefahren lauern, die er mangels Illumination nicht sieht. Die sonnenlose Finsternis der Nacht ist für ihn Unheil und Schreckensquelle,

und wenn am Morgen die Sonne wieder aufgeht, ist es für ihn eine Erlösung. Er begrüßt die Sonne jubelnd, stammelt Dankesworte dafür, daß sie wieder das ist, und unversehens wird daraus eine Kultform, ein Gebet, eine Zeremonie, die möglicherweise mit einem Dankopfer verbunden ist. Spätestens dann ist die Sonne zur Gottheit avanciert. Überall in den Religionsvorstellungen hat sich solches weiter und weiter fortgepflanzt. Die altpersische Religion kennt die Mächte des Lichtes und der Finsternis, Ahriman und Ormuzd, als die Verkörperungen von Gut und Böse. Schlagen Sie einmal die Bibel auf. Da steht im Johannesevangelium im 1. Kapitel, Vers 4 und 5: „In ihm war das Leben, und das Leben war das Licht der Menschen. Und das Licht scheinet in die Finsternis, und die in der Finsternis haben es nicht begriffen."
Es geht an dieser Stelle noch ein ganzes Stück so weiter, mit orphischen Worten über Licht und Finsternis. Das Licht ist immer das Positive, die Finsternis das Negative. Der fromme Moslem wendet sich noch heute beim Gebet gegen Osten, dorthin, wo die Sonne aufgeht. In

Ägypten machte der Sonnengott Auf- und Abwertungen durch. Schon zweieinhalb Jahrtausende vor Christus wird der Himmelsgott Re als Sonnengott Amun-Re verehrt. Der Sonnengott isolierte sich dann als Horus, der die Gestalt eines Falken hat, von Re. Die Rangstufe des Sonnengottes änderte sich je nach der herrschenden Zeitrichtung, zu den höchsten Göttern zählte er immer.
Die Zeit seines Triumphes trägt erstaunlich moderne Züge. Sie fiel in die Regierungszeit von Amenophis (auch Amenhotep) IV. (1384 bis 1364 v. Chr.), eines religiösen Reformers größten Stiles. Er warf sozusagen alle alten Götter in ihrer vielfältigen Darstellung aus den Tempeln und führte als einzigen und alleinigen Gott die Sonne ein. Wohlgemerkt, es war kein vermenschlichter Gott mit Falken oder Stierkopf, es war die Sonnenscheibe am Himmel schlechthin. Es gab keine Bilder,

die täglich leuchtende Sonnenscheibe stand für sich. Das ist radikaler Monotheismus, und der einzige und alleinige Gott ist die Sonne! Das Gestirn Sonne, kein stellvertretendes Abbild!

Diese vergöttlichte Sonne hat natürlich männliche Züge. Es berührt daher doch recht seltsam, daß wir im Deutschen stets eine weibliche Sonne meinen, auch wenn wir auf Kulturen zu sprechen kommen, die irgendwie emotionell bedingt dem herrschenden Sonnengestirn männliche Charakterzüge verliehen. In allen modernen Sprachen, ausgenommen der englischen, wo ja kein persönlicher Artikel üblich ist, ist das Wort ‚Sonne‘ ein Maskulinum, also männlich, während ‚Mond‘ überall ein Femininum, also weiblich ist.

Das ist unschwer zu deuten, denn der immer wieder aus dem Nichts zu voller Größe anwachsende Mond drängt sich ja geradezu als das weibliche Symbol der Fruchtbarkeit und der Lebenskraft auf. Nur die deutsche Sprache macht eine Ausnahme. Der alles beherrschende Typ ist ein Femininum, und der immer wieder ‚Neues heranschaffende‘ Typ ist ein Maskulinum. Gedankenakrobaten können daran schwierige Überlegungen über die Grundlagen des deutschen Volkscharakters knüpfen.

Doch zurück zu Amenophis, der sich nach seiner religiösen Umwälzung nicht mehr Amenophis, sondern Echnaton nannte. So hatte er den Namen der Gottheit, ‚Aton‘, in seinen Namen aufgenommen. Seine Frau wurde zur Berühmtheit, allerdings erst in jüngster Zeit. Sie ist die berühmte Nofretete, deren Büste in unzähligen Gipsabgüssen in der Welt herumsteht. Sein Schwiegersohn (vielleicht auch leiblicher Sohn) wurde ähnlich berühmt, aber nur dadurch, daß er ein kurzes Leben lebte, starb und begraben wurde. Es war Tut-ench-Amun, der König, dessen Grab bislang als einziges nahezu unbeschädigt ausgegraben werden konnte. Sein Name sagt schon, was geschehen war. Er heißt nicht etwa Tut-ench-Aton, sondern Tut-ench-Amun! Aton war wieder entthront und Amun-Re wieder in seine Rechte eingesetzt worden. Er wurde nicht mehr als die reine Sonnenscheibe am Himmel verehrt, wie unter Echnaton, sondern als widderköpfige menschliche Gestalt. Gleichzeitig hatten alle anderen Einzelgötter ihre Throne wieder besetzt.

Die Religionsrevolution des ‚Ketzerkönigs‘ war nur von kurzer Dauer gewesen. Wie sie zu Ende ging, bleibt dunkel. Haben aufrührerische konservative Priester den König schon zu Lebzeiten gestürzt, oder haben sie seinen Tod als Gelegenheit genutzt, den Thronfolger, der noch ein unmündiger Knabe war, in ihre Gewalt zu bekommen? Hat dieser Knabe, der etwa 19 Jahre alt war, als er starb, eine Gegenrevolution versucht oder vorbereitet, und sorgte man daher für sein Ableben? Gewisse merkwürdige Umstände am Zustand des Grabes deuten darauf hin, daß es bei der Beisetzung offenbar etwas hektisch zuging. Jedenfalls war die einzige wirklich reine Alleinherrschaft der Sonne schlechthin gebrochen. Auch in allen anderen antiken Kulten ist der Sonnengott zwar hochangesehen, hat aber eine ganze Schar von ‚Ressortministern‘, sprich Sachgebietsgöttern, neben sich. Marduk, der Hauptgott Babylons, ist der Sonnengott. Das ändert aber nichts daran, daß für Erde, Luft, Wasser, Feuer, Leben, Tod usw. eine Heerschar von Kompetenzgottheiten regiert. Der Hauptgott hat nur noch die Unterschriften zu leisten; tut er es nicht, läuft er Gefahr, in einer Götterrevolution unterzugehen.

Bei den Griechen gab es solche Umwälzungen mehrmals. Ihre Göttersagen berichten von ständigen Machtkämpfen. Doch oberster Gott war und blieb Zeus, nachdem er seinen Vater Chronos gestürzt hatte. Einer seiner Söhne, Helios, war der Sonnengott, der täglich auf einem vierspännigen Wagen als Sonne über den Himmel fuhr. Dazu fand Schiller in seinem Gedicht über die Götter Griechenlands die Worte:

Wo heute nur, wie unsre Weisen sagen,
seelenlos ein Feuerball sich dreht,
lenkte einstens seinen goldnen Wagen
Helios in stiller Majestät.

Schiller, den Verehrer der Antike, mußte es natürlich wehmütig stimmen, wenn der lebendige Gott Helios durch einen ‚seelenlosen‘ Feuerball ersetzt wurde. Aber auch unter diesem Aspekt besteht kein Anlaß zur Trauer. Die Sonne ist nämlich immer noch, oder eben aus dem Wissen unserer Zeit heraus, ein uns Menschen unvorstellbarer Gigant, auch wenn das Rossegespann ausgeschirrt wurde.

Mit diesem Gespann hat es übrigens auch bei Helios schon Ärger gegeben. Besser, den Ärger verursachte der Sohn des Helios, Phaethon. Seine Mutter, Klymene, hatte dem Sonnengott das Versprechen abgenommen, daß der Sohn der beiden bei Helios einen Wunsch frei haben solle, wenn er erwachsen sei. Als ihn nun sein Stiefvater, der König

Merops, mit einer Dame aus göttlichem Geschlecht verheiraten wollte, verriet ihm Klymene — wohl um Minderwertigkeitskomplexen gegenüber seiner Zukünftigen vorzubeugen —, daß sein Vater kein anderer als Helios sei. Phaethon wollte sich das bestätigen lassen, und er suchte den Gott auf. Hocherfreut empfing ihn Helios. Er ist begeistert von dem strahlenden Jüngling und bestätigt ihm seine Abkunft. Nun wird die Sache kritisch. Die Geschichte mit dem Wunsch kommt auf den Tisch des Hauses. Phaethon will nicht mehr und nicht weniger als einmal den Sonnenwagen selbst lenken. Helios ist entsetzt und will ihm das ausreden. Phaethon ist eigensinnig und beharrt auf seinem Wunsch. — Man kann ihn geradezu nachfühlen, diesen antiken Vater-Sohn-Konflikt. — Helios weiß ganz genau, daß das schiefgeht, aber je farbiger er die Schrecken der Fahrt an die Wand malt, um so störrischer wird der Junge. Da Helios an sein Wort gebunden ist, gibt er schließlich nach, und als Rosse und Wagen vorgeführt werden, ist Phaethon von der Pracht richtig begeistert. Er dürfte etwa so empfunden haben wie der Sohn des Herrn Generaldirektors, der nach bestandenem Abitur einen schnittigen Sportflitzer — sagen wir einen Ferrari oder Jaguar oder Porsche-Carrera — bekommt. Mit tausend Ermahnungen gefüttert, besteigt er den Wagen, und ab geht die Post.

Wenn unser Abiturient mit 200 Sachen gegen einen Chausseebaum rast, ist er zwar tot, aber die Welt geht darum nicht unter. Anders war das im Falle Phaethon. Die schlitzohrigen Rösser haben natürlich gleich mitgekriegt, daß die kraftvolle Götterhand am Zügel fehlt. Sie gehen durch, eben als der Sonnenwagen die Himmelshöhe erreicht hat. Phaethon kann sie nicht halten, und so geht es in wilder Fahrt rauf und runter. Sie kommen der Erde so nahe, daß die Einwohner von Äthiopien schwarz gebrannt werden und daß Libyen aus einem blühenden Land in eine verdorrte Sandwüste verwandelt wird. Andererseits gerät der glühende Wagen so weit nach oben, daß das Himmelsgewölbe zu verbrennen und die Sterne auszuglühen drohen.

Himmel und Erde flehen Zeus um Rettung an, der kurzen Prozeß macht. Er schießt Phaethon ab, indem er einen Blitz auf ihn schleudert. Phaethon stürzt tot als Meteor vom Himmel und fällt in den Fluß Eridanos, wo ihn Nymphen bergen. Eridanos aber wird flugs zum ewigen Gedenken an diesen Fall als Sternbild an den Himmel versetzt. Helios jedoch verhüllt sich aus Schmerz um den Tod des Sohnes. So kam es zur

ersten Sonnenfinsternis, und stets dann, wenn Helios die schmerzliche
Erinnerung überkommt, verhüllt er sich wieder, und die erschrockenen
Menschen sehen wieder eine Sonnenfinsternis.

Die Menschen der Antike hatten eben eine eigene Art, mit dem Natur-
geschehen fertigzuwerden — zugegeben, aber es war eine phantasie-
volle und sehr poetische Art. Wir könnten nun wieder auf Schillers
Bedauern über die nüchtern gewordene Zeit zurückkommen, aber man
darf ruhig feststellen, daß die Zeit sooo nüchtern nun auch wieder
nicht geworden ist. Gerade das Erlebnis einer totalen Sonnenfinsternis beweist das immer
wieder. Am 30. Juni 1973 ging die ‚Jahrhundertfinsternis‘ über die
Himmelsbühne. Als solche wurde sie apostrophiert, weil im Zentralgebiet der Totalität die Rekorddauer von mehr als 7 Minuten totaler
Verfinsterung erreicht wurde. Von überall her reisten wissenschaftliche
Expeditionen, aber auch private Reisegruppen ins Finsternisgebiet nach
Afrika, um das faszinierende Schauspiel mitzuerleben. Ich kenne Leute,
die schon im Jahr zuvor auf eine Urlaubsreise verzichteten, um das
Urlaubsgeld zweier Jahre zur ‚Finsternisfinanzierung‘ zusammenwer-
fen zu können. Es hat sich bestimmt gelohnt, denn die Faszination
einer totalen Sonnenfinsternis ist kaum beschreibbar.

Ich hatte einmal, es war im Jahre 1954, Gelegenheit, eine totale Sonnenfinsternis zu sehen. Ich werde das nie vergessen. Die Finsterniszone
verlief durch Schweden, und wir waren zu viert mit einem VW und
einem Campingzelt losgezogen. In Südschweden hatten wir einen Zelt-
platz gefunden. Ein Bauer war so nett, uns auf einer Viehkoppel zelten
zu lassen. Voller Erwartung fieberten wir dem Tag entgegen. Die Totalität sollte um die Mittagszeit eintreten, das erste Vorrücken des
Mondes, der zunächst nur als kleines Kreissegment am Sonnenrand
auftaucht, schon 1¹/₂ Stunden früher. Wir waren voller Erwartung.
Am Vorabend hatte ich noch Adalbert Stifters Bericht über eine von
ihm in Wien beobachtete totale Finsternis gelesen und war durch die
Schilderung, die dieser Meister der deutschen Sprache ungemein eindrucksvoll gestaltet hatte, in höchste Spannung versetzt.

Können Sie sich vorstellen, wie uns zumute war, als wir am Morgen
den Kopf zum Zelt herausstreckten und in einen sanften, aber schön
gleichmäßigen Regen starrten? Irgendwie überkam uns so etwas wie
heulendes Elend. Auch der Bauer fand sich bald ein und kratzte sich

am Kopf. Er hatte uns etwas mitgebracht, einen Lachs, den er eigens für uns geangelt hatte. Wir hängten ihn an einen Stock neben dem Zelt, mit dem wehmütigen Gedanken, was der für ein schönes Festessen nach einer sichtbaren Finsternis gegeben hätte. Aber noch war nicht alle Hoffnung tot. Und wirklich, der Regen hörte allmählich auf. Der Himmel war nicht mehr einförmig grau, sondern wolkig gemustert. Die Spannung wuchs wieder. Aus der ganzen Umgebung kamen Nachbarn. Eine Lehrerin aus einem kleinen Dorf war dabei, einige ihrer Schüler, ein junges Mädchen vom Nachbargut, das fließend deutsch und englisch sprach und uns als Dolmetscher diente. Alle standen oder saßen herum, schwarze Brillen in der Hand — sie waren eigens der Finsternis wegen produziert und verhökert worden —, und alle warteten auf die Sonne. Die Wolken wurden dünner, der Ort der Sonne zeichnete sich als heller Fleck ab, schließlich wurde die Sonnenscheibe deutlich erkennbar. Um diese Zeit war schon ein kleines Stück Mond wie eine Baskenmütze am oberen Rand zu sehen. Immer dünner und zerfetzter wurden die Wolken, die schwarzen Brillen traten jetzt in Aktion, denn das natürliche Filter der Wolken fiel aus. Immer schmaler wurde die noch freie Sonnensichel und schwächer das Licht. Trotzdem ist es erstaunlich, wieviel Licht ein schmales Sichelchen Sonnenlicht doch noch verbreitet. Das Himmelsfeld um die Sonne war nun ganz frei geworden. Jetzt wußten wir, daß sich unsere Reise doch gelohnt hatte.

Was dann geschah, war so viel auf einmal, daß ich damit zu kämpfen habe, es richtig geordnet wiederzugeben. Zunächst dies: Die Sonnensichel war nur mehr ein Strich. Es herrschte tiefe Dämmerung. Da begann der Sichelstrich von den Hörnerspitzen her zusammenzuschrumpfen. Und während dieses Vorgangs, der nur wenige Sekunden dauerte,

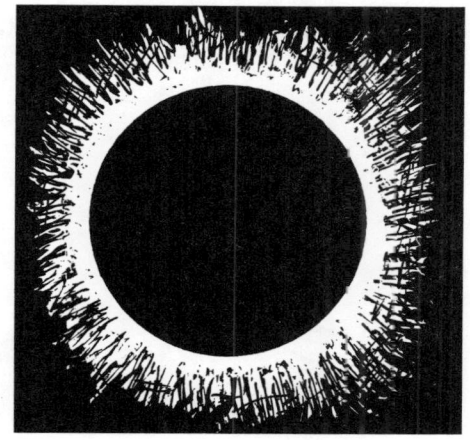

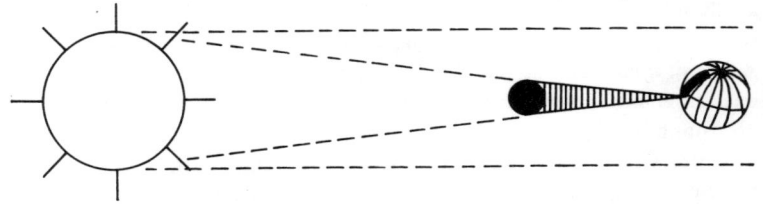

So kommt eine Sonnenfinsternis zustande. Die Spitze des Mondschattens wandert über die Erdoberfläche, erfaßt aber nur einen vergleichsweise kleinen Gebietsstreifen.

war es wie im Kino, wenn das Licht ausgeht. Es war kein Ausknipsen, sondern ein ‚Erlöschen' in erkennbarem Tempo. Schließlich war das Sonnenlicht nur noch ein Punkt und dann: „Korona!" rief einer. Und dann riefen alle durcheinander: „Korona! — Korona!" Ja, da stand sie, die Sonnenkorona, jener zarte Strahlenschimmer, der wie ein Diadem, wie eine Krone, um jenen schwarzen runden Fleck am Himmel schimmert, jenen Fleck, der aussieht wie ein Loch am Himmel, jenen Fleck, der noch vor Sekunden und Minuten die Sonne gewesen war. Dieser Strahlenkranz ist ein ästhetisch geradezu berauschender Anblick.

Und noch etwas ist als bemerkenswert zu berichten. Da der Himmel beileibe nicht ganz wolkenfrei, sondern noch mit weiten Feldern von Wolkenfetzen und flachen Wolkenbänken bedeckt war, kam ein Effekt besonders zur Geltung. Man sah den Rand des Mondschattens geradezu über den Himmel huschen.

Die Finsternis kommt bekanntlich dadurch zustande, daß der Mond genau zwischen Erde und Sonne durchwandert und die Spitze seines Schattenkegels die Erde erreicht. Im Grunde genommen ist es geometrisch derselbe Vorgang, den wir im Sommer, wenn wir faul auf

210

der Wiese liegen, mit den kleinen weißen Quellwolken erleben. Der Himmel ist blau, die weißen Wolken werden von einer sanften Luftströmung vorbeigetrieben, und unversehens erwischt uns der Schatten der Wolke. Die Sonne wird von ihr verdeckt, und dann, kurz darauf, ist die Wolke vorbeigezogen. Wir liegen wieder im strahlenden Sonnenschein, aber dort drüben der Waldrand, der liegt noch im Wolkenschatten. Jetzt werden die ersten Bäume wieder beleuchtet, jetzt die nächsten, die Wolke wandert weiter, man kann ihren Schattenrand über die Bäume ziehen sehen, und dann liegt der ganze Wald wieder im Sonnenlicht.

Nicht anders ist es bei der Sonnenfinsternis, nur mit dem Unterschied, daß der Mondschatten nicht 100 oder 200 m² Wiese bedeckt, sondern einen runden Fleck von rund 100 km Durchmesser, also eine Fläche von beiläufig 10 000 km². Da der Schatten aber weiterwandert, zieht er einen 100 km breiten Strich von einigen tausend Kilometern Länge, innerhalb dessen die Finsternis zu sehen ist. Genauso, wie wir den Rand des Wolkenschattens auf der Sommerwiese verfolgen können, genauso können wir den Rand des Mondschattens sehen. In unserem Fall wirkten die Wolkenfelder wie eine Projektionsleinwand. Man sah auf ihnen die Dunkelheit vom Horizont heraufkommen, und zwar mit eben der Geschwindigkeit, mit der der letzte Rest der Sonnensichel zusammenschrumpfte und das Licht wie im Kino ausging.

Wenn ich behaupte, man kam sich wie verzaubert vor, dann klingt das pathetisch, aber es war so. Die ganze Welt war unwirklich geworden. Übertrieben ausgedrückt, man kam sich vor wie in einem surrealistischen Film, in den der Regisseur raffinierterweise eine Szene auf nur negativ entwickeltem Film eingeschmuggelt hat.

Natürlich spielte alles mit, vor allem die Tiere. Auf der Nachbarkoppel jagten Kühe und Pferde muhend und wiehernd immer im Kreis herum. Mit dem Mondschatten war ein Wind aufgekommen. Es wurde merklich kühler. Am Himmel kreisten kreischende Vogelschwärme, und auch am Boden huschte alles mögliche herum. Ein niedriges, vierbeiniges Tier huschte uns zwischen den Beinen durch. Jemand rief: „Ein Fuchs!" Das Tier war offenbar so verstört, daß es mitten zwischen den Menschen, die es sonst meidet, durchrannte.

Und dann war plötzlich alles zu Ende, der Zauber war weg, die Wirklichkeit hatte uns wieder. Der erste Lichtfunken am Sonnenrand quoll geradezu hervor, die Korona war wie weggeblasen. Der Widerstand am Lichtschalter wurde wieder hochgeschoben, die schmale Sichel Sonnenlicht wuchs, wir standen wieder im Tageslicht und schauten uns irgendwie verdutzt an. Für knapp zwei Minuten waren wir in einer anderen Welt gewesen.

Dann ging das Geplapper los. Jeder schilderte jedem seine Eindrücke, deutsch, englisch, schwedisch, alles redete durcheinander. Da fiel uns unser Fisch ein. Jetzt gab er doch noch ein Finsternisfestessen ab — denkste! Er war weg. Der Fuchs war gar kein Fuchs gewesen, sondern die Katze unseres Bauern, die den Fisch gerochen und sich völlig unromantisch den Augenblick unserer Verzückung und der Dunkelheit zunutze gemacht hatte, um den Lachs zu stehlen. Sie wurde später ertappt, als sie neben dem kläglichen Rest saß und sich genüßlich die Pfoten leckte.

Nun, Fisch hin, Fisch her, es war ein tolles Erlebnis gewesen, und als Ersatz für den Fisch lud uns der Bauer zum Kaffee ein. Da gab es schwedisches Spritzgebäck in solcher Qualität, daß man den Fisch getrost vergessen konnte.

Noch etwas Sachliches zur Ergänzung sei nicht vergessen. Ich habe schon gesagt, daß der Mondschatten als 100-km-Fleck über die Erdoberfläche wandert, wie der Wolkenschatten über die Sommerwiese. Er zieht dabei einen Streifen von beiläufig 10000 km Länge. Schuld daran ist aber nicht nur die Eigenbewegung des Mondes, sondern auch die Drehung der Erde. Beide Faktoren kombiniert liefern diese Streifen, die — zeichnet man auf einer Weltkarte die Zonen etlicher Finsternisse ein — recht kreuz und quer liegen. Daß die Finsternis 1973 so lange dauerte, lag übrigens daran, daß die Erde in Sonnenferne stand, dann ist der scheinbare Sonnendurchmesser am kleinsten. Der Mond stand aber in Erdnähe, da ist der Effekt umgekehrt. Eine größere Mondscheibe zog vor einer kleineren Sonnenscheibe vorbei.

Der andere Extremfall ist bei Dezember- oder Januarfinsternissen gegeben. Da steht die Erde in Sonnennähe, die Sonnenscheibe hat den größten Durchmesser des Jahres. Wenn nun der Mond in Erdferne steht, wenn er zwischen uns und die Sonne gerät, kann er sie gar nicht ganz zudecken. Bei der zentralen Finsternis, also wenn sich die geometrischen Mittelpunkte von Mond und Sonnenscheibe genau decken, bleibt noch ein Ring um den Mond frei, der zum leuchtenden Sonnen-

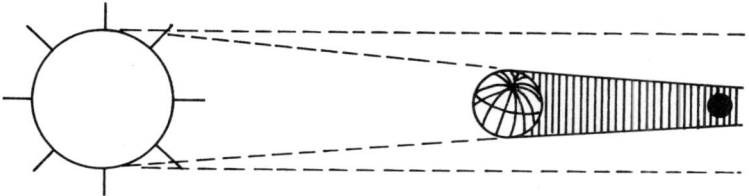

So entsteht im Gegensatz zur Sonnenfinsternis die Mondfinsternis: Der Mond gerät total in den Schatten der Erde und bekommt kein Sonnenlicht mehr geliefert

körper selbst gehört und nicht etwa die Korona darstellt. Bei solchen ringförmigen Sonnenfinsternissen wird es also nicht dunkel, allenfalls dämmrig.

Sonnen- und Mondfinsternisse sind etwa gleich häufig. Genaugenommen sind Sonnenfinsternisse in der Statistik sogar häufiger. Mondfinsternisse sieht man aber öfter, weil sich die Sichtbarkeitszone nicht auf einen schmalen Streifen beschränkt. Die Mondfinsternis ist überall zu sehen, wo der Mond über dem Horizont steht. Das ist bei Finsternisbeginn die halbe Erdoberfläche. Während des Finsternisverlaufes geht der Mond im einen Gebiet unter, im auf der Erdkugel gegenüberliegenden Gebiet aber auf, so daß die Mondfinsternis im ganzen auf mehr als der halben Erdkugel beobachtet werden kann.

Warum das so ist? Weil wir hier nicht von einem begrenzten Schatten getroffen werden, sondern der Mond selbst gerät in den Schatten der Erde. Der Mond bekommt kein Sonnenlicht mehr und kann somit auch keines zurückstrahlen. Da der Erdschatten in Mondentfernung immer noch den $2^1/_2$fachen Monddurchmesser aufweist, braucht der Mond seine Zeit, bis er durch ist, und während dieser Zeit ist er überall, wo er am Himmel steht, verfinstert.

Darum sind Mondfinsternisse scheinbar — aber eben nur scheinbar — häufiger als Sonnenfinsternisse.

213

Strahlendes Gestirn mit Schönheitsfehlern

Schiller dachte wehmütig an die Schönheit der griechischen Götterwelt zurück, als er seine Zeilen über Helios schrieb. Heinrich Heine dachte offenbar nüchterner. Er reimt:
Der strahlenreinste Stern am Himmelszelt,
wenn er Schnupfen kriegt, herunterfällt.
Der beste Apfelwein schmeckt nach der Tonne,
und schwarze Flecken sieht man in der Sonne.
Das ist zwar ein wenig schnoddrig ausgedrückt, sagt aber schlicht und einfach eine Tatsache aus, nämlich die, daß auch die gewaltige Lichtgestalt der hehren leuchtenden Sonne, das Sinnbild der feuergeborenen Reinheit, nicht ohne Fehler ist. Hinter dieser Erkenntnis steckt noch mehr kulturgeschichtliches Erfahrungsgut, als Heinrich Heine vielleicht bei seinen kurz hingeworfenen Zeilen selbst bewußt war. Doch dazu sollen später noch einige Bemerkungen fallen. Zunächst eine merkwürdige Erfahrung.

Der Tag war klar. Erst gegen Abend haben sich leichte Dunstschleier eingestellt, die vor allem in Horizontnähe dichter wirken. Der Sonnenuntergang verläuft gerade so, wie ein Maler sich das wünschen kann. Der rote Sonnenball rutscht zum Horizont, setzt auf und verschwindet mit erkennbarer Geschwindigkeit darunter. − Zwei Minuten, dann ist er weg (Seite 14 wurde davon schon gesprochen).

Der Abendspaziergänger steht andächtig da und schaut von einem günstig gelegenen Aussichtspunkt dem immer wieder irgendwie imponierenden Schauspiel zu. Plötzlich fällt ihm etwas auf. Er reibt sich die Augen, schaut genauer hin, nochmals, nein, keine Täuschung. Da ist eindeutig ein dunkler Punkt vor der Sonne.

Lange hat der Arme nicht Zeit, das Phänomen zu bestaunen. Die Sonne verschwindet unerbittlich unter dem Horizont. Doch dann will er wissen, was er da gesehen hat. Er geht zum nächsten Telefon. Das Opfer bin ich.

„Sind Sie die Sternwarte?"

„Ja, da können Sie sich an mich wenden."

„Also ich habe da einen dunklen Punkt vor der Sonne gesehen, und der hat sich nicht bewegt. Ein Flugzeug kann es also nicht gewesen sein. Sagen Sie mal? Steht da eben ein Planet oder irgendein Raumschiff oder so vor der Sonne??"

Das ist in etwa die Kurzfassung dieses Anrufs und anderer, die mich von verschiedenen Leuten immer wieder erreichen. Meine Antwort ist dann fast immer die:

„Was Sie gesehen haben, ist ein Sonnenfleck. Schon seit Tagen wird eine sehr große Fleckengruppe registriert. Wenn Sie optische Hilfsmittel hätten, könnten Sie sie auch bei Tage sehen. Für das freie Auge fällt sie aber nur in der Sonnenuntergangssituation auf, wenn uns die Atmosphäre den Dienst erweist, die Sonne so abzufiltern, daß wir ihr gefahrlos ins ‚Gesicht' sehen können."

Die Gegenfrage lautet dann meistens: „Ist das immer so?" Und meine Antwort ist dann etwa so formuliert: „Nein! Fälle, in denen Sonnenflecken mit freiem Auge geortet werden können, sind vergleichsweise

Sonne mit Flecken (links). Man kann gelegentlich mit freiem Auge auf der horizontnahen, untergehenden Sonne Flecken sehen. Unsere Skizze (rechts) übertreibt allerdings etwas

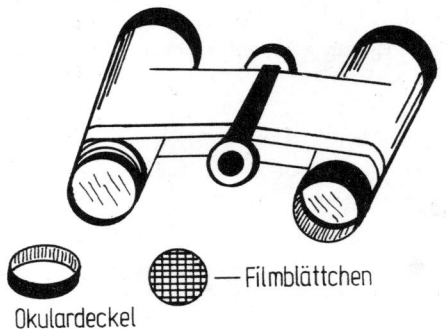

— Filmblättchen

Okulardeckel

selten. Im Jahr etwa ein- oder zweimal, vielleicht auch noch seltener. Und wenn während des Auftretens eines solchen Großobjektes schlechtes Wetter herrscht, ist natürlich auch dann nichts zu machen. Jahrhundertsensationen sind aber solche große Flecken nicht. Dazu sind sie wieder entschieden zu häufig."

Wenn ich eine solche kurzgefaßte Auskunft gebe, muß ich voraussetzen, daß der Anrufer wenigstens weiß, daß Sonnenflecken keine beständigen Gebilde sind, sondern in *zunächst* regellos erscheinender Form, Anzahl und Zeitintervallen aufzutreten pflegen. Oft muß man auch das noch erklären, weil viele Leute zwar das Wort Sonnenfleck schon einmal gehört oder gelesen haben, aber die Auffassung damit verbinden, ein Sonnenfleck sei eben ein Fleck auf der Sonne, der immer und ewig am selben Platz zu suchen ist, etwa so wie die Insel Madagaskar ‚gleich da unten, östlich von Südafrika'.

Doch stellen wir einmal das Problem zurück. Erste Frage: Wie kann man Sonnenflecken mit einfachen Mitteln sehen, ohne abwarten zu müssen, daß Wetterlage und Sonnenuntergang die Sicht mit freiem Auge erlauben? Hier ein einfaches Rezept, das ich schon vielen weitererzählt habe und für dessen Funktionieren ich schon oft Bestätigungen erhielt.

Ich habe aus dem Nachlaß einer verstorbenen Tante, einer netten alten Dame konservativen Stils, ein Opernglas geerbt. Es ist so richtig ein Ding, für das man heute im Antiquitätenhandel mehr Geld herausholen könnte, als es wert ist. Ein Damenglas, klein und zierlich, mit Perlmutt — so ein richtiges Spielzeug, das allenfalls eine 3- bis 4fache Vergrößerung liefert, vor allem aber den erfaßten Bildausschnitt heller

Tafel 9. Die Sonnenkorona (Aufnahme von Dr. K. Zimmermann, Teneriffa, Finsternis am 2. Oktober 1959)

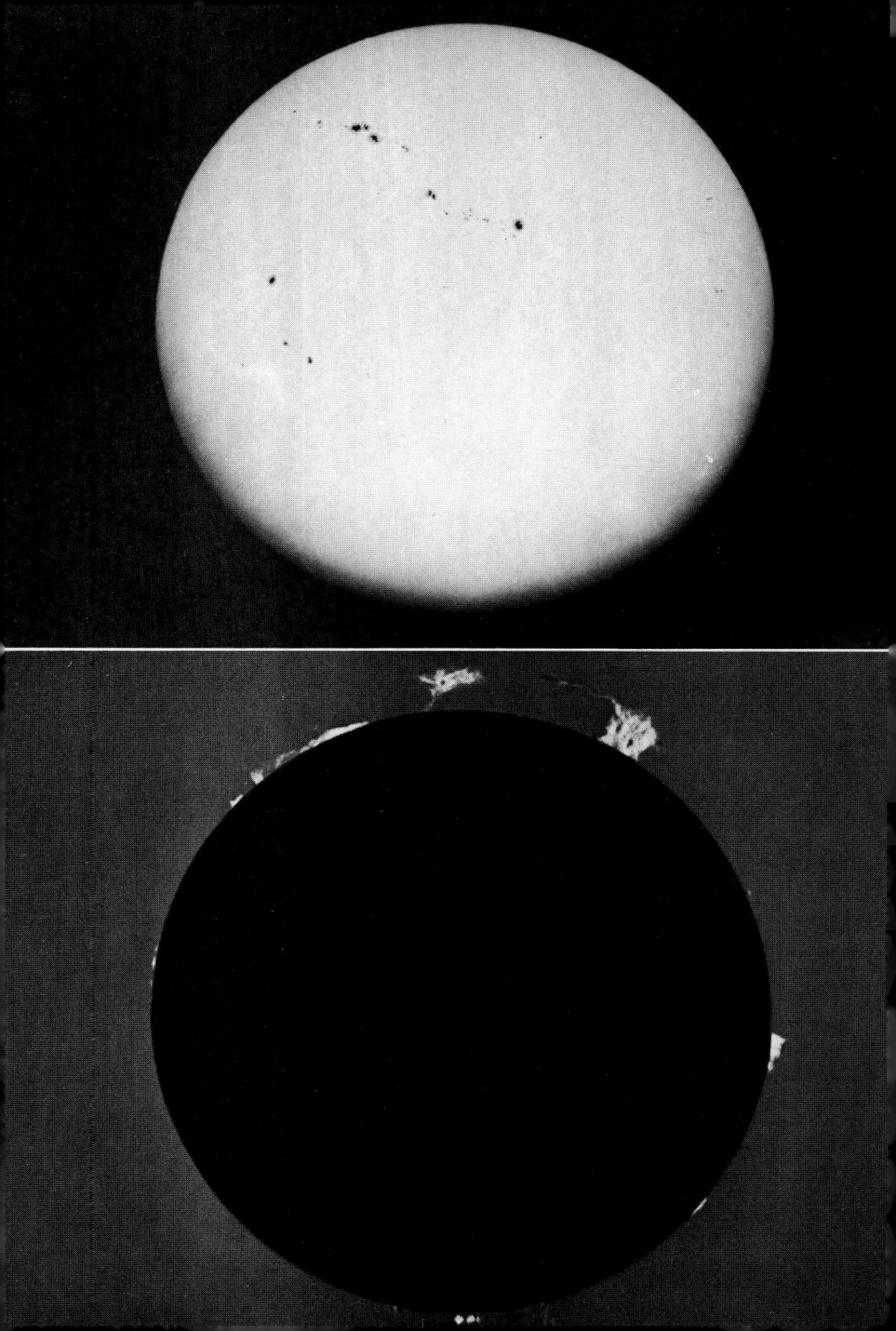

und schärfer gezeichnet bietet, als man aus einer gewissen Distanz vom unbewaffneten Auge erwarten kann. Man kann die Deckel über sämtlichen 4 Linsenfassungen abschrauben. Nun braucht man nur einen benutzten Farbumkehrfilm. Diese Filme haben am Anfang und am Ende unbelichtete Partien, die im Umkehrverfahren dunkel, wenn auch nicht ganz schwarz werden. Daraus schneide man sich passende Scheibchen für jede Linse, lege sie auf und klemme sie mit den abschraubbaren Ringen fest. Fertig! Mit diesem Instrument ausgerüstet können Sie am hellen Mittag der blendenden Sonne zu Leibe rücken. Sie ist nur noch eine zwar immer noch helle, aber durchaus scharf umrissene und gar nicht mehr blendende Scheibe. Hat man sich etwas an das Licht gewöhnt, passiert es häufig — nicht immer! —, daß man die schwarzen Pünktchen sieht. Schon diese Ausrüstung reicht hin, um weit öfters und zahlenmäßig mehr Sonnenflekken zu sehen als nur auf gut Glück bei Sonnenuntergang.

Betrachtet man die Forschungsgeschichte, dann überrascht es, daß erst nach Erfindung des Fernrohres die Sonnenflecken entdeckt wurden. Der Streit um die Priorität: „Wer war der erste?" ist immer noch nicht ganz abgeklungen. Galilei, Fabricius, Scheiner werden ins Gefecht geführt. Der Streit ist müßig. Wichtig ist, daß erst seit Beginn des 17. Jahrhunderts, als das Fernrohr auf den Plan trat, die Sonnenflecken zur Diskussion stehen. Gab es zuvor keine so großen wie die, die man heutzutage mit etwas Glück bei Sonnenuntergang sehen kann? Das wäre doch sehr bemerkenswert!

Man kann nur so antworten: „Es gab sie, aber sie wurden ignoriert!" Eines darf nicht vergessen werden. Die Sonne war, wie bereits geschildert, im Altertum allenthalben eine Gottheit. Konnte eine Gottheit Pickel im Gesicht haben? — Nie und nimmer!

Wenn jemand bei einem schönen Sonnenuntergang einen dunklen Punkt wahrgenommen haben sollte, konnte er ihn — von seiner ganzen Denkrichtung aus gesehen — gar nicht mit der Sonne in Verbindung bringen. Das war eben irgend etwas zwischen Sonne und Beobachter, etwa weit entfernt ein Vogel oder dergleichen. Der Sonne dunkle Punkte zuzumuten stand außerhalb jeder Denkmöglichkeit.

Tafel 10. Oben: Sonne mit Flecken (Aufnahme G. W. Bachmann). — Unten: Sonnenprotuberanzen, aufgenommen mit einem Spezialinstrument (Spektroheliograph), das das Gesamtlicht der Sonne ausfiltert (Aufnahme Sonnenobservatorium Wendelstein)

Genauso war es später im Mittelalter, als die Philosophie des Neuplatonismus das naturwissenschaftliche Denken beherrschte. Die Sonne war der Sitz des Weltfeuers, der Inbegriff der Reinheit und Lauterkeit. Kopernikus ist zu einem nicht geringen Teil von solchen Gedanken bewegt gewesen, als er die über alles erhabene Sonne im Weltmittelpunkt wissen wollte. Er schreibt: „In der Weltmitte ruht die Sonne. Wer nämlich würde in diesem wundervollen Tempel diese Leuchte an einen anderen, besseren Ort stellen, von wo aus sie alles erleuchten kann?" Das Feuer galt als Inbegriff der Reinheit. Es brennt alles Unreine aus. Schon bei den Ägyptern war der Vogel Phönix, der sich ins Feuer stürzt und verbrennt, dann aber rein und sauber wieder erwacht, ein Begriff. Religiöse Gedanken wie das läuternde Fegefeuer liegen auf derselben Linie, und selbst das düstere Kapitel der Hexenverbrennungen hängt damit zusammen. Das Feuer läutert, im Feuer ruht die Reinheit, und man tut der Hexe damit im Grunde genommen etwas Gutes, wenn man sie verbrennt. Das Feuer ist der Inbegriff der Reinheit. Im Feuer gewinnt man aus grobem Erz reines Metall.

Wo die Sonne als das Weltfeuer in Verbindung mit dem Reinheitsbegriff verstanden wird, ist der Gedanke an schwarze Pusteln auf ihrer Oberfläche unmöglich. Er grenzt an Häresie.

Christoph Scheiner, ein Zeitgenosse Keplers und Galileis, hatte Sonnenflecken schon um 1610 herum beobachtet. Zuerst suchte er krampfhaft nach einer Erklärung: „Es ist irgend etwas im Raum zwischen uns und der Sonne." Dann entschloß er sich doch zu der Ansicht, daß die dunklen Flecken der Sonnenoberfläche zugehören müßten. Als er (er war Jesuitenpater) seinem Ordensvorgesetzten davon berichtete, soll ihm dieser als Antwort geschrieben haben, er habe bei Aristoteles nachgeschlagen. Dort stünde nichts von Sonnenflecken, demnach wären es wohl Verunreinigungen in Scheiners Fernrohr.

Scheiner, der 1630 die erste, über mehr als 10 Jahre reichende Beobachtungsdarstellung von Sonnenflecken unter dem Titel ‚Rosa Ursina‘ herausgab, benutzte *vielleicht* als erster eine Beobachtungsmethode, die heute noch zu den einfachsten, gebräuchlichsten und — man kann sagen — ‚idiotensichersten‘ zählt. Es ist die Projektionsmethode.

Ich habe vorhin von meinem Operngucker berichtet. Bei einem solchen ist diese Methode z. B. nicht anwendbar, denn die spezielle Linsenkombination des Opernglases die das ‚Bild‘ sozusagen im Inneren des Fernrohres entstehen läßt und zur endgültigen Bilddarstellung noch die Optik des menschlichen Auges braucht, liefert keinen Punkt, in dem die ganze Strahlungsenergie konzentriert ist. — Verzeihen Sie, wenn ich es hier nicht am Platze finde, die Feinheiten der optischen Linsenkombinationen auseinanderzuklamüsern. Es gibt nämlich sehr viele Möglichkeiten, durch Linsen- oder Spiegelkombinationen sowohl vergrößernde wie helligkeitssteigernde Effekte zu erzielen. — Anders ist es bei der Optik des als ,Astronomisches Fernrohr' bekannten Keplerschen Fernrohres. Alle Linsenfernrohre und auch so gut wie sämtliche Feldstecher aller Größen beruhen auf diesem Prinzip. Da entsteht in unmittelbarer Nähe der Austrittslinse, des Okulars, eine Licht- und Helligkeitskonzentration stärksten Maßes. Sie ist mit der Brennglaswirkung einer Lupe zu vergleichen; nur daß die Wirkung am Fernrohr noch viele Male stärker ist.

Um das den Besuchern von Volkssternwarten bei Sonnenführungen zu zeigen, gibt es den beliebten Trick, daß der Führungsleiter seine Zigarette hinter dem Okular mit ,Sonnenenergie' anzündet. Das verfehlt nie seine Wirkung.

Diese Licht- und Wärmekonzentration bringt unser Filmfilter, das am Opernglas ausgezeichnete Dienste tut, leicht zum Brennen. Auch von optischen Firmen gelieferte spezielle Sonnenfiltergläser pflegen wegen zu großer Erhitzung plötzlich zu springen, wenn man sie nicht zeitweilig abkühlen läßt und zu lange mit ein und demselben Filter beobachtet.

Am besten sind spezielle Sonnenokulare, die so konstruiert sind, daß mehr als 90 % der Sonnenstrahlung vor dem Austritt aus dem Okular und somit vor dem Eintritt ins Auge zur Seite gelenkt werden. Auch hier gibt es sehr kluge optische Konstruktionen, die im einzelnen darzustellen zu weit führen würde (Colzy-Prisma).

Kommen wir daher zurück zu Herrn Scheiner und seiner Projektionsmethode. Gehen wir vor nach dem Kochbuchrezept ,Man nehme'. Also, man nehme ein Fernrohr, das ein Projektionsbild liefert. Astronomische Fernrohre (Kepler) tun das, und die meisten Spiegelteleskope meistern das auch. Das funktioniert ähnlich wie bei einer Kamera. Unser Fernrohr ist genaugenommen nichts anderes als ein überdimensionales Teleobjektiv. So eines, mit dessen Last sich Fotofans

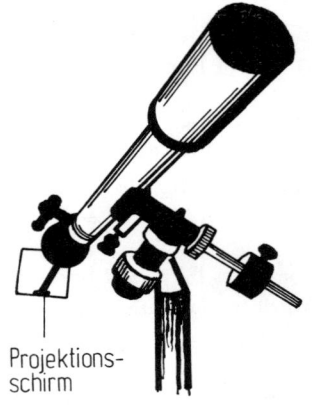

Fernrohr mit hinter dem Okular angebrachtem
Projektionsschirm

Projektions-
schirm

schweißtriefend den Berg hochquälen, wenn sie die Kirchturmuhr von Tupfelweiler von der fünf Kilometer entfernten Burg Schreckenstein aus mit genauer Zeigerstellung festnageln wollen.

Ein in mehr oder weniger großer Entfernung angebrachter weißer Bildschirm dient nun als Projektionswand. Wir brauchen nur noch durch Variieren der Entfernung zum Fernrohrokular die Bildschärfe zu regulieren, dann haben wir ein gestochen scharfes Sonnenbild auf dem Schirm und können, ohne jede Blendung, in aller Ruhe die Flecken betrachten, zählen, abzeichnen oder was wir gerade wollen. Das hat noch den Vorteil, daß eine Gruppe von Leuten ‚drum'rumstehen' kann. Für Unterrichtszwecke ist das eine ideale Methode.

Hier kann ich mir eine kleine Pointe am Rande nicht verkneifen. Ein unlängst leider verstorbener berühmter Theatermann inszenierte in Stuttgart Bert Brechts ‚Das Leben des Galilei'. Er rief mich an und bat mich, doch bei den Proben einmal vorbeizukommen, um ihn in einer, wie er sich ausdrückte, ‚optisch astronomischen Sache' zu beraten. Ich kam also vorbei, wurde auf die Bühne geführt, roch die faszinierende Atmosphäre des Hinter-den-Kulissen-Seins und durfte allen zur Probe anwesenden, teils sehr prominenten Darstellern die Hand drücken.

Das Problem war: In Brechts Regieanweisungen steht bei einer bestimmten Szene, daß Galilei sein Fernrohr auf die Sonne richtet, die Sonne aber statt auf einen Bildschirm auf einen schräg gestellten Spiegel projiziert und von da aus auf eine wandtafelartige Großleinwand weiterlenkt. Frage des Regisseurs: „Ist das vom wissenschaftlichen Standpunkt aus richtig?"

Meine Antwort mußte ihn leider ernüchtern: „Brecht war sicher ein großer Dichter und Dramatiker. Aber von Optik verstand er blutwenig, sonst hätte er sich diese Regieanweisung nie einfallen lassen. Nun hat die künstlerische Freiheit zwar viele Möglichkeiten, sich auszudrükken. Wenn Sie mich aber schon fragen, dann muß ich antworten, daß die Projektionsmethode der Sonnenflecken zwar heute noch zu den beliebtesten und einfachsten Methoden zählt, daß man das Bild aber nicht allzuweit vom Okular entfernt abfangen muß, sonst wird es zu blaß. Ein Weiterlenken über einen Spiegel auf eine große Projektionsfläche ist eine schiere Unmöglichkeit. Das Bild würde an Lichtstärke so verlieren, daß nichts mehr wahrzunehmen wäre. Zweitens war Galileis Fernrohrkonstruktion von der Art unserer Operngläser. Es lieferte gar kein projektionsfähiges Bild. Unterstellen wir aber, daß die Szene in einem späteren Lebensjahr des Astronomen spielt, dann kann Galilei die Konstruktion des Keplerschen — also projektionsfähigen — Fernrohres bekannt gewesen sein, und er mag sogar ein solches besessen haben. Aber auch dann sind der Spiegel und die Großbildleinwand ein Unding."

Der Regisseur bedankte sich sehr. Ich durfte nochmals prominente Schauspielerhände drücken und war entlassen. Das war alles, was ich davon hatte. Nicht einmal eine Premierenfreikarte sprang heraus. Ich hatte aber die Genugtuung, daß der Regisseur auf den Spiegel verzichtete und nur eine Schülergruppe um den Projektionsschirm des Keplerschen Fernrohrs gruppierte.

So ist das eben. Je weiter wir vom Okular wegrücken, um so lichtschwächer wird das Bild. Je nach Fernrohrgröße und verwendeter Vergrößerung sind 30 bis 60 cm ein günstiger Abstand.

Doch nun muß ich sachlich werden, und Sie müssen ein bißchen komprimierte Trockenheit in Kauf nehmen. Jeder weiß, daß Sonnenflekken in der Häufigkeit schwanken. Die legendäre Zahl der 11jährigen Häufigkeitsperiode (in einem Jahr besonders viel, Maximum; $5^1/_2$ Jahre später besonders wenig, Minimum; und wieder $5^1/_2$ Jahre später viel, Maximum) geistert immer wieder durch den Blätterwald. Natürlich stimmt das nicht. Die 11 Jahre sind eine aus der Erfahrung gewonnene Durchschnittszahl. In Wahrheit schwankte die Periode schon zwischen 8 und 13 Jahren.

Die Gipfelwerte und die Mindestwerte sind auch durchaus unterschiedlich. Die Sonne ist in dieser Hinsicht sehr individuell und läßt sich nicht schematisieren. Auch die ,Höhe' der Maxima ist unterschiedlich. Seit den zwanziger Jahren war jedes Maximum höher, das heißt fleckenreicher als das vorhergehende, bis 1957/58. Das war das absolut höchste seit Beginn einer systematischen Sonnenbeobachtung. Seitdem ist wieder eine absinkende Tendenz in den Maximalhöhen festzustellen. Was hinter all dem steckt, wissen wir leider noch nicht, weil wir nicht unter die Sonnenoberfläche schauen können. Wir messen, daß die Flekken in Magnetfelder gebettet sind, daß aus ihnen bzw. aus ihrer Umgebung heftige elektrische Partikelstrahlung kommt (was nicht ausschließt, daß solche Strahlung auch außerhalb von Fleckengebieten auftritt). Fleckengebiete erscheinen als riesige Wirbelstürme in der gasförmigen Sonnenhülle, die aus Tausenden von Kilometern Tiefe Gasströme an die Oberfläche befördern. Dabei dehnen sich die Gase infolge der Abnahme des auf ihnen lastenden Druckes aus und kühlen dabei ab. Uns erscheinen sie kühler und dunkler als die Umgebung, obwohl die abgegebene Energie oft weit intensiver ist als die ihrer Umgebung. Von Erkaltungserscheinungen und Schlackenbildungen kann also gar nicht die Rede sein. Man hat das früher lange Zeit vermutet. Der Augenschein verleitet ja geradezu zu solchen Annahmen. Da haben wir wieder einmal einen Beweis dafür, wie wenig man sich vom Augenschein beeinflussen lassen soll.

Noch etwas für den Praktiker. Wer Sonnenflecken beobachtet — ein kleines Fernrohr und ein selbstgebastelter Projektionsschirm verleiten gerade dazu —, der merke sich die Zählmethode. Man zählt die Relativzahl und ermittelt sie nach der Formel

$$R = 10 \, g + f.$$

Klingt verrückt, was? Ist aber ganz einfach. g ist die Anzahl der Gruppen. Flecken pflegen nämlich im allgemeinen gruppenweise aufzutreten. Diese Zahl wird verzehnfacht, weil offensichtlich das Auftreten neuer Gruppen viel bedeutsamer ist als das Auftreten oder Verschwinden eines Einzelflecks innerhalb einer Gruppe. f ist die Zahl der Einzelflecken, gleichgültig, ob sie in Gruppen oder isoliert stehen. Das

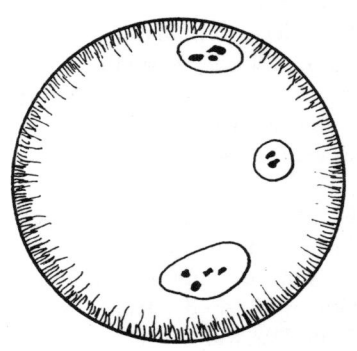

So werden Flecken zu Gruppen zusammengefaßt. Die Relativzahl unserer Schemaskizze würde lauten: 3 Gruppen × 10 = 30 + 9 Einzelflecken, also R =39

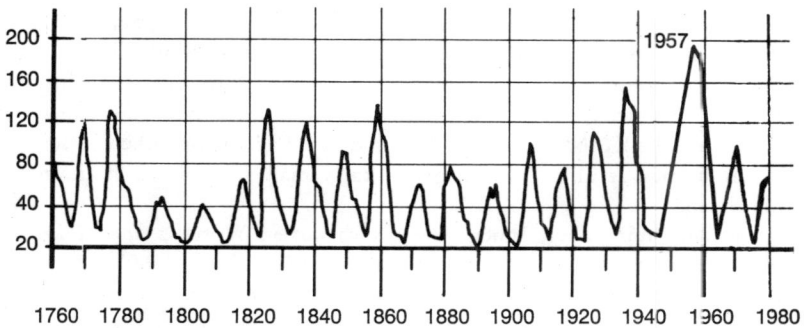

Graphische Darstellung der Sonnenfleckenhäufigkeit von 1760 bis 1980

zusammen ergibt R, die Relativzahl. Sie hat sich als ausgezeichnete Maßzahl für die Intensität der Fleckentätigkeit erwiesen. Noch ein Beobachtungstip: Die Beobachtungszeit (Uhrzeit) sollte täglich möglichst dieselbe sein. Die Sonne steht nämlich beim Aufgang in einer ganz anderen Lage zum Horizont als z. B. zu Mittag oder am Abend. Dazu kommt, daß am Mittag die Sonne am höchsten, also für den Beobachter in sauberstmöglicher Luft steht. Kleine Flecken, die in Horizontnähe untergehen, sind mittags noch zu sehen. Meine Empfehlung: Nehmen Sie die Mittagspause, da ist es am günstigsten. Wenn Sie Sonnenflecken beobachten, sehen Sie auch sehr deutlich, daß die Sonne sich dreht. Die Flecken dürfen in erster Annäherung als feste Oberflächenpunkte angesehen werden. Daß sie es nicht sind, sondern innerhalb der Sonnenoberfläche, wenn auch langsam und träge, so doch Ortsveränderungen ausführen, fällt erst bei genauer Beobachtung auf. Wir dürfen also eine Fleckengruppe, wenn sie in der Sonnenmitte steht, stoppen (mit der Stoppuhr natürlich) und dann warten, bis sie wieder in der Mitte steht. Hoffentlich hat sie sich inzwischen nicht aufgelöst. Steht sie wieder in Sonnenmitte und wir drücken auf unsere Stoppuhr, dann sind 27,275 Tage vergangen. Wer nun denkt, das sei die genaue Umdrehungszeit der Sonne um ihre Achse, hat sich geirrt. Die Erde ist inzwischen auf ihrer Bahn weitergelaufen. Der Ausgangspunkt der Messung hat sich verschoben. Wären wir fest im Weltall stehengeblieben, dann wäre unser Testfleck schon nach 25,03 Tagen in der Sonnenmitte gestanden. So kann man sich täuschen!

225

Ich müßte nun eigentlich systematisch alle diese Begriffe durchnehmen, die — sagen wir mal — zahllos über die Sonne verstreut sind: die Flekken, die Fackeln, die Flares, die Protuberanzen, die chromosphärischen Eruptionen, das Schmetterlingsphänomen, die Photosphäre, die Chromosphäre, die Korona ... Doch täte ich das, wären die restlichen Seiten dieses Buches gefüllt. Diese Begriffe kann man in anderen Büchern nachlesen. Ich erlaube mir daher, Ihnen, wenn auch nur in Worten, einen Film über die Sonne als Ganzes vorzuführen. Ich denke da an ein Gespräch, das ich einmal mit einem Zeitungsredakteur und einigen seiner Kollegen führte und für das sich der Redakteur mit den Worten bedankte: „Das war ein umfassendes Privatissimum!" — Stimmte nicht. Ich war ihm vieles schuldig geblieben. Doch lassen wir den Film einmal laufen.

Wir nehmen einen Gasball, ordentlich groß, sagen wir so knapp 1,4 Millionen km im Durchmesser. Wenn wir unsere Erde in den Mittelpunkt setzen würden, könnte der Mond bequem seine Bahn von 760 000 km Durchmesser um die Erde laufen und brauchte keine Sorge zu haben, den Sonnenkörper verlassen zu müssen. Oder anders ausgedrückt: Die Apollo-Astronauten könnten gut und gerne zum Mond fliegen, aus der Sonne wären sie noch lange nicht raus.

Nun wissen wir, daß der Druck im Erdinnern zunimmt, je weiter hinein wir kommen, einfach wegen des von außen darauf lastenden Gewichts. Parallel dazu steigt die Temperatur. Die Erdtemperatur in 100 km Tiefe und der einschlägige Druck übersteigen schon unser Vorstellungsvermögen und das bei der lächerlichen Glasperle Erde. Wie muß das dann bei dem Giganten Sonne sein?

Halten wir uns nicht mit den Ermittlungsschwierigkeiten auf, sondern glauben wir, was kluge Forscher ausgetüftelt haben: Im Kern des Gasballs Sonne dürfte eine Temperatur von 15 bis 20 Millionen Grad Celsius herrschen. Der Druck, der von außen darauf lastet, ist etwa das 220milliardenfache dessen, was auf uns an der Erdoberfläche als ‚Luftdruck' drückt. Wir wären dort platter als Briefmarken. Die Dichte, zu der die Materie zusammengepreßt ist, ist so, daß wir etwa 150 Fleischbrühwürfel im Raum eines einzigen zusammenquetschen müßten, um einen vergleichbaren Effekt zu erreichen.

Und jetzt kommt aus einer Ecke ein Vertreter der Atomforscher. Immerhin haben diese Leute genug vom Eigenleben der Atome erforscht,

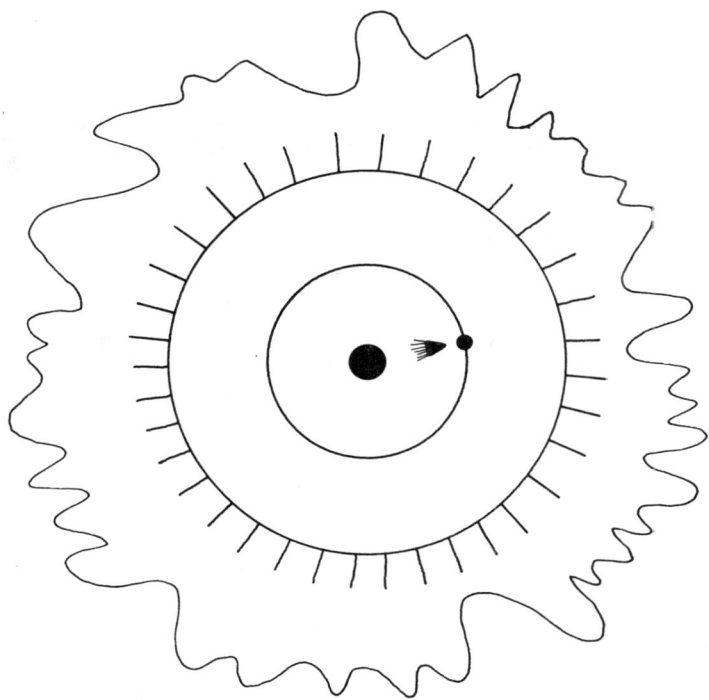

Stünde die Erde im Mittelpunkt der Sonne, könnten Mondkutscher den Mond erreichen und wieder nach Hause fliegen, ohne die Sonne zu verlassen. Der äußere Kreis
ist die eigentliche Sonnenoberfläche, die unregelmäßige äußerste Linie ist die etwaige
Grenze der Korona

um Atomkraftwerke in Gang zu bringen und Atombomben platzen zu
lassen. Dieser Professor erklärt nun, daß dies genau die Bedingungen
sind, unter denen der ‚Bethe-Weizsäcker-Zyklus‘ ablaufen kann. Darunter versteht man einen Vorgang gleichsam immerwährender Atomheizung, der benannt ist nach C. F. v. Weizsäcker und H. Bethe, die
diese Sache erstmals austüftelten.
Ich will Sie nicht mit einer genauen Analyse des Zyklus langweilen,
sondern erzähle nur die Geschichte von den fahrlässigen Wasserstoffatomen. Wie alle Geschichten beginnt sie mit ‚Es war einmal‘. Also:
Es war einmal ein Kohlenstoffatom, das ging ruhig seines Weges. Da

Die Geschichte vom Kohlenstoffatom, das von den bösen Wasserstoffatomen belästigt wird. Die Symbole: C Kohlenstoff, H Wasserstoff, He Helium, β und γ Strahlungssymbole

wurde es plötzlich von einem frechen Wasserstoffatom angesprungen, das sich huckepack mitnehmen ließ. Das gutmütige Kohlenstoffatom trottete weiter, und das Wasserstoffatom spuckte vor Freude einen Schauer Gammastrahlung ab. Ein anderes Wasserstoffatom sah das und sprang, nicht faul, auch auf das Kohlenstoffatom. Jetzt wurde es immer enger. Wieder wurde etwas Strahlung ausgespuckt, jetzt als Betastrahlung, und immer noch ein Wasserstoffatom sprang dazu. Dem Kohlenstoffatom wurde es langsam ungemütlich, aber die frechen Wasserstoffleute jubelten wieder Gammastrahlung ab. Und prompt kam ein viertes der aufdringlichen Dinger hinzu.

Nun aber wurde es dem Kohlenstoffatom zuviel. „He, ihr da!" rief es. „Runter, ihr werdet mir zu schwer." Die vier Wasserstöffchen wollten es ihrem Träger leichter machen und spuckten noch etwas Gamma- und Betastrahlung aus. Aber der Kohlenstoff hatte endgültig genug. Es gab einen Ruck, und die Wasserstoffatome fielen runter, während der Kohlenstoff, seiner Last ledig, munter, ein fröhliches Liedchen auf den Lippen, weiterzog.

Die vier Wasserstoffatome hatten sich aber etwas Dummes eingebrockt. Die verjubelte Energie war dahin. Wollten sie alle vier einzeln weiterleben, hätte keiner mehr genügend Kapital gehabt. Also blieb ihnen keine andere Wahl, als ein Kollektiv zu bilden. Sie blieben notgedrungen mit ihrem Restkapital zu viert beisammen und nannten sich in Zukunft ‚Kommune Helium'.

Aus vier Wasserstoffatomen wurde ein Heliumatom. Wasserstoff verbrennt zu Helium oder wissenschaftlich ausgedrückt: Vier Wasserstoffatome vereinigen sich zu einem Heliumatom unter Benutzung des Katalysators Kohlenstoff. — Sie wissen nicht, was ein Katalysator ist?

Prof. Hofmann, ein berühmter Chemiker des 19. Jahrhunderts, soll es einmal so ausgedrückt haben: „Ein junger Mann in Berlin lebt ein Mädchen in München. Die Sehnsucht ist so groß, daß er einen D-Zug nimmt und nach München fährt. Die Liebe kann jetzt ihren Lauf nehmen. Der Katalysator D-Zug ist aber nach wie vor ein D-Zug geblieben."

Ich fürchte, jetzt bekomme ich vom nächstbesten Atomphysik-Professor eins hinter die Ohren wegen despektierlichen Darstellens tiefstgründiger Naturvorgänge.

Doch weiter: Im Sonneninnern wird durch die Fusion von Wasserstoff zu Helium ständig hochenergetische Strahlung freigesetzt. Wer nun glaubt, die trete jetzt an der Sonnenoberfläche in Erscheinung, der täuscht sich gewaltig. Der Weg dorthin ist weit. Die Strahlungsimpulse treffen auf Atome, geben denen Energie ab, werden selbst energieärmer und heizen die anderen auf. So wird die Energie weitergegeben, von Atom zu Atom, von Schicht zu Schicht. Es kann Millionen Jahre dauern, bis ein Impuls aus dem Sonneninneren die Oberfläche erreicht hat, und dann kann ihn bestimmt seine eigene Mutter nicht mehr erkennen. Dann tritt die Strahlung in Form von Licht, Wärme, Radiostrahlung, elektrischer Partikelstrahlung und zahllosen anderen Strahlungsarten aus dem Sonnenkörper heraus.

Die Schicht, in der das geschieht, nennen wir die ‚Photosphäre' — deutsch ‚Lichthülle', eben weil diese Kugelschale der Sonne für uns als mit sichtbarem Licht gesättigt in Erscheinung tritt. Das ist aber noch

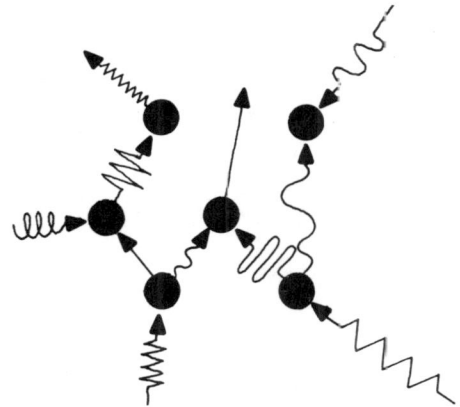

Atome, Ionen usw. treffen sich, tauschen Energien aus und geben sie in anderer Form (Wellenlängen) wieder ab. Es ist ein richtiges ‚Gerangel'. Was als Energieabgabe an der Sonnenoberfläche in den Weltraum abreist, hat mit dem ursprünglichen Energieimpuls im Atomofen des Sonneninneren oft herzlich wenig gemein

längst nicht die äußerste Grenze der Sonne. Darüber liegt noch eine dünne Schicht aus leuchtendem Wasserstoffgas, die Chromosphäre, und die geht über in die Korona, die leuchtende Außenhülle der Sonne, die aber so zart leuchtet, daß sie vom grellen Sonnenlicht normalerweise überstrahlt wird. Bis weit in ihren Bereich hinein erstrecken sich häufig Protuberanzen, Ausbrüche glühenden Wasserstoffgases aus der Sonnenoberfläche, die oft in wenigen Stunden Hunderttausende von Kilometern hochsteigen und dann wieder in sich zusammenbrechen. Es ist schon was los an der Sonnenoberfläche und in ihrer näheren Umgebung.

Nun aber noch ein Wort zur Korona, die wir schon bei der Sonnenfinsternis (Seite 210) bewundert haben und der wir — wenn auch in anderer Form — im tiefen Weltraum wieder begegnen werden. Die Korona ist ein hauchzarter Mantel aus freien Atomen und freien Elektronen, der von einem stetig von der Sonne nach außen strömenden elektrischen Strom und anderen energiereichen Strahlungen zum Leuchten angeregt wird.

Der Vorgang ist einem uns sehr geläufigen profanen Vorgang direkt vergleichbar. In einem Zimmer, einem Saal, auf einer Straße oder dgl. haben kluge Elektriker Beleuchtungskörper installiert. Es sind keine Glühlampen, sondern Leuchtstoffröhren. Sie funktionieren so: In eine luftdicht zugeschmolzene Glasröhre ist ein sehr verdünntes Gas eingeschlossen, das unter weit geringerem Druck steht als die Luft. Mit eingeschmolzen sind zwei Elektroden eines Stromkreises. Schalten wir den Strom ein, jagen die freien Elektronen des Stromes durch die Gasatome, und es gibt ein Gerangel. Die Elektronen stoßen die Atome an, geben Energie ab, die Atome geraten in elek-

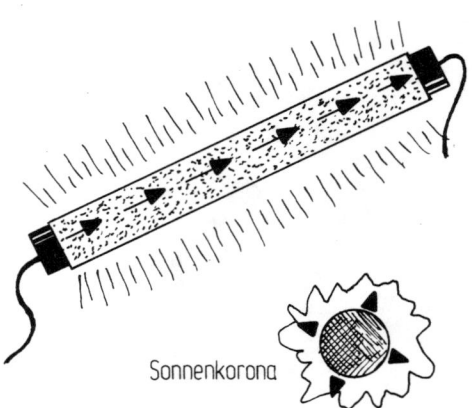

Sonnenkorona

Leuchtstoffröhre und leuchtende Sonnenkorona funktionieren nach demselben physikalischen Grundprinzip

tromagnetische Schwingungen und geben wieder Energie ab, aber auf anderer Wellenlänge, eben als Licht! Das ist, sehr vereinfacht, der Leuchtvorgang in Leuchtstoffröhren, Lichtreklamen und ähnlichen modernen Beleuchtungssystemen. Genauso macht es die Sonne mit der Korona. Das Gas dort hat gerade die ausreichende Verdünnung, um Elektronen, wenn auch mit Gerangel, durchzulassen. Und bei dem Gerangel entsteht das unglaublich zarte Koronalicht, das bei jeder Finsternis die Beobachter fasziniert. Der Elektronenstrom erstickt aber nicht in dem Gas, er strebt weiter, über die Korona hinaus. (Nebenbei: Die Korona erstreckt sich sicher noch weiter, nur wird dann das Gas so dünn, daß kein sichtbarer Lichteffekt *für uns* mehr vorhanden ist.) Die Elektronen streben wie jede andere Strahlung von der Sonne fort und füllen den Raum um sie, wenn auch mit zunehmender Entfernung in immer größerer Verdünnung. Treffen sie aber auf passend verdünnte Gase, dann ist es passiert. Jemand hat die Leuchtstoffröhre angeknipst. In der irdischen Hochatmosphäre fängt plötzlich die Lichtreklame in allen Farben zu schillern an. Nordlicht! rufen die Menschen.

Weil das Magnetfeld der Erde die geladenen Partikeln vornehmlich in die Nähe der Magnetpole lenkt, findet das Spektakulum vornehmlich in den Polargegenden statt, kann aber, bei besonders starken Strahlenschüben, wie sie oft bei besonders heftiger Sonnenfleckentätigkeit auftreten, auch bis in unsere Breitengrade verrutschen.

Doch weiter. Die Erde ist nur für wenige Elektronen Endstation. Andere rasen an ihr vorbei, weiter, treffen auf einen Kometen, der eben sonnennah genug ist, um sich durch die Sonnenwärme in Gas und Staub differenziert zu haben. Das Gas kommt den Elektronen gerade recht. Bums ist die Leuchtstoffröhre wieder eingeschaltet. Ein Teil mindestens des Schweifleuchtens ist ‚angeregtes Leuchten‘, die Sonnenelektronen sind schuld.

Man hat diesem stetigen Elektronen- und Ionenstrom der Sonne den Namen ‚Sonnenwind‘ gegeben. Nicht schlecht! Gerade auf Kometenschweife wirkt der Sonnenwind ‚mitreißend‘. Die leuchtenden Gasatome werden von den Elektronen in deren Laufrichtung vom Kopf weggetrieben, und darum zeigt auch ein Kometenschweif immer von der Sonne weg (s. Seite 157).

Da ist auch die Welt auf einmal unglaublich einheitlich geworden. Son-

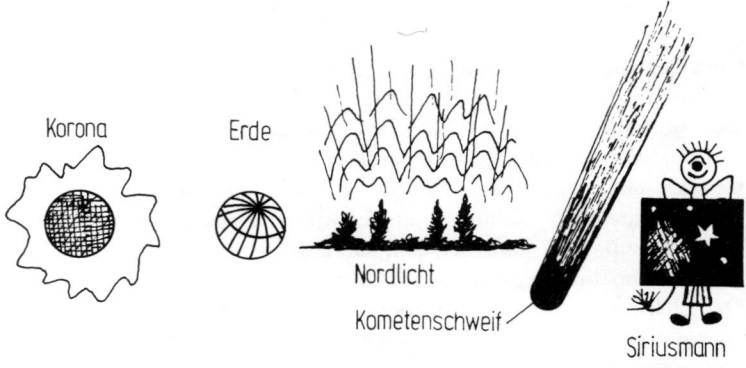

Korona   Erde

Nordlicht

Kometenschweif

Siriusmann

Ob Korona, Nordlicht, Kometenschweif oder ein Leuchten eines freien Gases zwischen den Sternen, es ist immer das gleiche physikalische Grundprinzip: angeregtes Leuchten

nenkorona, Nordlichter, Kometenleuchten und unsere nachgemachten Lichteffekte per Leuchtstoffröhre — alles geht auf denselben physikalischen Grundvorgang hinaus.

Wir dürfen noch weiterdenken. Wir machen die Reise der Elektronen in die Tiefe des Raumes mit. Wir stellen uns vor, so ein paar Ecken hinter Pluto schwebe eine feine Wolke freien, dünn verteilten Wasserstoffgases. Warum soll die nicht auch beim Leuchten mitmachen? Vielleicht ist auch eine Staubwolke dazwischen, die leuchtet natürlich nicht mit und bildet einen bizarren dunklen Fleck.

Ein Astronom auf einem Siriusplaneten entwickelt dann seine Fotoplatte und sagt zu seinem Assistenten: „Da habe ich doch einen neuen leuchtenden Gasnebel nahe bei Sol entdeckt, schwach zwar, aber zu erkennen. Außerdem scheint interstellarer Staub mitzuspielen."

Phanatsie? Was unsere Sonne betrifft, ja; doch was andere Sterne betrifft . . . dat kriege mer später!

Die Sterne ... und was darum herum ist

Schon als es um die Sonne ging, hieß die Frage: „Ist die Sonne ein Planet oder ein Stern?" Und dort wurde sie auch bereits beantwortet. Daher brauche ich hier auch nicht auf die Gegenfrage „Sind Sterne Sonnen?" näher einzugehen.

Natürlich sind sie es. Nehmen wir spaßeshalber unsere Sonne und schieben sie von uns weg, immer weiter. In Jupiterentfernung ist sie schon eigentlich keine ‚Sonne' mehr, sondern nur ein überdimensional heller Stern. Das gilt auch noch bei Pluto, wenn auch in geringerem Maß als bei Jupiter. Haben wir in 4^1/$_2$ Lichtjahren Entfernung α-Centauri, den nächsten Fixstern, erreicht, ist die Sonne immer noch ein normaler Stern der ersten Größenklasse. Wir lassen sie weiter fortlaufen. Selbst in Siriusentfernung ist die Sonne noch 1^m hell. Erst wenn wir sie rund 60 Lichtjahre in den Raum hinausgeschoben haben, ist sie nur noch ein Sternchen an der Grenze der Sichtbarkeit für das freie Auge.

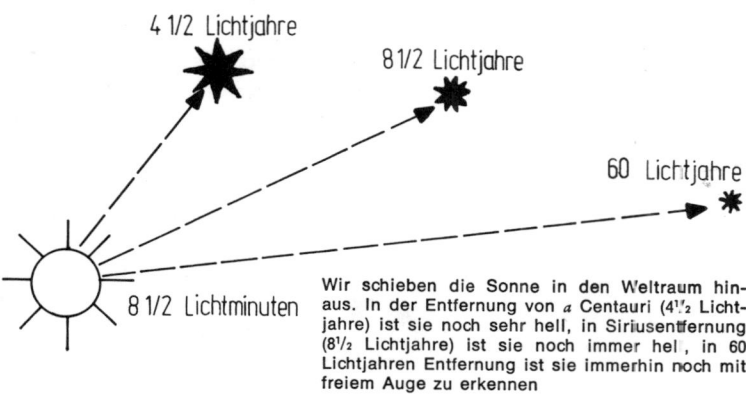

4 1/2 Lichtjahre

8 1/2 Lichtjahre

60 Lichtjahre

8 1/2 Lichtminuten

Wir schieben die Sonne in den Weltraum hinaus. In der Entfernung von a Centauri (4^1/$_2$ Lichtjahre) ist sie noch sehr hell, in Siriusentfernung (8^1/$_2$ Lichtjahre) ist sie noch immer hel , in 60 Lichtjahren Entfernung ist sie immerhin noch mit freiem Auge zu erkennen

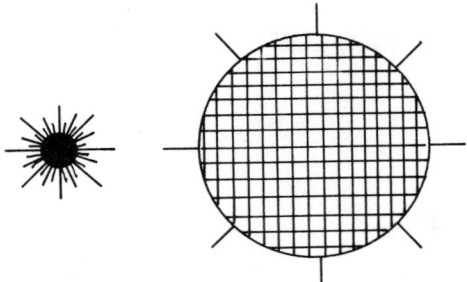

Zwei Arten von hellen Sternen sind zu unterscheiden: solche mit kleinerem Durchmesser, aber sehr konzentriertem Leuchten und andere, die ein weniger intensives Leuchten mit riesenhaftem Durchmesser verbinden

Einwurf in einem Gespräch: „Also sind alle Sterne, die wir sehen und die weiter als 60 Lichtjahre entfernt sind, heller als die Sonne!"
Antwort: „Stimmt, aber nur eingeschränkt. Es gibt Sterne, die zwar an ihrer Oberfläche — sagen wir so pro Quadratmeter — eine geringere Helligkeit ausstrahlen als die Sonne, die aber im Durchmesser sehr viel größer sind. Sie sind aufgeblasene Luftballons, die mehr ‚Werbefläche' bieten. Und da bei uns ohnehin das Gesamtlicht des Sternes praktisch nur in einem Strahl gebündelt ankommt, wirkt das zusammengedrängte Licht von einer größeren Ausstrahlungsfläche heller, obwohl die ‚Quadratmeterabgabe' geringer ist."
Ich fühle mich jetzt als Redner vor einem Publikum, dem nach dem Vortrag Fragen gestellt werden dürfen. Wieder eine Frage: „Sechzig Lichtjahre sind doch verhältnismäßig wenig, wenn ich an die Entfernungen denke, die Sie vorhin genannt haben. Demnach dürfte die Sonne doch ein recht dürftiger Stern sein, denn die meisten anderen sind doch sehr viel weiter entfernt?"
Auch da gibt es eine Antwort: „Auf den ersten Blick sieht das so aus. Nehmen wir aber Listen, Sternkataloge, Verzeichnisse u. dgl., dann ändert sich das Bild. In einer Aufstellung, die die 50 nächsten Sterne bis zu einer Entfernung von 5 Parsec (16 Lichtjahre) erfaßt, sind nur 9 Sterne als für das freie Auge erreichbar verzeichnet. Die 41 anderen, die die ausgewählte riesige Raumkugel von 32 Lichtjahren Durchmesser ausfüllen, sind Kleinbürger. Auch unter den 9 sichtbaren sind nur α-Centauri, Sirius und Atair für uns ‚hell'. Unsere Sonne wäre an der

Tafel 11. Sonnenfleckengruppen (oben Amateuraufnahme von G. W. Bachmann, unten Sonnenobservatorium Schauinsland bei Freiburg)

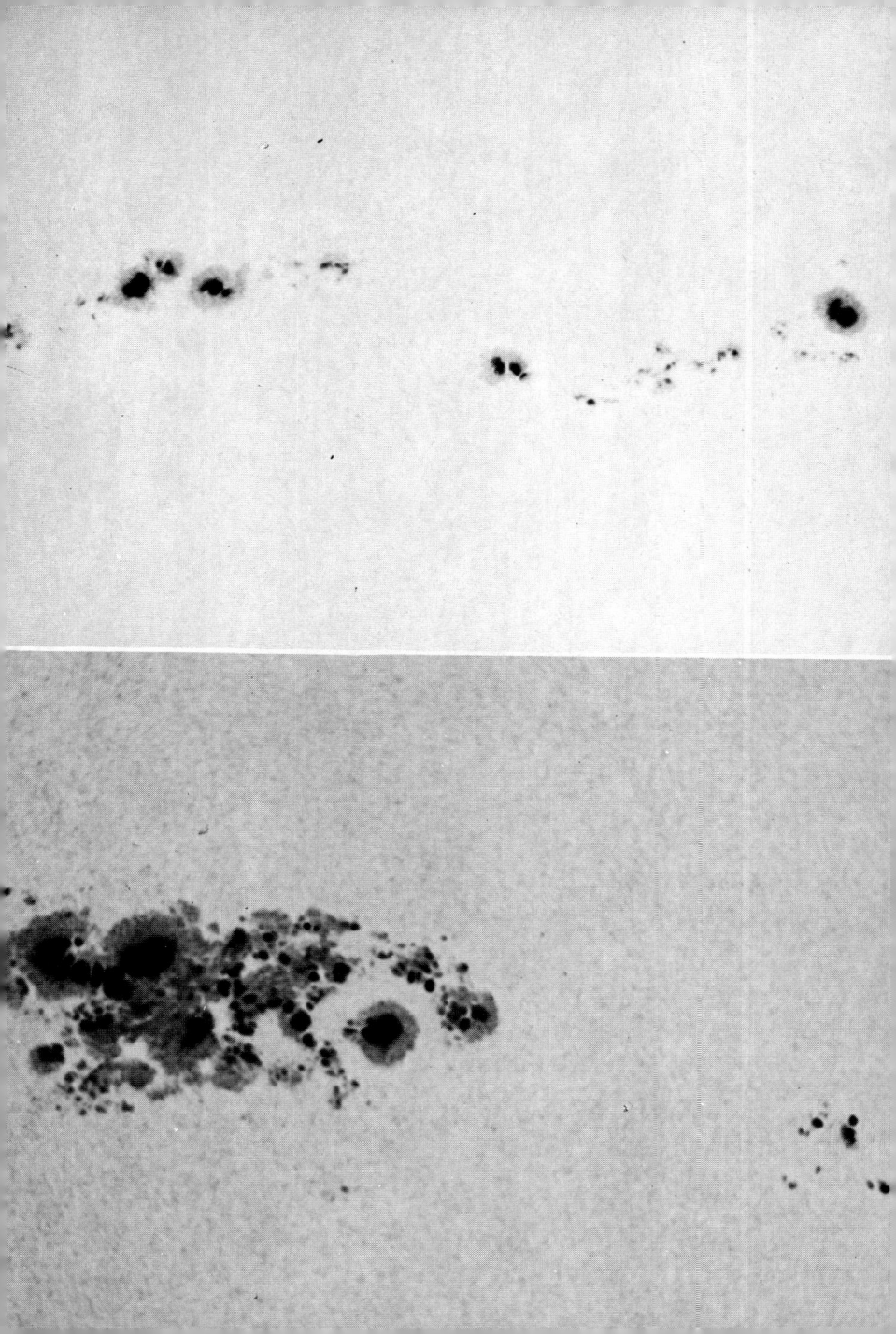

Grenze des in der genannten Aufstellung erfaßten Raumes immer noch rund + 3 Größenklassen hell." —

Selbst die in der ausgewählten Raumkugel auffallend hellen Sterne sind nicht darum hell, weil sie gewaltig groß und riesig an Leuchtkraft wären. Sie sind es, weil sie uns relativ nahe sind. Sirius übertrifft unsere Sonne immerhin um das 27fache an Leuchtkraft; verglichen mit Canopus im Sternbild Schiffskiel (in unseren Breiten nicht zu sehen), der die Sonne um das 17 000fache an Leuchtkraft übertrifft, dafür aber rund 650 Lichtjahre entfernt ist (Sirius $8^{1}/_{2}$ Lichtjahre), ist dieser kleine Konkurrenzunterschied Sirius–Sonne doch relativ gering.

Solche Brocken wie Canopus sind aber dünn gesät. Die Masse der Sterne ist von bescheidenerem Format. Denken wir an die Liste der 50 nächsten Sterne! Unter 50 sind nur 9, die mit freiem Auge zu sehen sind, und unsere Sonne würde als 10. Stern dazugehören, stünde sie auch am äußersten Ende der erfaßten Zone. Alle 40 anderen sind klein, kleiner, am kleinsten, aber immer noch groß genug, um etwas eigenes Licht abzugeben und sich dadurch dem forschenden Menschen zu verraten.

Es ist seltsam, aber der Vergleich zwischen Sternen und Menschen drängt sich immer wieder auf, vor allem dann, wenn es sich um statistische Erhebungen handelt. Es gibt Milliarden Menschen auf der Erde, und es gibt Milliarden Sterne im Weltraum. Nehmen wir an, ein ganz verrückter Supercomputer habe die Lebensdaten, Einkommensverhältnisse, Besitzstände usw. aller Menschen der Erde gespeichert und wir würden einzelne Gruppen sozusagen abrufen. Zuerst die Großkopfeten, die mit viel Geld, Macht und Einfluß.

Ich habe den Computer nicht und kenne die Zahl nicht, aber mehr als so ein paar Millionen zwischen Nord- und Südpol würden wohl kaum herauskommen. Je nachdem, wo man die Grenze zieht, die Grenze zur breiten Mittelschicht derer, die als Arbeiter, Angestellte, Beamte, Handwerker, Ärzte, Rechtsanwälte, Unternehmer usw. ein durchaus erträgliches Dasein führen, sich den Urlaub in Spanien oder Afrika leisten können, ständig klagen, daß es ihnen schlecht geht, und die

Tafel 12. Oben: Man vergleiche die beiden Bilder, vor allem das ‚Hintergrundmuster' der Sterne. Links zeigt sich das Sternfeld ohne, rechts mit Nova. — Unten: Zweimal der Crabnebel M 1. Links nach einer Zeichnung von Lord Ross (etwa um 1860) und rechts auf einem Foto der Mt.-Palomar-Sternwarte

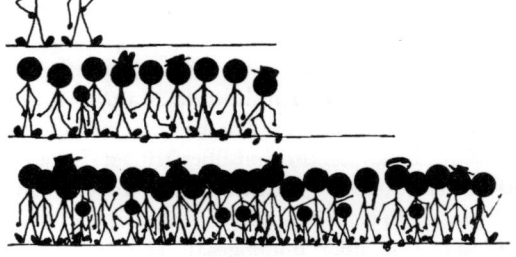

Es ist bei den Sternen wie bei den Menschen: die ‚armen Teufel‘ sind in der Überzahl, ‚Großkopfete‘ gibt es nur wenig

trotzdem zufrieden sein dürfen. Wieviel dürften das unter den fast 4 Milliarden Erdenmenschen sein? Schätzen wir eine Milliarde? Der Rest sind die armen Zu-kurz-Gekommenen, die Milliarden Menschen, die sich in den Entwicklungsländern drängen, von denen jährlich soundsoviele an Seuchen und Hunger sterben, kurz — sie stellen im Grunde genommen die Masse dar.

Bei den Sternen ist es ähnlich. Die großen — die lichtmächtigen Riesensterne — drängen sich vor. Sie sind die strahlenden Gebilde der ersten Größenklasse. Sie liefern den Hauptanteil der mit freiem Auge sichtbaren Sterne, auch wenn sie vergleichsweise weit entfernt sind. Sie drängen sich praktisch dem forschenden Wissenschaftler als Objekt auf, weil er bei ihnen Licht in ausreichendem Maße vorfindet, um es genau

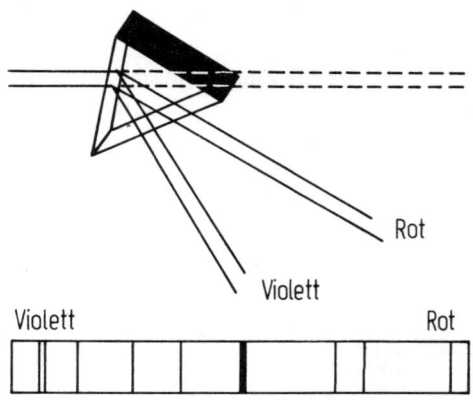

Das Licht fällt durch einen dreieckigen Glaskörper, das ‚Prisma‘. Die gestrichelte Spur zeigt, wie das Licht ohne Prisma weiterlaufen würde. Die ausgezogenen Linien zeigen, wie es abgelenkt und von Rot bis Violett auseinandergezogen wird. Darunter ein Schema des ‚Spektrums‘ von Rot bis Violett und den anscheinend unregelmäßig darin verstreuten Fraunhoferschen Linien

zu untersuchen. Wer einen Stern mit dem Spektroskop untersucht, braucht genügend Helligkeit, sonst wird die Abbildung im Instrument zu blaß.

Spektroskopie ist die Wissenschaft von der Lichtzerlegung. Über ein speziell geschliffenes Glasprisma wird das Licht in seine Wellenlängen zerlegt, so entsteht statt des Sternpunktes ein Lichtband in den Regenbogenfarben von Rot bis Violett. Seit Kirchhoff und Bunsen im vorigen Jahrhundert das Phänomen genau analysierten, wissen wir, daß die Farben nichts anderes sind als die Wellenlängenunterschiede des Lichtes. Dazwischen sind einzelne dunkle Linien, Fraunhofersche Linien genannt, die uns verraten, welche chemischen Grundstoffe am Ausstrahlungspunkt der Lichtquelle vorhanden waren, ja noch wesentlich viel mehr.

Es ist hier nicht der Ort, das hochinteressante Gebiet der Spektroskopie im einzelnen zu erklären. Es sei nur erwähnt, um zu zeigen, daß uns Forschungsmittel zur Verfügung stehen, die sehr differenzierte Aussagen erlauben.

Doch zurück zum Ausgangspunkt. Als im letzten Drittel des 19. Jahrhunderts die Spektroskopie immer mehr angewendet wurde, ging man logischerweise die hellsten Sterne damit an. Sie lieferten am meisten Licht. Daß man dabei vorwiegend auf alles andere als durchschnittliche Objekte stieß, merkte man erst später.

Es ist amüsant, die Einstufung unserer Sonne im Laufe der Zeit zu registrieren. Anfang, Altertum: Gottheit! Fortsetzung, nüchterne griechische Naturphilosophen: Die Sonne umkreist die Erde, ist ihre Dienerin. Fortsetzung 2, Kopernikus: Die Sonne ist das Zentrum des Weltalls, das Wichtigste, das Größte, was es überhaupt gibt. Fortsetzung 3, Astronomie seit dem 17. Jahrhundert: Die Sonne ist ein Stern unter Sternen, nichts besonders Herausragendes. Fortsetzung 4, Astronomie des späten 19. und des beginnenden 20. Jahrhunderts: Die Sonne ist ein Kümmerling, ein Zwergstern, ein kleines, unbedeutendes Etwas gegenüber solch gewaltigen Riesensternen wie etwa Canopus, Beteigeuze, Rigel, Antares, Deneb ... usw. Auch zunächst schwächer erscheinende Sterne erwiesen sich als Giganten. Die Sonne hatte Grund, sich zu verkriechen.

Wissen Sie, was ein Auswahleffekt ist? — Auswahleffekt ist gegeben, wenn ich zwar weiß, daß es Kaviar gibt, mich beim Blick in meine

Brieftasche aber mit Heringsbrötchen begnügen muß. Oder: Ich möchte bei Dunkelheit noch ein paar Blümchen pflücken, weil ich vergessen habe, welche zu kaufen, und meiner Freundin wenigstens eine kleine Aufmerksamkeitsgeste erweisen will. Ich pflücke auch einige, aber nur hellfarbige, die auch in der Dunkelheit erkennbar sind, weiße und gelbe. Die dunklen, die schönen roten und dunkelblauen, die sehe ich gar nicht, obwohl sie massenweise herumstehen.

Wissen Sie jetzt, was ein Auswahleffekt ist? Um es wissenschaftlich aus-zudrücken: Unsere Beobachtungsmöglichkeiten erlauben leider, leider in vielen Fällen nur die Erfassung bestimmter Objekte. Teils wissen wir, daß dem so ist, kommen aber mangels ausreichender Instrumen-tenstärke nicht an die anderen Objekte heran. Teils entgehen uns an-ders geartete Objekte überhaupt.

Um nur ein aktuelles Beispiel zu nennen: Vor Beginn der Satellitenära wußte man gar nicht, daß es Sterne gibt, die intensive Röntgenstrah-lung aussenden. Röntgenstrahlung wird von unserer Lufthülle ver-schluckt und in andere Energieformen umgewandelt. Erst die Technik des ‚außerhalb der Atmosphäre Beobachtens‘ hat uns auf dieses Phä-nomen stoßen lassen.

Um aber auf das Beispiel Kaviar und Heringsbrötchen zurückzukom-men: Es gibt schließlich das, was man deutschen Kaviar nennt. Der ist zwar nicht echt, aber auf ähnlich getrimmt. Anstatt mit lauter kla-ren Spektren ausgesucht heller Sterne zu arbeiten und damit zwangsläufig einem Auswahleffekt zu unterliegen, kann ich mich auch mit weniger deutlichen Spektren schwächerer Sterne begnügen, Hauptsache, ich habe sie in großer Menge vorliegen, und sie weisen wenigstens die gröbsten charakteristischen Merkmale auf. Beispielsweise will ich vor allem wissen, ob die Hauptleuchtkraft des Sternes im roten oder im blauen Teil des Spektrums liegt, ob einige besonders deutlich heraustretende wichtige Fraunhofersche Linien vorhanden sind oder nicht usw. Das wird in Massenarbeit erledigt. Das lichtzerlegende Prisma wird gleich vor das Objektiv des Fernrohres gesetzt, und auf der Fotoplatte erscheinen dann gleich alle Sterne ‚zerlegt'. Daß die Spektren undeutlicher sind als sorgfältig gezielte Einzelspektren heller Sterne, liegt auf der Hand. Für statistische Übersichten über große Sternanzahlen genügt das aber durchaus.

So hat sich seit Einführung dieser Stellarstatistik wieder eine neue Seite gezeigt, eben die, daß die ‚Großkopfeten' zahlenmäßig sehr schwach vertreten sind. Es gibt da eine wunderschöne Methode, die Sterne zu sortieren, vor allem wenn man eine ordentlich große Menge zur Verfügung hat. Die Überschrift lautet: Hertzsprung-Russell-Diagramm! Wem das nichts sagt, der möge mich zu einer Weihnachts-Spendenaktion begleiten. Jemand, sagen wir ein Obstgutbesitzer, hat einem Kinderheim einige Zentner Äpfel gespendet. Die sollen auf die Geschenkteller verteilt werden. Das soll aber möglichst gleichmäßig geschehen, damit sich kein Kind benachteiligt fühlt. Also wird ein großer Tisch aufgestellt, und man beschließt, die Äpfel, die aus dem großen Korb

Wir können wählen: entweder einzelne, sehr deutliche Spektren oder, mittels Objektivprisma, viele, weniger deutliche, aber für Statistiken ausreichende Spektren

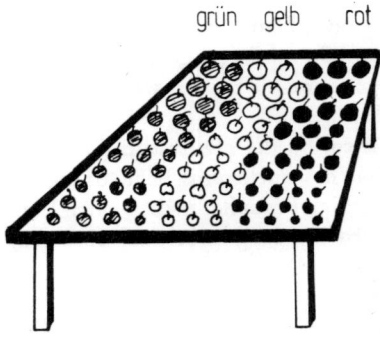

grün gelb rot

kommen, reihenweise auf der Platte aufzubauen. Oben kommen die großen hin, an der unteren Tischkante liegen die kleinen. Dazwischen rangieren die Zwischengrößen. Aber auch nach der Farbe wird sortiert. Rechts liegen die roten, links die grünen, dazwischen die gelben, je nach Farbabstufung. Ein mittelgroßer gelber Apfel wird also etwa in der Tischmitte zu suchen sein, ein großer roter rechts oben, ein großer grüner links oben und ein kleiner grüner links unten. Jetzt hat man eine Übersicht und kann die Äpfel verteilen.

Ich hoffe, die Kindertanten haben nicht dieselben Schwierigkeiten wie die Astronomen mit den Sternen. Sie haben es nämlich genauso gemacht. Den Tisch vertritt ein Blatt Papier. Senkrecht wird die absolute Leuchtkraft aufgetragen. Das ist die Helligkeit, die ein Stern *hätte*, wäre er genau 10 Parsec von uns entfernt. Am unteren Rand sind die geringsten Helligkeiten verzeichnet, oben die größten. Waagrecht trägt man die Reihenfolge der Spektraltypen auf. Das sind Buchstabenbezeichnungen für bestimmte Sterntypen, die sich jeweils im Spektrum ähnlich sind.

Das ist gleichzeitig eine Farb- und Temperaturreihe. Die weißen bzw. blauweißen Sterne sind auch die heißesten. Wir dürfen sie auf beiläufig 25 000 bis 20 000° C Oberflächentemperatur einstufen. Die ausgesprochen roten Sterne sind die vergleichsweise kühlsten; ihre Oberfläche ist

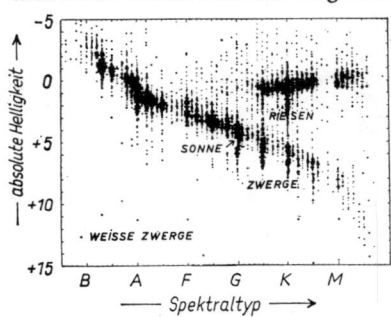

allenfalls 3000° C heiß, manche bleiben selbst noch darunter. Dazwischen liegen die weißen, die gelbweißen, die gelben, die gelborangen, die orangen Typen.

Sie alle sind mit Buchstaben als Typen gekennzeichnet, deren

Schematisches Hertzsprung-Rusell-Diagramm

242

Reihenfolge sich aus der
historischen Entwick-
lung der Forschung er-
geben hat. Man hat im-
mer wieder umplaziert,
Typen weggelassen, mit

O—B——A—F——G——K——M—

Oh-Be-A-Fine—Girl—Kiss-Me —

anderen verschmolzen, und so gilt heute die etwas kuriose Reihenfolge
von Weiß nach Rot: O-B-A-F-G-K-M. Ein englischer Merkvers heißt:
„O be a fine girl kiss me!" Es gibt noch ein paar Sondertypen, aber
die Grundreihe genügt uns. O-Sterne links, M-Sterne rechts, helle oben,
schwache unten. Das Ganze heißt, siehe oben, ‚Hertzsprung-Russell-
Diagramm'.
Da zeigt sich nun, daß beileibe nicht die ganze Fläche gleichmäßig besetzt ist. Oben, bei den hellen Sternen, zieht sich ein waagrechter Streifen über das Diagramm. Ein weiterer, dicht besetzter Streifen verläuft
diagonal von den hellen weißen Sternen oben links zu den schwachen
roten unten rechts. Die übrigen Flächen sind so gut wie frei. Hier tau-
chen nur vereinzelt da und dort Sterne auf, so unten links ein Grüpp-
chen, die ‚Weißen Zwerge'. Die Zahlenstatistik zeigt, daß auf dem
‚Riesenast', das ist die Waagrechte oben, nur etwa 10 % aller Sterne
auftauchen. Die übrigen 90 % bevölkern die ‚Hauptreihe', eben jene
Diagonale von links oben nach rechts unten. Der Riesenast heißt so,
weil die darauf plazierten Sterne auch räumlich zu den Riesensternen
zählen. Beteigeuze z. B. würde, an Stelle unserer Sonne stehend, noch
weit über die Erdbahn hinausreichen.
Hier ist eine knifflige Frage fällig, die immer wieder zu diesem Thema
gestellt wird und die ich so formulieren möchte, wie sie mir vor kurzem
bei einem Gespräch am runden Tisch gestellt wurde:
„Vorhin haben Sie gesagt, die Sterne seien so weit entfernt, daß man
sie im Gegensatz zu den Planeten auch mit dem gewaltigsten Fernrohr
nicht vergrößern kann, stimmt das? — Folgerung, wie kann man dann
etwas über ihren Durchmesser aussagen?"
Ich war in der Klemme. Das äußerst knifflige Prinzip der Interfero-
metermessung zu erklären, bei der man sich die Wellennatur des Lichtes zunutze macht, hätte eine einschlägige Physikvorlesung über das
Wesen des Lichtes vorausgesetzt. Also begnügte ich mich mit der Schilderung einer anderen Methode.

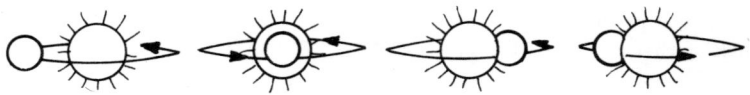

Verschiedene Phasen beim ‚Tanz' eines bedeckungsveränderlichen Sternpaares. Die Darstellung ist vereinfacht und auf den größeren Hauptstern bezogen. In der Natur tanzt auch der Hauptstern mit; von uns aus gesehen entsteht allerdings der Eindruck, als sei er der ruhende Mittelpunkt des Systems

„Sehen Sie", meinte ich, „nehmen Sie dieses Bierglas und diesen Salzstreuer. Steht der Salzstreuer hinter dem Bierglas, sehen Sie ihn nicht. Führen Sie ihn aber mit der Hand hinter dem Glas vorbei, dann sehen Sie ihn zuerst, dann verschwindet er dahinter, und dann taucht er wieder auf. Nun gibt es eine ganze Menge Sterne, die uns dieses Spiel vorexerzieren. Ein solcher Stern besteht in Wahrheit aus zwei Partnern, die einen gemeinsamen Schwerpunkt umtanzen. Ihre Bahnlage ist nun so, daß für uns Beobachter abwechselnd immer ein Partner hinter dem anderen verschwindet, dann taucht er wieder auf. Ist der eine vom anderen verdeckt, erhalten wir logischerweise nur das Licht des Sternes im Vordergrund, sagen wir, es sei Stern A. Taucht B wieder auf, erhalten wir das Licht beider. Der Stern ist zeitweilig normal hell, dann wird er vorübergehend schwächer, dann wieder normal hell. Daher heißen solche Sterne ‚Bedeckungsveränderliche'. Es dürfte einleuchten, daß uns die Zeit, in der B hinter A verschwunden war, einen wichtigen Anhalt über den Durchmesser von A gibt. Da man aus den Zeitabständen, in denen sich der Lichtwechsel vollzieht, sehr gut auf die Bahnverhältnisse, Geschwindigkeiten u. dgl. schließen kann, ist auch der Durchmesser in Kilometern ermittelbar. Leuchtet das ein?"

Meine Gesprächspartner gaben das zu, fanden aber, daß das ja nur bei eben diesen Bedeckungsveränderlichen klappe. Ich wies darauf hin, daß es noch andere, kompliziertere Methoden gebe, daß aber zugegebenermaßen nur ein kleiner Teil von Sternen so individuell behandelt werden kann. Da gibt es aber immer noch die Massenmethode — denken Sie an das Beispiel vom deutschen Kaviar —, im einzelnen individuell vielleicht nicht allzu präzise, im großen und ganzen aber richtig.

Man nehme das Spektrum eines Sternes, das eindeutig den Typ M zeigt. Aus unserem Wissen über die Strahlungsgesetze ist uns bekannt, daß die Temperatur des Sternes allenfalls 3000° C beträgt und daß damit auch eine ganz bestimmte Helligkeitsleistung pro ‚Quadratmeter' verbunden ist. Sie ist bei einem M-Stern nicht gerade aufregend. Ist er trotzdem sehr hell, muß die strahlende Oberfläche sehr groß sein. So habe ich einen Weg, seinen Durchmesser zu bestimmen.

Kommen wir nochmals auf unser Diagramm zurück, so ergibt sich für die Sterne des Riesenastes wie schon gesagt nur ein geringer Prozentanteil. Die Hauptreihesterne sind in der erdrückenden Überzahl. Unter diesen aber nimmt beispielsweise unsere Sonne einen guten Mittelplatz ein. Sie ist ein G2-Stern mittlerer absoluter Helligkeit (etwa 5M. Mit M werden absolute Größen bezeichnet. So hell wäre der bebetreffende Stern in 10 Parsec Entfernung. Dort würde sie uns so hell erscheinen wie das Reiterlein im Himmelswagen. Wenn wir an die im Laufe der Zeit so schwankende Meinung über den Stellenwert unserer Sonne unter den übrigen Himmelskörpern denken, so können wir den Schluß ziehen: Sie hat sich auf den Durchschnitt eingependelt.

Etwas fiel vielleicht soeben auf. Es war die Rede vom G2-Stern Sonne. Man hat nämlich, da alle Übergänge fließend sind, die Zwischenräume zwischen den Buchstaben in Dezimalstellen unterteilt. Ein G1-Stern ist eben schon ein Fünkchen mehr ins Orangegetönte gehend als ein G0-Stern. (Nebenbei, wenn ich hier von Farbtönen rede, dann stimmt das zwar; als Kriterium für die Wissenschaft gelten aber andere Argumente, z. B. der Anteil der Metallinien im Spektrum gegenüber den Wasserstofflinien usw.)

Da kommen wir schon wieder zu einer kleinen Seitensprungmöglichkeit zum Thema ‚Rotwelsch' oder auch ‚Fachchinesisch' der Astronomen. Wer ein Astronomiebuch liest und nicht zuvor schon anderweitig orientiert ist, stolpert über Passagen wie: ‚Arktur im Bootes ist ein früher K-Stern', oder ‚Rigel im Orion ist ein später B-Stern'. Was soll's? Bezieht sich das auf die Entstehungszeit des Sternes? Woher wissen wir, wie alt der ist, und was bedeutet das ‚früh' oder ‚spät' in diesem Zusammenhang? Bedeutet früh, daß er schon sehr früh, also vor sehr langer Zeit entstanden ist? Oder steht er noch in einem frühen Entwicklungsstadium?

Lachen Sie nicht, wenn Sie sich in der astronomischen Fachsprache auskennen! Gerade diese Frage ist mir schon oft und oft gestellt worden,

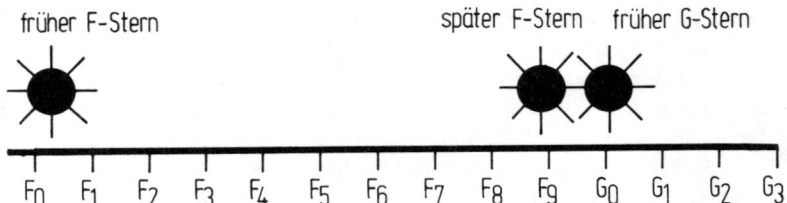

früher F-Stern   später F-Stern   früher G-Stern

F_0 F_1 F_2 F_3 F_4 F_5 F_6 F_7 F_8 F_9 G_0 G_1 G_2 G_3

Kleine Erläuterung zum Thema der ‚frühen' oder ‚späten' Sterne im Rahmen der Spektraltypenbezeichnungen

und die Verwirrung, in die der unerfahrene Leser eines mit solchen Fachkürzeln gespickten Artikels gestürzt wird, ist nicht gering. Aber jetzt wissen wir's und können darum kühn feststellen, daß ein später F-Stern (F 9) einem frühen G-Stern (G 1) charaktermäßig sehr viel näherstehen kann als einem frühen F-Stern.

Die Formelfeinheiten gehen noch viel weiter. So findet man z. B. oft einen Buchstaben ‚g' oder ‚d' vor dem Spektraltyp. Da heißt g giant (Riese) und d dwarf (Zwerg). Im Bestreben, immer feiner zu unterteilen, gliederte man auch die Gruppe der Überriesen und der Unterriesen extra. Zur Beruhigung: ‚Überzwerge' gibt es keine.

Wir haben da also ein munteres buntgemischtes Völkchen von diversen Sterntypen vor uns. Früher glaubte man, daß die beiden Äste des Hertzsprung-Russell-Diagramms den Lebensweg eines Sternes dokumentieren. Aus einer freien Gaswolke beginnt er, sich durch Schwerkraft, die von einem verdichteten Punkt ausgeht, zusammenzuballen. Bald wird ein erkennbarer, riesiger, aber noch sehr locker gebauter Roter Riese draus. Er zieht sich durch die Schwerkraft zusammen. Die immer dichter werdende Pressung des Materials erhitzt ihn. Aus dem Roten Riesen wird ein Gelber, ein Weißer, ein Blauweißer, und dann geht es mit der Verdichtung immer langsamer, weil er schon dicht genug ist. Der Energienachschub wird geringer als die Abstrahlung, er gibt mehr aus, als er nachschaffen kann, und wandert auf der Hauptreihe, immer schwächer werdend, herunter, bis er als Roter Zwerg — dM9 — endet. Sehr elegant ist dies, nur leider nicht wahr. Die Wirklichkeit ist komplizierter, aber darauf kommen wir an anderer Stelle noch zu sprechen.

Eines mag als Resümee festgehalten werden: Die Sonne ist ein Stern wie jeder andere, sie hat nur einen gewaltigen Vorteil, sie ist uns so unglaublich nahe, daß wir sie haargenau analysieren können. Und was wir von der Sonne bezüglich Aufbau, Energiefreisetzung usw. wissen, das gilt generell für alle anderen Sterne auch. Vom Kern aus wird durch Atomverschmelzungsvorgänge die Energie geliefert, die an der Oberfläche in mannigfacher Art als Strahlung in Erscheinung tritt.

Hier möchte ich eine Geschichte erzählen, die ich einmal im Rahmen eines mehrere Abende umfassenden Seminars an einer Volkshochschule ausprobierte. Ich hatte von der Erde ausgehend über das Planetensystem berichtet; Planeten, Kometen, Meteore, die Sonne und all ihre Feinheiten, Flecken, Protuberanzen, Korona und noch vieles mehr waren drangekommen. Jetzt waren die Sterne an der Reihe. Ich hatte eben das, wovon die letzten Seiten berichteten, vorgetragen und stellte nun eine neue Situation vor:

„Ein Stern hat also wohl in mehr oder weniger differenzierter Form alle die Strahlungseigenschaften, die wir von der Sonne her auch kennen. Nun nehmen wir diesen Stern aber und versetzen ihn in eine gewaltige Lichtjahre im Durchmesser messende Wolke aus hochverdünntem Wasserstoffgas. Was wird geschehen? Denken Sie an die Sonne!"

Verlegenes Schweigen. Dann ein zögernder Vorschlag: „Das Gas stürzt auf den Stern herein, und er wird immer heißer!"

„Das meinte ich nicht. Es kommt auch aus anderen Gründen nicht in Frage, was ist es wohl?"

Da kam aus einer Ecke das unvermeidbare Stichwort: „Sonnenwind!"

Natürlich! Sonnenwind!

So wie die Sonnenstrahlung die Korona und die Gasanteile der Kometenschweife zum Leuchten anregt, die Nordlichter in der Erdatmosphäre verursacht, so regen andere Sterne nun

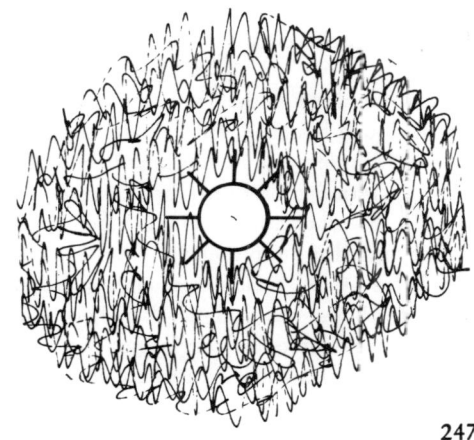

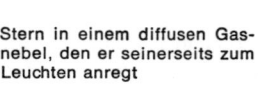

Stern in einem diffusen Gasnebel, den er seinerseits zum Leuchten anregt

auch die Gasnebel zum Leuchten an. Ein grundlegender Naturvorgang, der mit unserer Lichtreklame beginnt, dokumentiert sich hier in der unermeßlichen Tiefe des Weltraumes in den leuchtenden Gasnebeln. Der Orionnebel ist ein berühmtes Beispiel. Im Schwert des Orion steht er als, dem freien Auge angeblich erkennbarer, zarter Nebelfleck. Wenn ich das Wort angeblich betone, dann deshalb, weil seine Helligkeit ausreicht. Die dicht dabeistehenden schwachen Sternchen lassen aber unter normalen Verhältnissen die ganze Gruppe zu einem einzigen Fleck verschwimmen, so daß das isolierte Identifizieren praktisch nur in der Einbildung möglich ist. Ein Feldstecher jedoch, der die Einzelsterne schärfer als Punkte definiert, zeigt den Nebel sicher isoliert.

Sie kennen die Bilder des Nebels. Er sieht aus wie ein loderndes Feuer. Neben der hellsten Stelle, dem Kern, liegt aber unmittelbar eine dunkle Stelle. Das ist nun nicht etwa ein Loch im Nebel oder eine scharfe Grenze, sondern vorgelagertes Dunkelgewölk, das sich wie ein Vorhang vor die leuchtenden Nebelteile schiebt. Diese Dunkelwolken bestehen vornehmlich aus fester Materie, Staub, den auch die energiereichste Strahlung allenfalls zum Lichtreflektieren, aber nicht zum Selbstleuchten bringen kann.

Im Kern des Orionnebels finden wir aber nicht nur einen Stern, sondern gleich eine ganze Gruppe, vornehmlich heiße B-Sterne, die mit zu den heißesten gehören, die wir kennen (15 000 bis 20 000° C Oberflächentemperatur). Ihre Strahlung ist so energiereich, daß sie in der Lage ist, selbst den ganzen, 30 Lichtjahre im Durchmesser messenden Nebel zum Mitleuchten aufzuschaukeln. Den Sonnenwind, den wir kennen, registrieren wir vornehmlich an schnell bewegten elektrischen Teilchen.

Der Sonnenwind solcher heißer B-Sterne mag aus weit energiereicherer Strahlung bestehen. Im Prinzip ist es aber dasselbe: Die Strahlung, die im Atomofen eines Sterninneren ausgebrütet wird, ist noch auf weite Entfernung hin durch ihre Energie in der Lage, feinverteilte Gase zum Leuchten aufzuschaukeln. Denken Sie einmal daran, wenn Sie eine Leuchtstoffröhre anknipsen.

Die Tafel 14 zeigt Beispiele solcher Nebel, deren bizarres Aussehen meist durch dunkle Staubwolken hervorgerufen wird, die entweder daruntergemischt oder vorgelagert sind. Dies gibt uns übrigens eine herrliche Möglichkeit, Entfernungen auszuloten. Wir gehen wieder

ganz statistisch vor. Aus Massenbeobachtungen haben wir herausbekommen, daß die Leuchtkräfte der Sterne zwar sehr differieren; auf große Entfernungen aber sind die Unterschiede individuell gar nicht mehr so wichtig. Wir können behaupten, daß ein durchschnittlicher Stern dieser oder jener Helligkeit soundsoweit entfernt sei. Mag er nun auf Grund seiner individuellen Helligkeit 10 Lichtjahre mehr oder weniger als der Durchschnittswert entfernt sein, was spielt das schon für eine Rolle, wenn es um Tausende von Lichtjahren geht? Mit einem Beispiel habe ich da schon oft anschauliche Erfolge erzielt. Das funktioniert so: Ich stehe mit einer Zuhörergruppe auf einem Aussichtspunkt nahe einer Stadt, die ein Lichtermeer aus unzählig erscheinenden Straßen- und sonstigen Beleuchtungen darstellt. Wir betrachten zwar vornehmlich die Sternbilder, aber da bietet sich eine Gelegenheit zu einer Abschweifung. Dort ist die Stadt, sind die vielen Lichter, aber da links, da ist so ein dunkler Fleck, dort sind nur vereinzelt Lichter zu erkennen. Frage ich danach, warum wohl?, dann kommt die Antwort, dort sei ein Waldausläufer und daher sehe man nur wenige Lichter aus dem Vordergrund. Nehmen wir aber den Wald weg, was dann? Dann wird's dort auch ganz schön hell, denn hinter der Waldzunge ist noch ein ausgedehnter dichter Stadtteil.
Der Vergleich hinkt etwas, kann aber das Prinzip verständlich machen. Wenn wir ein reiches, dichtbesetztes Sternfeld haben, sagen wir ein Stück Milchstraße, von dem sich plötzlich ein auffallend sternarmes Gebiet abhebt, dann zählen wir die wenigen dort sichtbaren Sterne ab

Die Baumgruppe verdeckt die Gesamthelligkeit der Stadt innerhalb eines bestimmten Bereiches. Dunkelnebel im Weltraum tun dasselbe, stehen sie vor hellen Nebelwolken

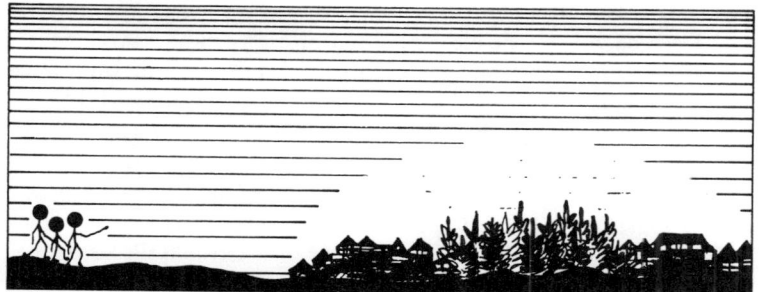

und stellen ihre Helligkeiten fest. Verblüfft registrieren wir, daß vielleicht nur Sterne bis zur 9. Größenklasse dort stehen. In der sternreichen Umgebung reichen sie aber noch weiter. Da wimmelt es nur so von 15., 16. oder noch schwächerer Größenklasse. Fazit: In der Durchschnittsentfernung der Sterne der 9. Größe beginnt die Dunkelwolke und verdeckt uns den Hintergrund.

Zugegeben: Das ist sehr vereinfachend dargestellt. Z. B. leuchten absolut helle Sterne durchaus noch aus der Wolke heraus, ja sogar durch sie hindurch. Sie zeigen aber, verglichen mit ihrem Spektraltyp, eine falsche Farbe. Sie sind röter, als sie sein dürften, und aus dieser Rötung, der man den schönen Fachnamen ,Farbenexzess' gegeben hat, kann der raffinierte Fachmann Aussagen über die Dichte der Wolke, ihre Tiefenerstreckung, ja sogar über die Partikelgröße der Staubteilchen herauslesen. Absolut sicher sind diese Angaben natürlich nicht, aber wichtige Anhaltspunkte ergeben sich durchaus.

Wenn man all das so überschaut, dann zeigt sich, daß etwas, das eigentlich von vielen Menschen gedankenlos als Selbstverständlichkeit hingenommen wird, in Wahrheit eine falsche Vorstellung, eine Fiktion ist, nämlich die Idee vom leeren Weltraum.

Man lebt doch eigentlich immer in der Vorstellung: Da haben wir die Erde, die Sonne, noch ein paar Planeten, und dazwischen ist der Weltraum leer. Er stellt das absolute Vakuum dar. Jenseits der Plutobahn ist er, könnte man das Wort leer steigern, noch leerer, denn jetzt dauert es Lichtjahre, bis wir beim nächsten Stern sind. Zwischen den Sternen, die absolute Leere, das Nichts im wahrsten Wortsinn.

Eben das ist die falsche Vorstellung. Schon im Planetensystem beginnt es. Da sind die Meteoriten bis herunter zu mikroskopisch kleinsten Teilchen. Die Sonnenkorona besteht aus feinstem Gas. Wo hört sie auf? Etwa da, wo wir sie nicht mehr sehen? Sicher nicht. Einzelne Gasatome werden wir bei eifriger Nachsuche immer finden. Im weiten Weltraum haben zwar die Sterne mit ihren gewaltigen Leuchtkräften das Sagen, aber dazwischen finden sich Wolken aus Wasserstoffgas, manchmal verdichtet, zum Leuchten angeregt. Darunter gemischt und daneben gelagert dehnen sich weite Staubfelder als Dunkelnebel aus. Kurz gesagt: Das absolute Vakuum, das Nichts in seiner vollen Bedeutung, ist eine Fiktion, das hat uns die moderne Astrophysik Schritt um Schritt deutlich gemacht.

Noch einmal etwas von den Sternen . . .

Jedem, der etwas mit den Sternen zu tun hat, der etwa gar an einer Sternwarte tätig ist und Zugang zu größeren Fernrohren hat, wird todsicher irgendwann einmal die Frage gestellt: „Haben Sie schon einmal einen neuen Stern entdeckt?"
Meist ist man in Versuchung, einfach mit einem glatten Scherz darüber wegzugehen, oder man stellt die Gegenfrage: „Was verstehen Sie unter einem neuen Stern?"
Da gibt es die Objekte unserer engeren Nachbarschaft, die Kleinplaneten oder Kometen. Natürlich entdeckt man unter diesen immer wieder solche, die bisher noch nicht registriert sind und die bei Überwachungsaufnahmen plötzlich als winzige Bewegungsspur auf der Fotoplatte auftauchen. Dieses Reservoir ist nahezu unerschöpflich, und spezialisierte Fachleute kommen im Lauf ihrer Berufstätigkeit auf eine ganz erkleckliche ‚Abschußliste'.
Im vorigen Jahrhundert, als die Fotografie noch nicht in die Astronomie eingeführt war, gab es Kleinplanetenjäger, die ausgesuchte Himmelsabschnitte regelmäßig und systematisch absuchten. Jedes Sternpünktchen, das sie im Gesichtsfeld ihres Fernrohres orteten, verglichen sie mit den einschlägigen Sternkarten. War so ein winziges Pünktchen nicht verzeichnet, erregte es Verdacht und wurde verfolgt. Zeigte es von einem Tag zum nächsten eine Positionsänderung, hatte es sich als Kleinplanet oder sehr sonnenferner Komet verraten. Ergab sich auf die Dauer keine Positionsänderung, dann war eben dem Verfasser der Vergleichssternkarte ein Fehler unterlaufen. Er hatte das winzige Pünktchen übersehen.
Bedenkt man, daß eines der bedeutendsten Himmelskartenwerke, die ‚Bonner Durchmusterung', allein für den Bereich zwischen Himmels-

nordpol und 2 Grad südlich des Himmelsäquators 324 198 Sterne enthält — in der Helligkeit geht die Durchmusterung nahe an die 10. Größenklasse heran —, dann ist klar, daß ein Sternchen aus diesem Riesengebiet, falls es nicht in der Karte enthalten ist, keinesfalls von vornherein als neuer Stern eingestuft werden kann.

1781 entdeckte W. Herschel den Planeten Uranus beim Vergleich eines alten Sternkataloges (von J. Flamsteed; die Bonner Durchmusterung gab es damals noch nicht). 1846 teilte U. J. J. Leverrier die von ihm errechnete mutmaßliche Position des Planeten Neptun der Berliner Sternwarte mit, weil er wußte, daß dort neue, verbesserte Sternkarten bearbeitet wurden und das Identifizieren des gesuchten Objektes dort leichter als anderswo sein mußte. Tatsächlich fand J. Galle in Berlin den Planeten auch in der ersten der Suche danach gewidmeten Beobachtungsnacht.

Wenn nun heute jemand auf einer langbelichteten Fotoaufnahme, die noch weit schwächere Sterne wiedergibt als die, die in der Bonner Durchmusterung registriert sind, etwa den jenseits der Plutobahn vermuteten Planeten findet — hat der einen neuen Stern entdeckt?

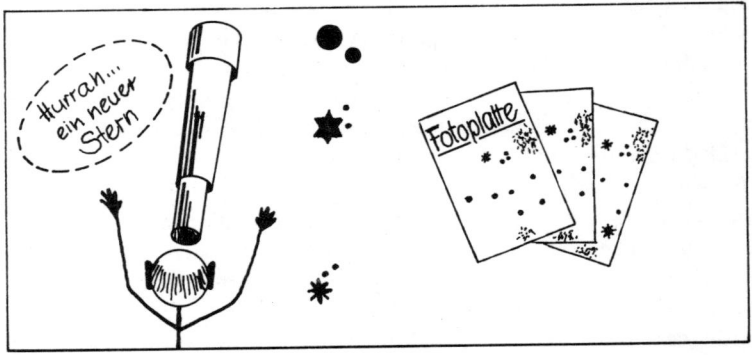

Die Definition ist äußerst schwierig. Tatsächlich gibt es aber eine bestimmte Sorte von Sternen, die amtlich ‚Neue Sterne‘ genannt werden. Das lateinische Wort heißt Nova, die Mehrzahl Novae.

Tafel 13. Sternhaufen: Oben links: M 44 Praesepe (Aufnahme Vehrenberg); oben rechts: die Plejaden (Aufnahme Mt. Palomar); unten links: Kugelhaufen M 13 (Aufnahme Mt. Palomar); unten rechts: offener Haufen M 37 (Aufnahme Vehrenberg)

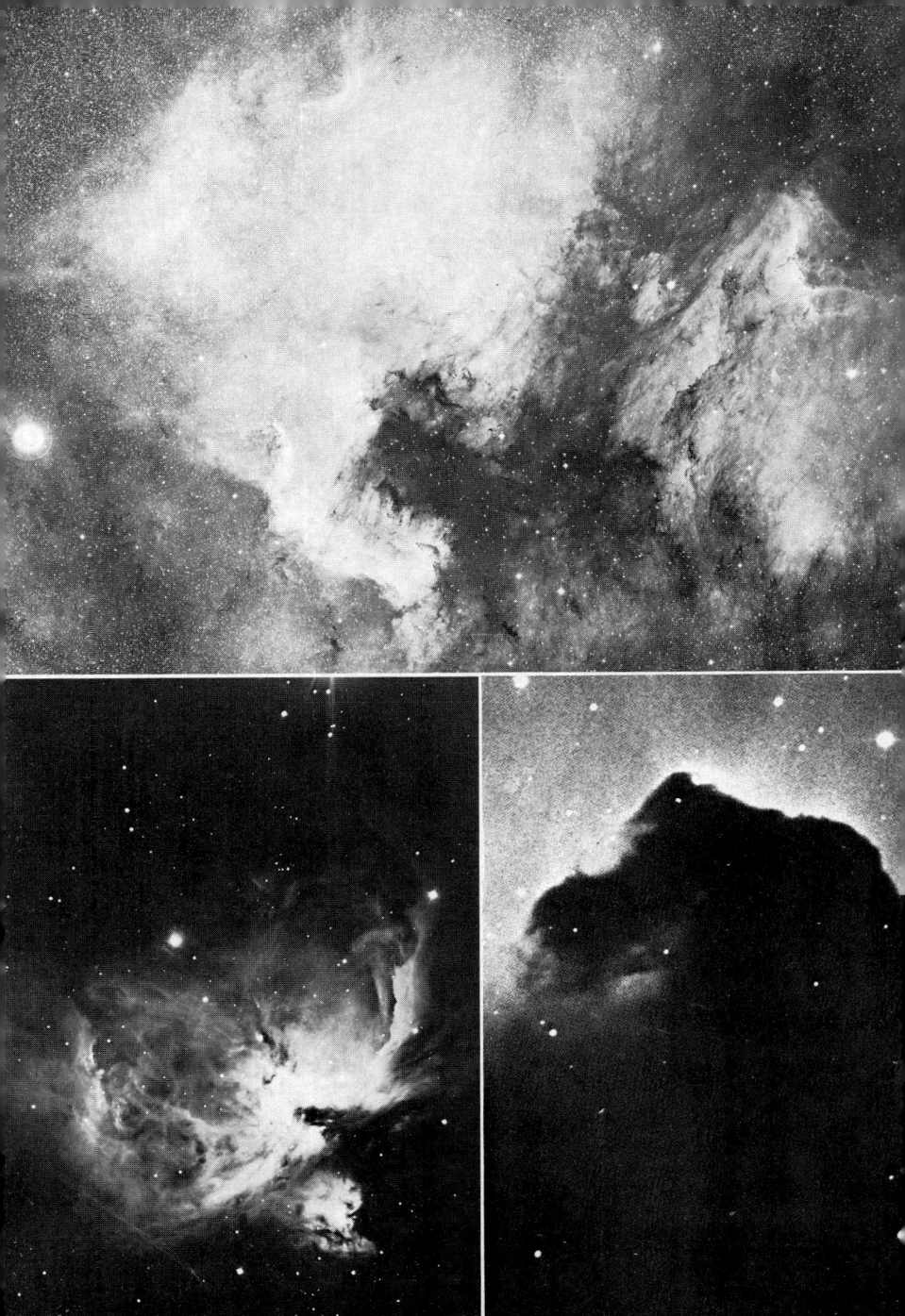

Typische Lichtkurve einer Nova

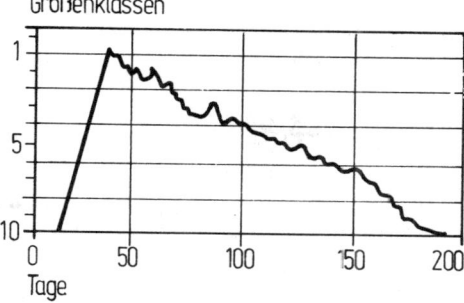

Größenklassen

Nehmen wir einige Augenblicksbilder. Am 8. Juli 1967 entdeckt G. E. D. Alcock in England im Sternbild Delphin, oberhalb der bekannten, rhombusförmigen Grundfigur einen Stern der Helligkeit +5m.6, der dort nicht hingehört. Sternkarten verzeichnen ihn nicht. In solchen Fällen werden Fotoarchive auf den Kopf gestellt. War der Stern schon zuvor irgendwie vorhanden? Tatsächlich fand man auf einer Platte vom 3. Juni ein Sternchen der Helligkeit 11m.9, das am 17. Juni schon 9m hell war. So konnte ein überschaubarer Lichtanstieg belegt werden.

Allerdings war der Fall nicht typisch. Meist geht der Lichtanstieg schneller vor sich. Der Stern explodiert geradezu an Helligkeit. Es kam schon vor, daß ein Stern innerhalb von 24 Stunden um 10 Größenklassen heller wurde (z. B. Nova Cygni 1975). Eines aber haben sie alle gemeinsam: Sie sind nicht von Dauer. Ein plötzlich hell gewordener Stern hält seine Helligkeit nicht. Nach Tagen, Wochen, Monaten wird er mehr oder weniger rasch wieder lichtschwach. Meist sinkt er auf die Ausgangshelligkeit zurück.

Das kann man natürlich nur beweisen, wenn man, z. B. mittels alter Fotoplatten, die Ausgangshelligkeit festnageln kann, was durchaus nicht immer möglich ist. Im Fall der eben als Beispiel genannten Nova Delphini von 1967 dauerte es sehr lange, bis sie wieder schwach wurde. Noch ein Jahr nach dem Ausbruch hatte sie nur rund eine Größenklasse an Licht verloren, doch dann ging es trotzdem unerbittlich bergab.

Der Fachmann hat für solche Typenunterschiede gleich ein passendes Fachwort in petto. Die Nova Delphini war eine ‚langsame Nova‘. Erstens zog sich ihr Lichtanstieg über einige Wochen hin, zweitens

Tafel 14. Oben: Nordamerikanebel im Sternbild Schwan; unten links: der große Gasnebel M 42 im Orion; rechts: der Pferdekopfnebel im Orion (alle Aufnahmen Mt. Palomar)

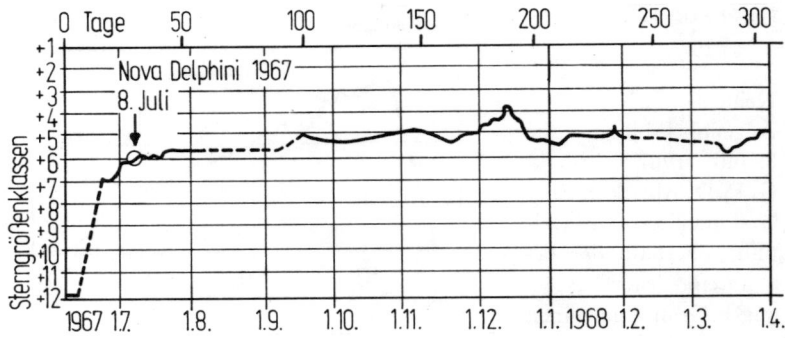

Lichtkurve der ‚langsamen' Nova Delphini von 1967

brauchte sie lange, um eine längere Zeit andauernde Helligkeitsperiode zu überwinden. Andererseits war sie insofern normal, als sie zwar für die Fachwelt auffallend hell wurde, trotzdem aber in dem Rahmen blieb, in dem sie nicht gerade die Umrisse eines bekannten Sternbildes durch ihr Auftauchen neu formte.

Ich habe hier ein Durchschnittsobjekt aufgeführt. Ein Objekt zwar, das, weil es eben doch durch sein Verhalten mehr Interesse auslöst, mehr Beobachter anzieht und mehr und dichter aufeinanderfolgende Beobachtungsmeldungen im internationalen astronomischen Nachrichtennetz auslöst. Andere Objekte, die nur etwa 8^m oder 10^m im Maximum hell werden, werden längst nicht so intensiv beobachtet. Von der gewöhnlichen Durchschnittssorte fallen pro Jahr immer eine Handvoll an.

In diesem Zusammenhang war natürlich die Nova Delphini von 1967 als besonders interessanter Fall durchaus erwähnenswert, und es seien im folgenden schlaglichtartig einige geschichtliche, immer wieder angeführte Sonderfälle kurz erwähnt. Zwischen dem 5. und dem 10. Juni 1918 steigerte ein zuvor nur +11^m heller Stern, der erst nachträglich auf Platten identifiziert wurde, seine Helligkeit auf —0^m,5, womit er den Hauptstern seines Sternbildes, Atair im Adler, an Helligkeit übertraf. Er brauchte etwa 280 Tage, um von diesem Helligkeitsgipfel wieder auf die Ausgangsbasis zurückzufallen. — Die Nova Delphini von 1967 hat da viel mehr Stehvermögen gezeigt, mußte aber letztlich doch nachgeben.

256

Unsere Zeit verfügt über umfangreiche Fotoarchive, in denen man die Vorgeschichte und die ‚Nachwehen' eines solchen ‚Neuen Sternes' präzise verfolgen kann. Gehen wir darum noch etwas zurück. Im Jahr 1572 hatte der berühmte dänische Astronom Tycho Brahe bei einem Bankett (er war Tafelfreuden durchaus nicht abgeneigt) das Bedürfnis, etwas Luft zu schnappen. Als er dann ins Freie trat und seiner Gewohnheit nach auch den Sternhimmel betrachtete, sah er im Sternbild Kassiopeia einen Stern, bei dessen Anblick ihm wahrscheinlich in etwa ins Moderne übersetzt folgende Worte entschlüpft sein mögen: „Das darf doch nicht wahr sein!" Der Stern, der in der bekannten W-Figur der Kassiopeia stand, war mindestens so hell wie der Planet Venus, und der hat nun gerade im Kassiopeiagebiet beileibe nichts verloren.

Die Überlieferung behauptet, Brahe habe, eingedenk des schon konsumierten Weines, sich selbst nicht mehr so richtig getraut und darum Straßenpassanten angehalten und sich von diesen ⸲bestätigen lassen, daß dort wirklich ein so heller Stern stehe. Das spricht sehr für Brahes Selbstkontrolle. Jedenfalls bekam er sein ungewöhnliches Objekt bestätigt, und damit war die weitaus hellste Nova der neueren Zeit entdeckt.

Da damals Fotoplatten zwecks Vorgeschichtenkontrolle fehlten, war der plötzliche Auftritt um so wirkungsvoller, und man weiß heute noch nicht, was dem Knalleffekt vorausgegangen war. Dieser hellste neue Stern, der in der Astronomiegeschichte einwandfrei belegt ist, brauchte immerhin rund zwei Jahre, bis er aus dem Blickfeld der Menschen verschwand. Mit Fernrohren hätte man ihn sicher noch länger unter Kontrolle halten können.

Geschichtlich gleichfalls interessant ist die Nova von 1054, über die in Europa merkwürdigerweise keine Berichte vorliegen, die aber in chinesischen Chroniken sehr genau beschrieben wird. So genau, daß man ihren geometrischen Ort am Himmel exakt bestimmen kann. An ihrer Stelle steht heute ein kleiner Nebelfleck, der Crab-Nebel im Sternbild Stier. In seinem Innern hat man jetzt einen ganz besonderen Stern, einen rhythmisch Radiowellen ausstoßenden sogenannten ‚Pulsar‘ identifiziert. Solches wirft auf das Novaproblem ganz neue Schlaglichter; doch darauf will ich hier nicht hinaus. Es geht hier darum, einem weitverbreiteten und jahrhundertelang gepflegten Irrtum entgegenzutreten. Es ist das aus dem Altertum stammende Postulat, Sterne seien unveränderlich.

Es gehörte mehr oder weniger zu den Glaubenssätzen der griechischen Kultur, daß die Sterne des Fixsternhimmels, eben jene, die uns die Umrisse der Sternbilder markieren, sowohl nach Ort wie auch nach Aussehen unveränderlich seien. Die Welt bestand aus der Erde, dem festgefügten Mittelpunkt. Zweitens aus der Zwischenschicht der Planeten, zu denen auch Sonne und Mond zählten und die in genauen, präzise berechenbaren Bahnen ihre fest vorgeschriebenen Bewegungen um die Erde ausführten. Drittens war die ungeheuer große äußere Schale, der Fixsternhimmel, vorhanden. Er umschloß die Welt und war die Trennschranke zwischen Göttern und Menschen. Er war das unveränderliche Prinzip des Stabilen, Göttlichen, das eben die Götterwelt von der Menschenwelt unterschied. Ein Stern mußte darum ewig gleichbleiben. Daran war nicht zu deuteln. Störer, die plötzlich auftauchten, um dann wieder zu verschwinden, waren, wie die Kometen, allenfalls göttliche Warnungen. Die Sterne der Sternbilder aber waren ‚Fixsterne‘, feste, unveränderliche Größen.

Der Begriff ‚veränderlicher Stern‘, oder im wissenschaftlichen Sprachgebrauch kurz ‚Veränderlicher‘ genannt, ist heute jedem Freund der Astronomie bekannt. Erstaunlich ist es, daß die Auffassungen darüber weit auseinandergehen. Da fragte mich doch einmal jemand, der selbst ein kleines Fernrohr besaß, wieviele Veränderliche es nun eigentlich gebe. Er meine damit echte Veränderliche, nicht solche, die uns nur durch einen zeitweiligen Verfinsterungseffekt eine Helligkeitsänderung vortäuschen.

Bei einer solchen Frage komme ich sehr in Verlegenheit. Erstens gibt es natürlich Veränderlichenkataloge. Irgendeine Zahl könnte ich nennen. Etwa nach dem Schema: In dem und dem Katalog aus dem Jahr 1957 sind soundsoviele Sterne irgendeines Veränderlichentyps verzeichnet. Das wäre aber unredlich, denn kein Veränderlichenkatalog der Welt kann heute mehr alle bekannten Veränderlichen verzeichnen. Zudem wäre er, wenn er gedruckt wird, schon wieder überholt, da die Veränderlichenforschung laufend neue Objekte nennen kann und zudem immer wieder auf neue Typenunterschiede stößt. Das Gebiet ist fließend. Die einfachste Antwort ist vielleicht die beste: „Es gibt nur veränderliche Sterne!"

Gegenfrage: „Ja aber...!" Da kommen Beispiele von braven Sternen, die mit konstanter Helligkeit seit Menschengedenken unverändert strahlen.

Das stimmt! Unsere Sonne gehört ja auch dazu, oder ändert die etwa ihre Helligkeit?

Natürlich nicht! Oder vielleicht doch? Wie ist das denn mit dem, was die Sonnenforschung heute elegant mit dem Wort ,Sonnentätigkeit' umschreibt? Die Sonnenflecken sind das sichtbarste Zeichen dafür. Die Protuberanzenhäufigkeit, die Korona, die chromosphärischen Eruptionen, der Sonnenwind ... Man wird da gar nicht fertig mit dem Aufzählen all der Dinge, die im Rahmen dieses recht groben, keineswegs präzisen Rhythmus der Sonnentätigkeit, dessen Durchschnittsperiode wir mit 11 Jahren umschreiben, in der Heftigkeit schwanken.

Natürlich! Im Rahmen unseres sichtbaren Lichtes spielt sich das nicht ab. Aber was ist das, was unser Auge als sichtbares Licht empfindet doch für ein winziger Ausschnitt aus der grandiosen Wellenskala, über die die Sonne verfügt. Diese Skala spannt von meterlangen Radiowellen bis zu zehnmillionstelzentimeterlangen Röntgenstrahlen. Das Ganze ist noch bunt angereichert von munteren Korpuskularstrahlen, Elektronen, elektrisch aufgeladenen Atomen usw. Unser Auge

Im Rahmen der ungeheuren Vielfalt der Sonnen- oder auch Sternstrahlung erfaßt unser Auge nur einen schmalen Ausschnitt als sichtbares Licht

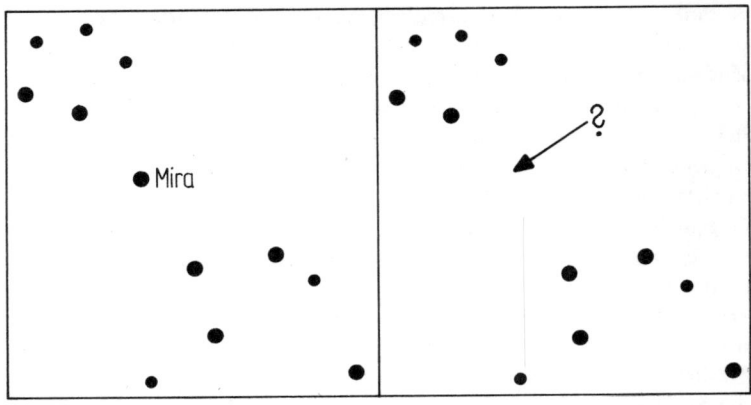

Das Sternbild Walfisch mit und ohne Mira. So stark ist die Breite der Helligkeitsschwankung des Sternes (Fachname o Ceti)

ist da sehr bescheiden. Es beansprucht als Erfassungsgebiet nur die Strahlung zwischen etwa 4 hunderttausendstel und 8 hunderttausendstel eines Zentimeters Wellenlänge. Wundert es uns da noch, wenn wir den elfjährigen Sonnenrhythmus, der in seinen Auswirkungen bis weit in die irdische Atmosphäre wirksam ist, nicht als Lichtschwankung der Sonne wahrnehmen?

Was für unsere Sonne gilt, gilt auch für alle anderen Sterne. Man kann sich heute gar nicht mehr vorstellen, daß ein Stern in seinem gesamten Strahlungshaushalt ständig konstant bleibt. Das geht gar nicht nach den Kenntnissen, die wir heute über den Energienachschub der Sterne aus ihrer inneren Atomhexenküche haben. Bei einigen äußern sich die Strahlungsschwankungen im sichtbaren Licht. Das sind unsere Veränderlichen.

Mit immer subtiler werdenden Beobachtungsmethoden wird auch unser Wissen über ihre Anzahl immer größer. Früher fielen nur die auf, die für das unbewaffnete Auge krasse Schwankungen zeigten. Das waren z. B. die Novae, aber auch andere. Ich denke da an ‚Mira‘, den Wunderstern, das Miraculum (daher der Name), den erst im Jahr 1596 David Fabricius erstmals erwähnt. Tausend Jahre vor ihm hätte ihn schon ein antiker Gelehrter erkennen können, denn dieser Stern erlaubt

sich im Laufe eines knappen Jahres (330 Tage) eine Helligkeitsschwankung zwischen der Helligkeit eines Sternes der zweiten Größenklasse und totaler Unsichtbarkeit für das freie Auge!
Waren die Leute früher blind? Das waren sie sicher nicht, sie lebten aber in manchem nach dem Prinzip, daß nicht sein kann, was nicht sein darf, und darum blieb die Festigkeit, Sicherheit und Unveränderlichkeit der Sterne einfach unangetastet. Punktum!
Ein anderes, sehr interessantes Beispiel heißt Algol, steht im Sternbild Perseus und hat die Katalogbezeichnung ß Persei. Algol ist ein Stern der zweiten Größenklasse (genau $2^m.2$). So sehen wir ihn 58 Stunden lang unverändert. Dann wird er schwächer. Innerhalb von 5 Stunden sinkt seine Helligkeit um mehr als eine Größenklasse auf $3^m.5$.
Um einen handgreiflichen Vergleich zu bieten, schwenken wir wieder einmal zum unverwüstlichen Himmelswagen. Nehmen Sie die untereinander ähnlich hellen Deichselsterne und gehen Sie von diesen zum linken oberen Kastenstern über. Sie wissen schon. Es ist der schwächste

Skizze des Sternbildes Perseus mit Algenib (α) und Algol (β). Links bei Normalhelligkeit Algols, rechts bei dessen Lichtminimum. Oben zum Vergleich der Himmelswagen mit seinem hellsten und seinem schwächsten Stern. Der Helligkeitskontrast entspricht etwa dem Algols zwischen Maximum und Minimum

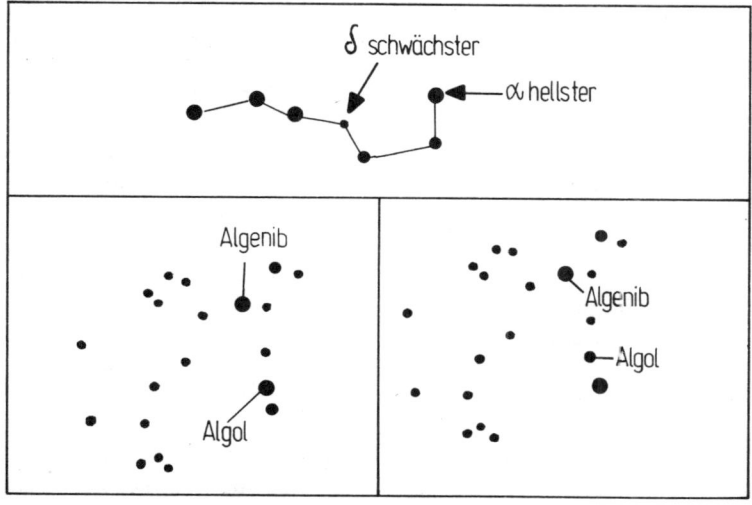

im ganzen Wagenumriß, und man kann Leute damit aufs Glatteis führen (s. Seite 19). So stark ist der Unterschied zwischen der größten Helligkeit (Maximum) Algols und seiner kleinsten Helligkeit. Das muß jedem einigermaßen aufmerksamen Beobachter auffallen.

Es ist überflüssig zu sagen, daß Algol genau dieselbe Zeit braucht, die sein Lichtabfall in Anspruch nahm, um wieder auf die jetzt wieder 58 Stunden geltende Normalhelligkeit zu kommen. Es ist weiter beinahe überflüssig zu erwähnen, daß Algol für uns heute ein klassisches Beispiel jener ‚Bedeckungsveränderlichen' ist, die sich auf Seite 244 so überaus hilfsbereit beim Durchmesserbestimmen erwiesen haben. Aber die historische Pointe fehlt noch. Sie sei nachgeliefert.

In einschlägigen Werken ist zu lesen, daß Montanari die Veränderlichkeit Algols 1667 entdeckte. Nochmals: Waren denn die Leute früher blind? Bei Algol liegt die Sache noch viel einfacher als bei Mira. Wenn auf Grund der langfristigen Helligkeitsänderung das Lichtmaximum einmal mehrere Jahre hintereinander in die Zeit fällt, in der Mira am Taghimmel steht, entgeht der Stern selbstverständlich dem fernrohrlosen Beobachter lange Zeit hindurch. Bei Algols kurzem Rhythmus aber muß die Helligkeitsänderung auffallen.

Hier liefert die Historie einen erklärenden Hinweis. Der Name Algol stammt aus dem Arabischen und bedeutet so etwas wie ‚Teufel' oder ‚Unheilvolles Wesen'. Die griechische Sternsage, der z. B. Ptolemäus bei der Plazierung des Sternes innerhalb des Sternbildes folgt, weiß Wundersames zu berichten: Perseus, griechischer Supermann, Sohn des Zeus und der Danae, hatte im Rahmen seiner Heldentaten einem grausamen Ungeheuer, der Medusa, den Kopf abgeschlagen. Wer in das Auge der Medusa blickte, wurde zu Stein; und Perseus, listig wie er war, putzte seinen Schild so blank, daß er einen Spiegel hatte. So ging er rückwärts fechtend auf die Medusa zu, brauchte ihr nicht ins Auge zu sehen und konnte sie besiegen. Doch auch der Blick des abgeschlagenen Kopfes machte noch zu Stein, und wenn Perseus mit jemand in Händel geriet, brauchte er ihm nur den Kopf zu zeigen, der Gegner wurde zu Stein — so macht man das! Wunderwaffe der Antike.

Ptolemäus setzte nun in seinem Sternbildentwurf ausgerechnet Algol als Auge der Medusa in das von Perseus gezeigte Medusenhaupt ein! Jenen Stern, der unheimlich blinzelte, der eine Gefahr für die Ewigkeit und Unveränderlichkeit der Fixsterne darstellte. Sicher hat Ptolemäus um die Veränderlichkeit gewußt, sonst wäre die Plazierung Algols ins Medusenhaupt ein geradezu grandioser Zufall. Aber in den wissenschaftlichen Veröffentlichungen verliert kein einziger noch so großer Astronom von der Antike bis zu Montanari auch nur ein Sterbenswörtchen über die Veränderlichkeit des Algol!

Soweit der historische Seitensprung. Doch zurück zu den Sternen überhaupt, von denen ich vorhin behauptet habe, sie seien im Grunde genommen alle veränderlich, auch unsere Sonne, wenn auch nicht unbedingt im Bereich des uns zugänglichen sichtbaren Lichtes.

Die Astronomen haben sich redlich abgemüht, die Veränderlichen zu sortieren. Das Hertzsprung-Russell-Diagramm, das eine grobe Gruppierung nach Größe und Leuchtkraft ermöglicht, haben wir schon kennengelernt. Wir könnten es nun wieder nehmen und an ihm herumpressen, ob noch ein bißchen Saft herauszukriegen ist.

Wir verteilen mal die Veränderlichen verschiedener Typen darauf. Da kommen wir nicht daran vorbei festzustellen, daß die lieben Veränderlichen ein sehr unterschiedliches Verhalten zeigen. Lassen wir die Bedeckungsveränderlichen, die ihren Lichtwechsel ja durch einen Verfinsterungsvorgang vortäuschen, zunächst beiseite. Auch die anderen, bei denen offenbar irgend etwas im Bauch des Sternes rumort, liefern eine Vielfalt von Typen, man kennt sich gar nicht mehr aus.

In früheren Zeiten — ach, wie erholsam ist doch die Lektüre eines Astronomieschmökers, der so etwa um die Jahrhundertwende herauskam — da war es noch vergleichsweise einfach. Da gab es unperiodische, langperiodische, halbperiodische und kurzperiodische Veränderliche. Zu den unperiodischen oder auch halbperiodischen, weil keine klare Periode im Lichtwechsel zeigend, zählte z. B. Beteigeuze, der große rote Hauptstern an der linken Orionschulter, zu den langperiodischen Mira. Da klappte die Einstufung noch einigermaßen. Doch je kürzer die Perioden werden, um so feiner werden die Unterschiede.

Man führte also Untertypen, Sondertypen und Zusatzbezeichnungen ein. Ein besonders genau untersuchtes Objekt gab jeweils einer ganzen Gruppe sich ähnlich verhaltender seinen Namen. Heute ist die Typenvielfalt beängstigend groß geworden. Da hier kein systematisches Lehrbuch geschrieben werden soll, genügen einige wahllos herausgegriffene Kostproben aus einem ganzen Katalog von Typenbeschreibungen.

Erstens wird zwischen pulsierenden und eruptiven Veränderlichen unterschieden. Bei den pulsierenden kannte man zunächst nur den generellen Sammelnamen ,Delta-Cephei-Sterne'. Wir haben sie schon als Meilensteine bei der Entfernungsmessung auf Seite 49 kennengelernt. Heute unterscheidet man allein sieben Untertypen. Nur ein Charakterisierungsbeispiel: „β-Canis-Majoris-Sterne, Pulsationsvariable von sehr frühen Spektraltypen (B 1 bis B 3), mit sehr kleiner Periode (3 bis 6 Stunden) und kleiner Amplitude (0,1 Größenklassen)." Zu den pulsierenden Veränderlichen zählt man heute auch noch die Mira-Sterne und die halbregelmäßigen, die ihrerseits wieder in 7 Untergruppen gegliedert werden. Die eruptiven sind natürlich die Obergruppe der Novae, die ihrerseits untergliedert wird in die normalen Novae (3 Untergruppen), die wiederkehrenden Novae (solche, von denen man in Jahrzehnteabständen schon wenigstens 2 Ausbrüche verfolgt hat), die novaähnlichen Veränderlichen, dann die Supernovae und einige weitere Typen, bei denen die Lichtkurve zeigt, daß nach längeren Ruhepausen plötzlich Lichtausbrüche, wenn auch geringeren Maßes, auftreten.

Diese Kurzdarstellung stammt aus einem dicken Handbuch, das sich kurz fassen muß und darum noch längst nicht auf sämtliche Verästelungen und Verfeinerungen eingehen kann. Es ist auch für das Allgemeinverständnis gar nicht wichtig, sagen zu können, inwieweit sich die R-Coronae-Borealis-Veränderlichen von den R W-Aurigae-Sternen unterscheiden. Wichtig ist dies für den Beobachter. Natürlich auch für den Amateur, für den die Veränderlichenbeobachtung ein reizvolles, aber sehr viel Geduld erforderndes Arbeitsgebiet ist. Es gibt nämlich massenhaft Veränderliche, die im Erfassungsbereich des freien Auges, des Feldstechers und des kleinen Fernrohres liegen.

Wer an solcherlei Arbeiten interessiert ist, der wende sich an die Berliner Arbeitsgemeinschaft für Veränderliche Sterne e. V., 1 Berlin 62, Münchener Straße 26. Das ist eine Arbeitsgemeinschaft von Amateurastronomen, die in Zusammenarbeit mit etlichen Fachsternwarten dafür sorgt, daß Beobachtungsprogramme sinnvoll angelegt werden, Unterlagen liefert, Ergebnisse weiterleitet usw. Dort erfährt man es auch am besten , ,wie man's macht'.

Darauf kann an dieser Stelle natürlich nicht näher eingegangen werden. Ich will nur kurz erwähnen, daß die Stufenschätzmethode nach F. W. A. Argelander noch immer eine verblüffend gut funktionierende Methode für den mit einfachsten Mitteln arbeitenden Amateur ist. Sagen wir mal, Sie hätten einen Veränderlichen aufs Korn genommen, der im Normallicht $4^m.3$ hell ist. Dann suchen Sie auf der Sternkarte etwa 4 oder 5 oder auch noch mehr Vergleichssterne, die nicht zu weit von ihm abstehen, von denen keine Veränderlichkeit bekannt ist und deren Helligkeiten zwischen $4^m.0$ und $4^m.6$ oder $4^m.7$ streuen.

Jetzt geben Sie jedem Vergleichsstern und ihrem Veränderlichen einen Buchstaben. Fangen Sie mit Ihrem Jagdgebiet an. Er sei a, der ihm Nächststehende b, dann kommt c usw. Bei dieser Helligkeitsstufe empfiehlt sich ein Feldstecher auf Stativ, Notizblock, Schreiber, Uhr: Es kann losgehen. Man notiert Uhrzeit, a eindeutig heller als b, wenig heller als d, etwas schwächer als c ... kurz, man vergleicht und schätzt etwa nach Gefühl, um welche Grade die Helligkeiten differieren.

Geübte Beobachter, die diese Schätzungen allerdings in einer Nacht längere Zeit ständig wiederholen müssen, kommen bei der Endauswertung, wenn dann ,Ähnlichkeitsgruppen' gebildet werden, bis auf eine halbe Zehntelsgrößenklasse an den Wert heran. Mühsam? ... Ich habe schon öfter betont, daß systematische astronomische Beobachtungen mit viel Geduld verknüpft sind.

Doch kommen wir von der Beobachtungspraxis wieder zur grauen Theorie zurück. Vorhin war schon einmal das Russell-Diagramm im Spiel. Wenn wir sein Schema nehmen und darin ausgewählte Veränderlichentypen nach Spektraltyp und Helligkeit einzeichnen, dann zeigt sich, daß der Charakter dieser Sterne offenbar stark nach der Stellung in diesem Diagramm orientiert ist. Mira-Sterne und klassische Delta-Cephei-Sterne sind Rote Riesen, wobei die Mira-Sterne die größeren sind. Die eruptiven Veränderlichen vom U-Geminorum-Typ sind ausgesprochene Zwerge.

Auffällig ist, daß prozentual gesehen weit mehr Veränderliche auf die Typen des Riesenastes fallen als auf die Hauptreihe. Man kann daraus schließen, daß die Hauptreihesterne ausgeglichener sind, sich also in einem ruhigeren „Lebensstadium" befinden, und das wieder gibt dem Astrophysiker, der partout etwas über den Entwicklungsweg eines Sternes wissen will, wertvolle Hinweise.

Dies sei vor allem deshalb betont, weil die Meinung noch erschreckend weit verbreitet ist, was die Astronomen da so von den Sternen erzählen, beruhe doch nur auf Spekulation und Vermutung. Natürlich gehört auch Spekulation zur Forschung, sonst bliebe man stehen. In vielen Dingen greifen aber die verschiedenen Arbeitsmethoden so aufeinander über, daß vom einen zum andern die Mosaiksteine ausgetauscht werden können.

Das ganze komplizierte Gebiet der Veränderlichen konnte hier natürlich nur angedeutet werden, aber einen Punkt möchte ich doch nicht ganz auslassen, weil mir die Frage schon oft in Gesprächen gestellt wurde. Mancher weiß nicht recht, wie er es formulieren soll, da kommen dann solche Sätze heraus wie: „Haben Sie schon einmal einen Stern verschwinden sehen?"

Zunächst darf man sich dumm stellen und etwa so antworten: „Natürlich, das können Sie in jeder Nacht sehen. Suchen Sie sich eine klare Nacht raus und beobachten Sie den Horizont. Dann sehen Sie, wie die Sterne, die dem Horizont näher kommen, immer schwächer werden und vielfach schon lang bevor sie den Horizont erreichen erlöschen. Das ist durch die dichtere Luft in Horizontnähe bedingt, ist eine Art langsames Abfiltern und wird Extinktion genannt!"

Mein Frager ist damit natürlich nicht zufrieden, er meint etwas ganz anderes, aber Veränderlichenbeobachter seien gewarnt! Keine Helligkeitsschätzung in Horizontnähe. Die Extinktion macht die ganze Beobachtungsreihe kaputt.

Mein Frager meint aber, was ich natürlich durchschaute, ob es schon einmal beobachtet worden sei, daß ein Stern, der zuvor treu und brav an seinem Platz stand und auf allen Sternkarten verzeichnet war, ganz plötzlich und ohne Ankündigung wegblieb, sei es von heute auf morgen, sei es im Verlauf von Tagen, Wochen, Monaten, während der er immer schwächer wurde, um dann schlicht und einfach zu erlöschen.

Die Frage liegt nahe, man muß sie aber in dem Sinne, in dem sie ge-

Ist es schon jemals passiert, daß ein bekannter Stern innerhalb eines überschaubaren Zeitraumes schwach wurde und endgültig verschwand, wie das hier dargestellt ist? – Antwort: Nein!

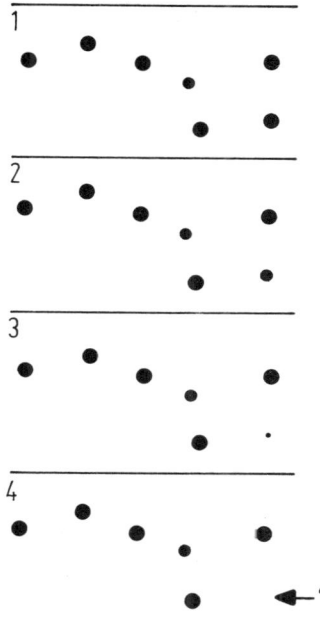

stellt ist, glatt verneinen. Ein solcher Fall ist noch nie belegt worden, und so ein Verhalten paßt auch gar nicht zu unserem heutigen Wissen vom Aufbau, dem Energiegewinn und dem viele Jahrmilliarden dauernden Lebensweg eines Sternes. Menschliche Forschungen werden erst seit so kurzer Zeit angestellt, solche auf dem Gebiet der Astrophysik seit noch weit kürzerer, daß der so überspannte Zeitraum viel zu kurz ist, etwa das endgültige Erlöschen eines Sternes, den man zuvor noch als leuchtenden Stern sah, zu überschauen.

Kosmische Zeiträume sind lang, und menschliches Leben ist kurz. Gewiß, bei den Veränderlichen oder gar bei den irgendwie explodierenden Novae, da laufen in vergleichsweise rasender Schnelligkeit Vorgänge ab, die den Stern irgendwie physikalisch verändern. Bei den rhythmisch pulsierenden Veränderlichen ändert sich nachweislich der Durchmesser, aber dann geht er wieder auf den Ausgangszustand zurück. Selbst bei den gewaltigen Ausbrüchen der Novae, bei denen, womöglich sogar nachweisbar, Gaswolken abgestoßen werden, ist nur ein geringer Teil, nämlich die direkte Oberfläche, beteiligt. Nach dem Ausbruch hat man dann ja auch den beruhigten Stern als ‚Postnova‘ wieder im Visier.

In alten Büchern liest man manchmal, daß in dem und dem Sternbild ein früher verzeichneter Stern verschwunden ist. Das waren sicher Täuschungen der früheren Kartenzeichner. Trotz aller turbulenten Vorgänge, die uns heute bekannt sind, so richtig ‚erlöschen‘ im romantischen Sinne hat niemand einen Stern gesehen.

Vom Sternentanzpaar zur Bevölkerungsstatistik

Wir standen auf der Plattform neben der Sternwarte, und ich war eifrig dabei, meinen Besuchern die Sternbilder zu erklären. In Anbetracht der warmen Julinacht, so zwischen 22 und 23 Uhr, konnte ich das in epischer Breite tun. Es gab auch eine ganze Menge Interessantes zu sehen. Im Westen ging der Löwe unter, im Südwesten standen die großen Frühjahrsbilder Jungfrau und Bootes (erinnern Sie sich noch an die Deichsellinie von Seite 36?). Im Süden glühte wenig hoch über dem Horizont Antares, der rote Hauptstern im Skorpion. Halbhoch über den Osthimmel zog sich die sommerliche Milchstraße, die die hellsten Abschnitte dieses Sterngewimmels bietet. — Kurz, Material war genügend vorhanden.

Natürlich kam auch der Himmelswagen dran. Da durfte auch die etwas frivole griechische Göttergeschichte vom Großen und Kleinen Bären nicht fehlen, und als ich gerade so schön in Fahrt war, über Kallisto, Arkas, Zeus und Hera zu berichten, platzte mir doch jemand mit der im Moment weitab vom Thema liegenden Frage dazwischen: „Wo sitzt nun eigentlich das Reiterlein?"

Da waren wir nun ruckartig wieder bei der realen Beobachtung angelangt. Und gerade um diese Zeit steht der Wagen günstig, etwa halbhoch im Nordwesten. Man muß sich nicht den Hals verrenken, wenn man ihn in aller Ruhe betrachten will. Ich zeigte meinen Besuchern also den mittleren Stern der Wagendeichsel, den, der den Knick markiert. Mizar heißt der Bursche, was aus dem Arabischen stammt und Lendenschurz heißen soll. Dabei bleibt unklar, was ein Lendenschurz am Schwanz des Bären oder an der Wagendeichsel verloren hat.

Ich sagte meinen Besuchern nicht, wo sie das berühmte Reiterlein, den Augenprüfer, der dicht bei Mizar steht und den man, nach verbreite-

Das Sternbild Leier mit dem Doppelstern ε. Im unteren Teil des Sternbildes ist der Ort des Nebels M 57 markiert. Es ist der ‚Ringnebel‘, der schon in kleinen Fernrohren wie ein hauchzarter Ring aus Zigarettenrauch erscheint

tem Volksglauben, mit guten Augen isoliert sehen kann, suchen müssen. Deichselinnenseite? Oberseite? Rechts oder links? Ich forderte sie nur auf, mal genau hinzuschauen und mir zu sagen, ob sie die beiden Sterne überhaupt voneinander trennen können. Es zeigte sich, daß die meisten bei genauem Hinsehen die Sache richtig erkannten.

Das Reiterlein sitzt obenauf, nicht innerhalb der Deichselkrümmung, und um es vom Hauptstern getrennt zu sehen, bedarf es gar nicht so besonders hervorragender Augen. Der Abstand beider beträgt nämlich 705" (" ist das Zeichen für Bogensekunde). Das sind immerhin mehr_als 11' (' ist das Zeichen für Bogenminute); und wenn man bedenkt, daß der Vollmond rund 30' im Durchmesser mißt, dann sieht man, daß das Trennen von Mizar und Alkor — so heißt das Reiterlein mit seinem arabischen Namen — gar keine so tolle Leistung ist.

Doch unser Beobachtungszeitpunkt war für ein weiteres Experiment gut. Ich kommandierte: „Alles mal umdrehen!" „Den Wagen haben wir im Nordwesten etwa halbhoch zwischen Horizont und Zenit gesehen. Gegenüber im Nordosten steht ein sehr heller, blauweißer Stern. Das ist die Wega, der Hauptstern in der Leier, übrigens der hellste Fixstern nördlich des Himmelsäquators. Neben Wega sehen Sie einen schwachen Stern, schwach vor allem im Kontrast zu Wega. Haben Sie den?"

Als alle wußten, welchen Stern ich meinte, forderte ich meine eifrigen Zuhörer auf, das Trennexperiment, wie bei Mizar und Alkor geübt, zu wiederholen. Da zeigte sich, daß die Sache schon schwieriger war. Nur zögernd meinte der eine oder andere, er habe tatsächlich zwei Sterne gesehen.

Es gibt Tricks, mit denen kann man die Ehrlichkeit der Aussage prüfen. Drum fragte ich, ob sie den Helligkeitskontrast zwischen Mizar und Alkor noch in Erinnerung hätten. Oh ja, das hatten sie. Der Kontrast war sehr deutlich. Mizar war „viel heller"! (In Größenklassen ausgedrückt: Mizar $2^m.4$, Alkor $4^m.5$.) Und nun erheischte ich Auskunft

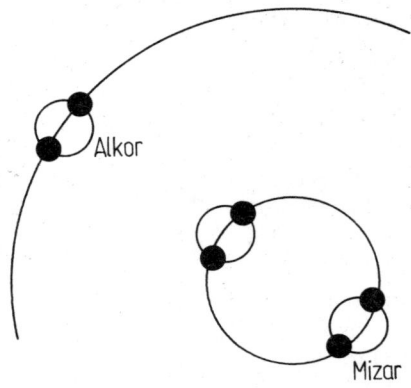

Das Gesamtsystem Mizar — Alkor. Zwei ‚Sterntanzpaare' bilden das Zentrum, und ein weiteres Paar umkreist die beiden Paare in größerem Abstand. Man sollte das einmal bei den Europameisterschaften im Walzertanz auf dem Tanzparkett ‚nachvollziehen'

Alkor

Mizar

über den Kontrast bei ε-Lyrae — das ist die Bezeichnung des Sternes bei Wega. Man zögerte, überlegte, und schließlich meinte einer: „Ich passe, die sind beide gleich hell", womit er im Rahmen einer groben Schätzung richtig lag. Nach Größenklassen sind die beiden Komponenten (so nennt man die Partner bei Doppelsternen) 4^m.4 und 4^m.8 hell. Ich wußte also, daß er die beiden wirklich getrennt gesehen hatte und es sich nicht nur einbildete.

Ich muß gestehen, daß meine Augen nicht so ‚auf Draht' sind, daß ich ε-Lyrae ohne optische Hilfe trennen kann! Es ist aber möglich. Der Abstand beträgt 209", das sind immer noch 3$^{1/2}$', also immer noch etwas mehr als $^{1}/_{10}$ des Vollmonddurchmessers.

Jetzt war ich soweit, daß ich mit meinen Zuhörern ans Fernrohr gehen konnte. Zunächst kam der Mizar dran. Der erste, der durch's Okular schaute, erklärte sofort, das seien nicht Mizar und Alkor, denn erstens seien die beiden ähnlich hell, und zweitens könnten sie doch im Fernrohr nicht so nahe beisammen stehen wie die, die er eben gesehen hatte. Das wurde allgemein bestätigt. Dann begann ich meine Entschuldigungsrede:

„Schauen Sie nochmal durch. Die beiden stehen dicht beisammen am rechten unteren Gesichtsfeldrand. In der Umgebung befinden sich noch ein paar viel schwächere Sternchen, und links oben, da ist einer, der zwar deutlich schwächer ist, aber doch noch mitmischen kann. Sehen Sie, das ist Alkor, und die beiden unten, das ist Mizar, denn der ist in

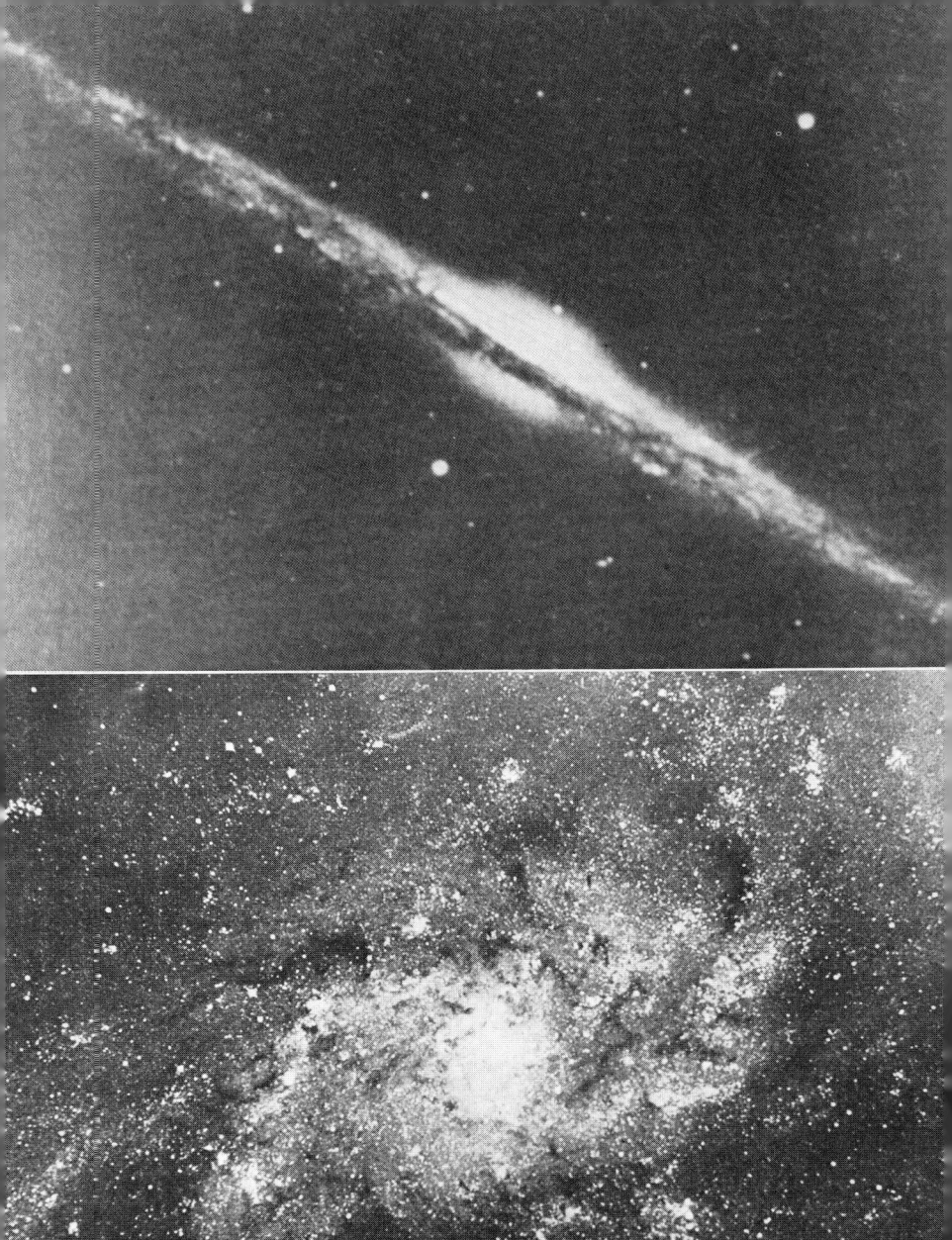

sich nochmals doppelt, und wenn wir auf eine große Sternwarte gehen und ihr Licht im Spektroskop zerlegen, dann verrät uns das, daß jeder für sich nochmals aus zwei Sternen besteht. Insgesamt ein ganz schöner Familienverband: Zwei Tanzpaare, die gemeinsam um einen gemeinsamen Schwerpunkt tanzen. Das Ganze bildet ein gemeinsames System."

Die Frage konnte nicht ausbleiben, ob Alkor auch noch zu diesem System gehört oder nur zufällig in der gleichen Richtung steht. Hier geriet ich etwas in Verlegenheit. Man war lange der Meinung, Alkor gehöre nicht zum Gesamtsystem. Heute neigt man überwiegend dazu, Alkor doch als dazugehörige Komponente anzuerkennen. Da auch Alkor in sich spektroskopisch doppelt ist, ergibt sich ein sechsfaches Gesamtsystem, und da sich bei der spektroskopischen Bewegungskontrolle des Systems Mizar A Hinweise auf einen weiteren störenden Körper, der sich durch nichts als durch seinen Schwerkrafteinfluß verrät, ergeben, hätten wir gar ein siebenfaches System, ein ganz schönes Durcheinander – nicht?

Doch jetzt war es Zeit, zu ε-Lyrae zu schwenken. Hier konnte ich meinen Besuchern zeigen, was uns bei Mizar nur das Spektroskop verrät, nämlich, daß die beiden Komponenten in sich nochmals doppelt sind. Schon kleinere Fernrohre trennen die beiden Komponenten, so daß man das gesamte Vierersystem wirklich sehen kann.

Doppelsterne sind für Volkssternwarten, die ihren Besuchern etwas zeigen wollen, oder für den Sternfreund, der sein neu erworbenes Fernrohr stolz seinen Freunden vorführt, dankbare Objekte. Man muß nur wissen, welche man wählt. Eben dieser ε-Lyrae gehört dazu.

Noch zwei Tips: Albireo, β im Schwan, der Stern am Kopf des Schwanes, wenn man diesen so sieht, daß der helle Deneb den Schwanz markiert. Die Komponenten sind $3^m.2$ und $5^m.8$ hell, wirken sehr schön durch den Farbkontrast gelbrot-blau und sind leicht zu trennen (34" Abstand). Oder etwa γ-Andromedae, ein verteufelt schöner Doppelstern, $2^m.4$ und $5^m.1$ hell, gelbrot und weiß und nur knapp 10" voneinander entfernt.

Ich könnte nun noch seitenlang über schöne, leichte, schwierige und mit

Tafel 16. Oben: eine von der Kante gesehene Galaxie (NGC 4565); unten eine Galaxie (M 33), auf die wir senkrecht blicken (beide Aufnahmen Mt. Palomar)

sonstigen Attributen auszustattende Doppelsterne schwärmen, doch darüber gibt es schöne dicke Bücher mit Tabellen, in denen man die Objekte sogar sortiert nach Fernrohrgröße findet. Darum ist es aber jetzt nötig, einen kleinen Ausflug in die Begriffsdefinitionen bei der Doppelsternbeobachtung zu machen; nüchtern, aber nicht zu umgehen.

Zunächst die Abstände. Sie werden in Bogensekunden ausgedrückt, und was eine Bogensekunde ist, ist klar. Es ist der sechzigste Teil einer Bogenminute, welche wiederum der sechzigste Teil eines Grades ist, das seinerseits den 360. Teil eines Kreisumfanges darstellt. Vergleiche wurden schon verschiedentlich genannt. Der handfesteste ist der Vollmonddurchmesser, der rund ein halbes Grad = 30' überspannt (s. Abb. Seite 100). Eine Bogensekunde ist darum ganz schön winzig.

Wenn hier einige Beispiele genannt werden, dann sind das theoretische Werte, die individuell (Instrumentenqualität, Luftzustand, Beobachtungsübung) unterschiedlich ausfallen können. Zudem ist hier nur der Platz für Stichproben als Anhaltswerte: Mit einem Kleinfernrohr von 3 cm Objektivöffnung und etwa 50 cm Brennweite sind Doppelsterne zu trennen, wenn mit 60facher Vergrößerung beobachtet wird und die hellere der beiden Komponenten etwa $3^m.5$ hell ist, die schwächere nicht schwächer als 9^m. Vorsicht: Ist die hellere Komponente heller als $3^m.5$, gerät auch ein Begleitstern der Helligkeit $8^m.5$ oder 8^m in Gefahr, im ‚Lichthof' (Fachwort: Beugungsscheibchen) unterzugehen. Bei 8 cm Öffnung und etwa 1.10 m Brennweite trennt man an der Leistungsgrenze (Vergrößerung = 2facher Objektivdurchmesser, gemessen in mm) noch Doppelsterne mit 1".4 Abstand, die $5^m.5$ und $11^m.3$ hell sein dürfen. Mit 10 cm Öffnung sind 1".1 bei den Helligkeitsgrenzen von $6^m.0$ und $11^m.8$ zu trennen. – Das mag für den Bereich von Liebhaberfernrohren als Stichprobenmaterial genügen. Übrigens: In Tabellen wird die Spalte, die diese Differenz angibt, allgemein mit dem griechischen Buchstaben ϱ überschrieben.

Bevor diese Schulstunde von Begriffsbestimmungen zu Ende geht, sei schnell noch ein Begriff nachgeschoben. Es ist der Positionswinkel, der unter dem Buchstaben P in den Tabellen steht. Er ist ganz einfach zu definieren. Man denke sich um die hellere Komponente ein Zifferblatt, das statt in 12 Stunden gleich in 360 Grad unterteilt ist. Die 0- und gleichzeitig 360-Grad-Marke ist der Nordpunkt des gedachten Kreises,

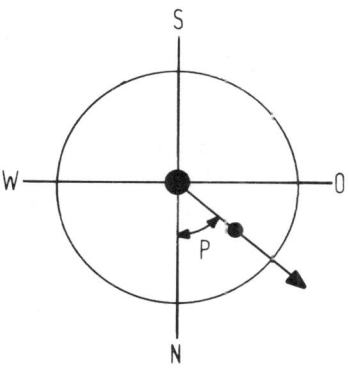

also der Punkt, über den wir eine
Linie ziehen müssen, die vom Kreis-
mittelpunkt pfeilgerade am Himmelsgewölbe entlang zum Polarstern führt. Nun drehen wir den
Zeiger im Richtungssinn — über Ost
—Süd—West. Schneidet der Zeiger
den Ort des zweiten Sterns, halten
wir an und lesen ab. Ob wir nun 59 Grad oder 127 Grad oder auch
359 Grad ablesen, immer ist das der Positionswinkel.

Wer sich ein wenig im Beobachten auskennt und weiß, wie er mit seinem Fernrohr und der Sternkarte umgehen muß, weiß sofort, in welcher Richtung er vom Hauptstern aus den Begleiter zu suchen hat. Bei
solchen Doppelsternen, deren Umeinanderbewegung im Verlauf weniger Jahre erkennbar verfolgt werden kann, ist die Änderung des Posi-
tionswinkels deutlich zu erkennen.

Man könnte noch stundenlang über die Doppel- oder auch Mehrfach-
sterne palavern. Sie bilden ein in manchen Fällen geradezu spannendes
Beobachtungsgebiet. Hier haben wir die kleinsten Gemeinschaften aus
mehreren richtigen Sonnen vor uns. Das Planetensystem unserer Sonne
ist ja, wie wir feststellen, auch eine Familie, aber es weist nur eine
selbstleuchtende Sonne auf. Die Planeten sind hoffnungslos unterlegen.
Gehen wir aber eine Stufe weiter.

Ich denke da an eine Diskussion mit einer Dame, die ich bei einer Ein-
ladung traf und die mir ganz aufgeregt erzählte, sie habe vorgestern
den Kleinen Wagen gesehen. Ich war begriffsstutzig und brachte nichts
mehr heraus als ein „na und?" Da wurde sie noch eifriger und spru-
delte hervor, daß das doch etwas Besonderes sein müsse, denn so deutlich habe sie die einzelnen Sterne noch nie auseinanderhalten können.
Spätestens hier hätte es mir dämmern müssen. Trotzdem fragte ich
nach der Himmelsrichtung und sonst noch einigen Indizien, dann fiel
endlich der Groschen. Die Dame hatte natürlich die Plejaden gesehen,
das berühmte Siebengestirn, und die Einzelsterne sind hier wirklich

ähnlich — ich lege Wert auf das Wort ‚ähnlich' — angeordnet wie die der Wagensternbilder.

Kleiner Ausflug in die Mythologie: Die sieben Plejadensterne sind die sieben Töchter des Riesen Atlas, der das Himmelsgewölbe trägt. Da er göttlicher Abkunft ist, heiraten die Töchter standesgemäß irgend jemand mit göttlichem Blut in den Adern. Nur eine, Merope, wählt einen ganz gewöhnlichen Sterblichen. Drum schämt sie sich und versteckt sich. Deshalb sieht man nur 6 Plejadensterne. Doch bei besonderen Gelegenheiten kann sie sich nicht drücken. Da muß die gesamte Familie aufmarschieren. Dann sind aber auch die Eltern Atlas und Plejone dabei, und man sieht 9 Sterne. Sieben allein sieht man nie.

So verrückt das ist, es stimmt. Numeriert man die Plejaden nach der Helligkeit, dann sind 7, 8 und 9 so gleichhell oder gleichschwach, wie man auch sagen will, daß sie bei sehr guten Luftverhältnissen entweder alle 3 oder keiner davon mit freiem Auge zu identifizieren sind. Wieder ein Beispiel, wie die Griechen exakte Beobachtungsergebnisse in die Watte ihrer Sternsagen verpackten.

Doch nehmen Sie einmal Ihren Feldstecher (s. a. Seite 57). Ein dichtes Sterngewimmel auf einem Raum, größer als der Vollmond, hebt sich prachtvoll vom sternarmen Himmelshintergrund ab. Überspringen wir nun sämtliche Forschungszwischenstufen und lesen nach, was in einem modernen Fachwerk über die Plejaden steht. Da heißt es: Entfernung 400 Lichtjahre, Winkeldurchmesser 120', linearer Durch-

Die Plejaden verglichen mit dem Durchmesser des Vollmondes. Er würde 2½mal benötigt, um ihre Fläche zu bedecken

messer 12,5 Lichtjahre, Gesamthelligkeit 1^m.3, Anzahl der Sterne 120, Sterndichte 1,5 Sterne pro Kubikparsec. Unsere Sonne ist in einem Würfel von einem Kubikparsec weit und breit der einzige Stern. Die Sterne stehen dort also dichter als bei uns, wenn auch nicht gerade auf direkter Tuchfühlung. Die Plejaden sind für uns *der* typische offene Sternhaufen. Es gibt noch eine ganze Menge von der Sorte, und da etliche von ihnen teils mit freiem Auge zu orten, sicher aber mit einem Feldstecher zu finden sind, bieten sie auch dem schwach ausgerüsteten Sternfreund beste Gelegenheit, auf die Jagd zu gehen. Wer einmal, vielleicht mit Freunden zusammen, einen Abend lang eine ‚Sternhaufenschwelgerei' veranstalten will, dem empfehle ich einen Januarabend, so zwischen 21 und 22 Uhr. Man beginnt mit den Plejaden; sie stehen hoch im Süden, vielleicht etwas nach Südwest gerückt. Noch fast genau im Süden stehen die Hyaden, der V-förmige Kopf des Stieres, die wesentlich lockerer als die Plejaden aussehen, was aber nur auf ihre geringere Distanz (130 Lichtjahre) zurückgeht. Auch sie enthalten rund 100 Einzelsterne, die auf einem Raum von rund 15 Lichtjahren verteilt sind. Dann verrenken wir uns ein wenig den Hals, denn die beiden dicht beisammenstehenden Sternhaufen h und χ zwischen Perseus und Kassiopeia sind noch nicht weit nach Südwesten aus dem Zenit gerückt. Das freie Auge kann sie unter günstigen Umständen als zarte Lichtwölkchen orten. Kein Wunder, denn sie sind mehr als 7000 Lichtjahre entfernt, enthalten aber auf einem Durchmesserraum von jeweils etwas mehr als 60 Lichtjahren jeweils zwischen 250 und 300 Sterne.
Nach dieser Übung in Beobachtungsgymnastik schwenken wir wieder auf etwa 60 Grad Höhe im Süden bzw. noch etwas östlicher der genauen Südrichtung. Am Fuß des Zwillingssternbildes steht M 35. Er ist — das sage ich aus eigenem Wissen und nicht nach den theoretischen Helligkeitsangaben — mit freiem Auge nicht mehr zu sehen. Der Feldstecher zeigt ihn aber. Er steht in 2800 Lichtjahren Entfernung und enthält wenigstens 130 Sterne. Wieder ein Schwenker weiter nach Südosten und wir sind beim Krebs. Im Zentrum des an sich lichtschwachen Sternbildes sieht das freie Auge ein zartes Wölkchen, den Sternhaufen Krippe oder Praesepe (lateinisch). Er ist wieder mehr in der Nachbarschaft angesiedelt. Beiläufig 510 Lichtjahre ist er entfernt, zählt etwa 100 Sterne auf 12 Lichtjahren Durchmesser und bietet im Feldstecher

genau die Zwischenlösung zwischen den Plejaden, die gröber gestreut sind, und h und χ, die ein viel dichteres Gewimmel darstellen (poetische Gemüter haben schon von Diamantstaub auf schwarzem Samt gesprochen). Wem es nach Vergleichen gelüstet, kann im gleichen Sternbild M 67 aufsuchen. Er ist mit freiem Auge nicht zu finden, mit dem Feldstecher schwach, mit einem kleinen Fernrohr aber schon deutlich aufgelöst. Er ist 2500 Lichtjahre entfernt und enthält etwa 80 Sterne. Das ist eine Musterkollektion leicht zugänglicher offener Sternhaufen, die man in einer einzigen Winternacht gleichsam am laufenden Band herunterbeobachten kann. Der differenzierten Entfernungen wegen ergeben sich reizvolle Vergleichsmöglichkeiten.

An einem Abend, im Rahmen eines Volkshochschulkurses, hatte ich mich, unterstützt von Lichtbildern, etwa in diesem Sinne geäußert und fragte nun meine Hörer, ob ihnen Gemeinsamkeiten aufgefallen seien. Es waren welche aufgefallen. In erster Linie die genannten Sternanzahlen um die 100 bis höchstens 300 und Durchmesser zwischen 10 und 20 Lichtjahren, um grobe Grenzen abzustecken.

Und nun verrate ich noch eine weitere Gemeinsamkeit. Nimmt man die Sterne eines offenen Sternhaufens und trägt sie in ein vereinfachtes Hertzsprung-Russell-Diagramm, ein sogenanntes Farben-Helligkeits-Diagramm ein, dann stellt man erstaunt fest, daß nahezu alle Sternhaufensterne der braven Hauptreihe der Durchschnittssterne angehören. Selten, daß einmal einer aus dem Riesenast hineingerät. Eine nähere Ausführung dazu liegt mir auf der Zunge, ich verkneife es mir aber, darauf einzugehen. Dazu gehört noch ein weiteres kleines Sternhaufenstudium.

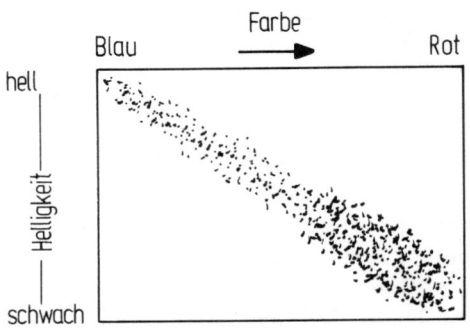

Wenn wir im April wieder zwischen 21 und 22 Uhr die Sternhaufenliste nochmals abgrasen wollen, stehen h und χ, Plejaden, Hyaden, ungün-

Typisches Farben-Helligkeits-Diagramm eines offenen Sternhaufens. Die Hauptreihesterne bilden die Substanz

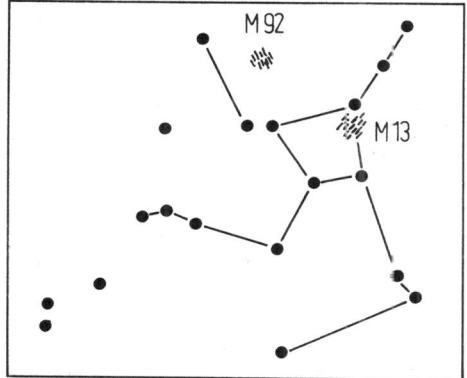

stig tief im Nordwesten und Westen. M 35 steht noch halbhoch im Südwesten, desgleichen Praesepe und M 67. Dafür sind andere Himmelsgegenden nachgerückt. Im Südosten glänzt der gelbrote Arktur im Bootes. Etwas weiter gegen Süden weg von ihm, im Sternbild Jagdhunde, findet man mit dem Feldstecher einen winzigen zarten Lichtfleck, der sich in größeren Fernrohren als eine gewaltige, dichtgedrängte Sternansammlung entpuppt, die aussieht wie ein schwärmendes Bienenvolk.

Diese Sorte von Sternhaufen hat man kugelförmige Sternhaufen genannt, um sie von den vorhin untersuchten ‚offenen' Haufen deutlich zu unterscheiden. Das ist auch notwendig. Der Kugelhaufen M 3 ist rund 30 000 Lichtjahre entfernt und enthält schätzungsweise hunderttausend Sterne. Man kann hier nur schätzen, denn im Haufenzentrum stehen die Sterne so dicht, daß auch das beste Fernrohr den Kern nicht in Einzelobjekte auflösen kann. — Eine Sterngesellschaft anderen Typs.

Nicht viel weiter am Himmel, wenn wir von M 3 nach Osten durch Bootes gewandert sind, stoßen wir auf das Sternbild Herkules. In dessen Bereich steht M 13, ein Kugelhaufen, den man auch mit unbewaffnetem Auge sehen kann. Der Feldstecher zeigt ein Scheibchen mit deutlicher Helligkeitskonzentration in der Mitte und Lichtabfall nach außen, Fernrohre mittlerer Größe lösen die Randbezirke auf. Ihn dürfen wir bei 34 000 Lichtjahren Entfernung einstufen. Nicht viel weiter, im Schlangenträger, bis hinunter zum Schützen, melden sich die Kugelhaufen reihenweise, M 10, M 12, M 62, M 107, M 22 usw. Alle haben fast einheitliche Züge. Große Entfernung, offenbar gewaltige Größe (beiläufig 30 bis 50 Lichtjahre), gewaltige Drängung im Kern und ungeheure Sternanzahlen.

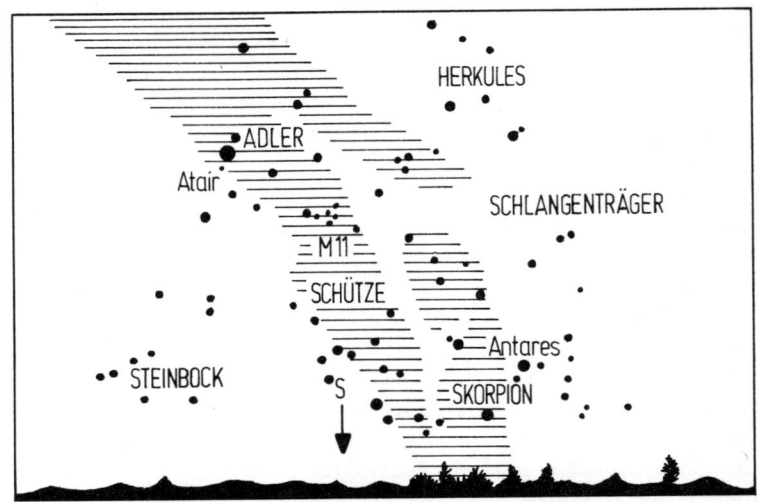

Die hellsten Milchstraßenabschnitte am Abendhimmel im Sommer

Und nun kommt das Tüpfelchen auf dem i. Nehmen wir wieder das
Farben-Helligkeits-Diagramm und zeichnen alle Sterne aus den Kugelhaufen, die wir einigermaßen isolieren können, ein, dann sieht es aus,
als gebe es gar keine Hauptreihe. Sie bevölkern alle den Riesenast, von
den Unterriesen bis zu den Überriesen zwar, aber die Hauptreihe ist
offenbar die Plebs, das Massenvolk. Vornehme Kugelhaufensterne
mischen sich da nicht darunter. So etwas macht irgendwie stutzig.
Es kommt aber noch viel verrückter. Da haben wir noch so eine tolle
Sternansammlung. Die Milchstraße. Ihre schönsten, hellsten und auch
untereinander durch dunkle Zwischenzonen am abwechslungsreichsten
kontrastierenden Abschnitte stehen im Sommer, im Juli und im August,
ziemlich senkrecht vom Südhorizont aufsteigend, über den Zenit laufend und dann wieder senkrecht zum Nordhorizont abfallend am
Himmel der ersten Nachthälfte. Für Feldstecherbesitzer ist dieses Gebiet das reinste Wühlfeld. Da wimmelt es, vor allem im Bereich des
Schützen, nur so von Sternhaufen, Gasnebeln, Dunkelnebeln usw. Hier
kann man, wenn man ein Glas mit großem Gesichtsfeld hat, genau
die Formen einzelner Milchstraßenwolken nachzeichnen.

Intensive Forschung hat gezeigt, daß die dunklen Zwischenräume zwischen den Wolken nicht immer durch vorgelagerte Dunkelnebel verursacht sind. Vielfach handelt es sich wirklich um sternarme Zonen. Immer schon hat man sich Gedanken über das Wesen der Milchstraße gemacht. Warum nur eben dieser Streifen? In der Antike hatte man eine einfache Erklärung. Herkules war als Sohn des Zeus und der Alkmene geboren, und um dem Säugling göttliche Milch zu trinken zu geben, legte man ihn der schlafenden Hera an die Brust. Die merkte etwas, sprang auf und stieß das Baby weg. Dabei schoß ein Strahl göttlicher Milch aus ihrer Brust und blieb, weil es die Milch der obersten Göttin war, am Himmel kleben.

Spätestens seit Galilei mit seinem Fernrohr die Milchstraße in einzelne Sterne auflöste, sind solche Geschichten nur noch von historischem Interesse. Herschel hatte ein kunstvolles Milchstraßenmodell gebaut, das darauf hinauslief, daß wir im Zentrum eines unregelmäßigen Sternringes sitzen. Man hatte auch an einen überdimensionalen Kugelhaufen gedacht, dessen größter Teil uns durch Dunkelnebel verdeckt ist, während eine breite Mittelzone nebelfrei ist, so daß wir, die wir irgendwo nahe des Zentrums stehen, eben diesen freigegebenen Ring sehen. Vor den übrigen Sternen hängen die Vorhänge.

Leider nein. Wozu gibt es eine moderne Astrophysik? Die schafft es spielend nachzuweisen, daß diese blöden Dunkelwolken ausgerechnet im Milchstraßenbereich vorzugsweise auftreten und sich beiderseits der Milchstraße rar machen.

Um es kurz zu machen, bauen jetzt wir uns ein Milchstraßenmodell. Das geht so. Man nehme ein schönes altmodisches Wagenrad. In der Mitte hat es eine dicke Nabe. Dann hat es noch einen großen Durchmesser, und am Rand wird es immer schmaler. Man wähle gleich eine respektable Größe. In der Mitte, bei der Nabe, ist es so ungefähr 20 000 oder noch ein paar Tausend Lichtjahre mehr dick. Im Durchmesser

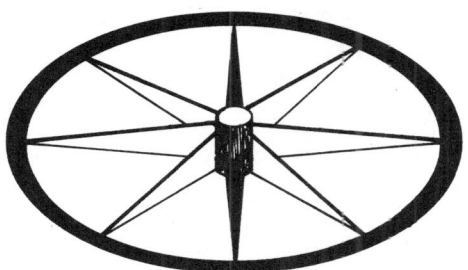

Das Wagenrad als Modell
des Milchstraßensystems

mißt es ungefähr 100 000 Lichtjahre. Zum Rand zu wird es immer weniger dick und läuft dann schließlich aus ...
Diesen Raum füllen wir auf, etwa mit 100 Milliarden verschieden großer Kügelchen. Wir nennen sie Sterne oder Sonnen. Dazwischen geben wir noch eine ordentliche Portion freies Gas, Staub und ähnliches. Auf der Waage wiegt es die Masse der Sterne etwa auf. Das alles mischen wir, nicht ganz gleichmäßig verteilt, gut durcheinander. Immerhin lassen wir in der Mitte die meiste Masse, und in der Fläche lassen wir sie an Dichte etwas abnehmen.
Jetzt denken wir uns auf einen Planeten einer Sonne, die in der großen Radfläche steckt. Nehmen wir mit etwa 30 000 Lichtjahren ihren Abstand vom Zentrum an. Nun betrachten wir die Umgebung. Schauen wir nach oben oder nach unten, dringt unser Blick nur durch ein paar Tausend Lichtjahre. Dann verliert sich die Sternenfülle. Der leere Raum dahinter tut sich auf. Schauen wir aber in Richtung der Radebene, etwa zum Zentrum oder zum Rand, dann haben wir eine ganz schön tief gestaffelte Zone, in der wir immer noch Sterne finden. Die Vordergrundlücken werden von den Hintergrundsternen ausgefüllt, auch wenn sie noch so weit weg und darum noch so lichtschwach sind. Als ‚Lückenbüßer‘ sind sie immer noch gut, und da haben wir eben das Band der Milchstraße. Richtung Mitte ist es besonders dicht. Dort sind die dichtesten Wolken der Milchstraße, die hellsten Zonen. In der Ge-

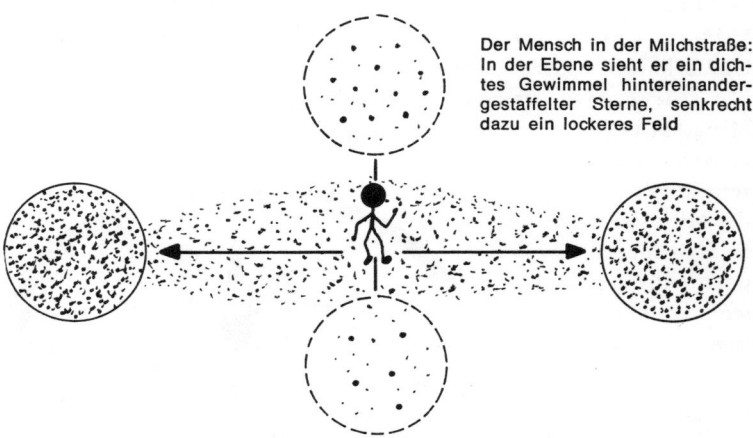

Der Mensch in der Milchstraße: In der Ebene sieht er ein dichtes Gewimmel hintereinandergestaffelter Sterne, senkrecht dazu ein lockeres Feld

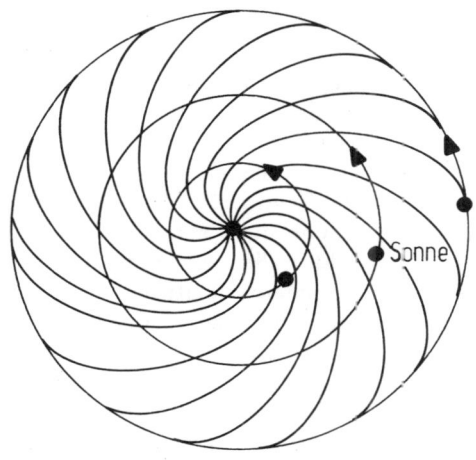

genrichtung ist die Sa-
che nicht so toll, aber
immer noch ausreichend,
um gegen die mickerig
gefüllten Richtungen
senkrecht dazu abzuste-
chen.
Fazit: Das Milchstra-
ßenzentrum, das am
Sommerhimmel so herr-
lich zu sehen ist, liegt in
der Richtung zum Stern-
bild Schütze. Die Gegenrichtung, der Blick zum Radreifen, ist der zur
Wintermilchstraße, die zwar als solche noch durchaus in Erscheinung
tritt, trotzdem aber gegenüber dem Zentrum deutlich abfällt.
Natürlich gilt das, was für die einzelnen Sterne gilt, auch für die Gasnebel und Dunkelnebel. Drum sind sie auch im Milchstraßenbereich
viel häufiger als außerhalb. Wenn man dann noch das raffinierte Spektroskop und die winzigen Positionsveränderungen einzelner Fixsterne
dazunimmt, dann zeigt sich, daß, angenommen wir lassen das Rad sich
drehen, die Sterne, die dem Zentrum näher als wir stehen, uns nach
vorn davonlaufen, die weiter entfernten hinter uns zurückbleiben. Um
das Zentrum laufen aber alle.
Die guten alten Keplerschen Gesetze! Sonnennähere Planeten brauchen
ein größeres Bahntempo als die weiter entfernten, um die Anziehung
zur Sonne durch größere Fliehkraft auszugleichen. Wieder zeigt sich,
wie universal die Naturgesetze gelten. Wie war das doch beim Leuchten der Nebel, der Kometenschweife usw. bis hin zur Leuchtstoffröhre?
— Immer dasselbe. So geht es uns auch hier. Ob das Spiel von Anziehungskraft und Geschwindigkeit zwischen Erde und Kunstsatellit oder
Erde und Mond betrachtet wird, zwischen Merkur und Pluto oder zwischen den das Milchstraßenzentrum umkreisenden Sternen — es ist
immer das gleiche Spiel.

Ich sehe schon die erhobenen Zeigefinger und die mahnenden Worte über ‚zu vereinfachte Darstellung'. Aber bitte: Aller zugegebenermaßen vorhandenen Feinheiten entkleidet, ist es doch so; und mehr als einen groben Überblick wollen wir ja hier nicht gewinnen. Und nun nehmen wir nochmals ein beliebtes Requisit. Das Farben-Helligkeits-Diagramm, und zeichnen brav ein, was wir so wissen über die Sterne der Zentralzone des Milchstraßensystems und über die der großen Radfläche, die wir die Feldsterne nennen. Da zeigt sich wieder eines. Im Milchstraßenzentrum finden wir, wie bei den Kugelhaufen, vorwiegend die Sterne des Riesenastes, bei den Feldsternen vorwiegend die der Hauptreihe. Man beachte das Wort ‚vorwiegend'; so sauber getrennt wie im Vergleich ‚Kugelhaufen — offener Haufen' ist es hier nicht, aber es fällt auf.

Diese merkwürdigen Typengruppierungen mußten bei Anwachsen des statistischen Materials auffallen. Der deutsche, in Amerika tätige Astrophysiker Baade hat als erster auf das Phänomen hingewiesen. Heute ist der Begriff der Population gang und gäbe geworden. Unter der Population I versteht man die ‚Bevölkerung' (etwas anderes sagt das englische Wort Population gar nicht aus) der Hauptscheibe des Milchstraßensystems, die vorwiegend Hauptreihensterne umfaßt (wiederum sei auf die Betonung des Wortes ‚vorwiegend' hingewiesen). Die Population II ist die ‚Kernpopulation', die für das Zentrum des Milchstraßensystems und der Kugelhaufen gilt. Es sei nicht verschwiegen, daß heute auch diese Grundtypen der Sternpopulationen schon wieder Untertypen aufweisen, doch das kommt eben so mit der Zeit heraus, wenn die Unterlagen immer zahlreicher werden.

Wenn das Wort Population gewählt wurde, dann hat man sich dabei ganz direkt an menschliche Vergleiche gehalten. In jeder Stadt gibt es Unterschiede in der Bevölkerungsstruktur. Besonders deutlich wird dies bei amerikanischen Großstädten. In New York ist der Stadtteil Haarlem vorwiegend von farbiger Bevölkerung bewohnt. Andere Stadtteile sind nur von Weißen bewohnt, wieder andere überhaupt nicht, sie bestehen nur aus Bürohochhäusern. Nach diesem Prinzip unterschiedlicher Bevölkerungsstruktur hat man sich bei der Wortwahl gerichtet. Sie war, was bei wissenschaftlichen Neuwörtern nicht immer zutrifft, durchaus nicht unglücklich.

Nun hätten wir also unser Modell des Milchstraßensystems. Frage: Ist

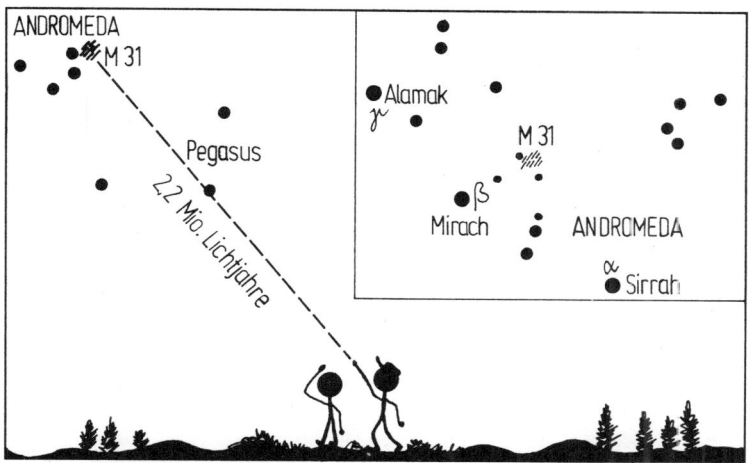

**2,2 Millionen Lichtjahre ist der mit freiem Auge sichtbare Andromedanebel entfernt.
Rechts oben ist der Ort von M 31 genauer als Sternkartenausschnitt fixiert**

es einmalig, und hört die von Sternen bevölkerte Welt jenseits seiner
Grenzen auf? Beginnt da wirklich der totale leere Raum?
Es ist noch gar nicht so lange her, nur ein paar Jahrzehnte, daß man
noch so dachte. In einem Buch, das in den zwanziger Jahren erschien,
fand ich diese Meinung noch vertreten, obwohl der Autor es damals
schon hätte besser wissen müssen, aber die Entdeckungen des damals
größten Fernrohres der Welt, des 2¹/₂-m-Spiegels der Mt.-Wilson-
Sternwarte, datieren erst ab 1922, und auf die kommt es im wesentlichen an.
Ich bin auf unserer Volkssternwarte schon oft gefragt worden: „Wie
weit können Sie mit Ihrem Fernrohr sehen?" Wenn die Sternhimmel-
stellung günstig ist, greife ich mir den Frager, führe ihn auf die Aussichtsplattform und weise ihm den Weg durch das Sternbild Andromeda von Stern zu Stern, bis wir bei einem angelangt sind, neben dem
man mit freiem Auge ein zartes nebliges Schimmerchen erkennen kann.
Schon der arabische Astronom Al Sufi erwähnte es im 13. Jahrhundert.
Bis in unser Jahrhundert wurde es als ovaler Nebel mit einer kernarti-
gen Lichtverdichtung in der Mitte beschrieben. Im 19. Jahrhundert

stellte man auch eine gewisse spiralige Struktur der Gebiete um den Kern fest, und da so etwas auch bei anderen, ähnlich gearteten Nebeln festgestellt wurde, gab man dieser Klasse von Himmelskörpern den Namen ,Spiralnebel'. Das Spektroskop lieferte hier ausnahmsweise keine Entscheidung über das Wesen des Nebelleuchtens. Ein Spiralnebelspektrum ist bei genauer Analyse eine Mischung aus Sternleuchten und dem Leuchten freier Gasnebel. Die Unentschiedenheit dauerte bis zu dem Augenblick, in dem der $2^1/_2$-m-Spiegel wenigstens Außenbezirke des Andromedanebels in einzelne Sterne auflöste. Unter diesen Sternen waren Delta-Cephei-Sterne, die Meilensteine des Weltalls. Die Entfernung des Nebels konnte gemessen werden. Auf Anhieb kam man auf nahezu 1 Million Lichtjahre.

So interessant die Weiterentwicklung geschichtlich ist — wir springen in unsere Zeit. Die Andromedanebel-Entfernung wird heute mit 2,2 Millionen Lichtjahren angegeben. Und so etwas sieht man mit freiem Auge! Hat es da noch einen Sinn zu fragen: „Wie weit sehen Sie mit Ihrem Fernrohr?" Die Auflösung in Einzelsterne, die dadurch subtiler gewordenen Untersuchungsmöglichkeiten und in neuerer Zeit die Radioastronomie haben nun bewiesen, daß die Spiralnebel nichts anderes sind als Kollegen unseres Milchstraßensystems.

Heute hat man die Spiralnebel in ,Galaxien' umgetauft. Das Wort kommt vom griechischen Galaxis = Milchstraße. Wenn die Astronomen von Galaxien reden, kommen sie ins Schwärmen. Da werden Entfernungen genannt, die in die Milliarden Lichtjahre gehen. Vor allem die Radioastronomie hat hier Möglichkeiten, die weit über die der optischen Astronomie hinausgehen. Hört man dann so beiläufig eine Entfernung von 6 Milliarden Lichtjahren, dann kann einem der schwindelerregende Gedanke kommen, daß man hier in eine Vergangenheit zurückblickt, die älter ist als die Erde und unser ganzes Sonnensystem, das es beiläufig auf fünf Milliarden Jahre bringt. Schon bevor die Erde sich bildete, hat die von uns heute aufgefangene Strahlung jener Galaxie ihren Ursprungsort verlassen. Doch da sind wir bei dem zeitlichen Werdegang angelangt, und dem sei noch ein Kapitel, das letzte, gewidmet.

Werden und Vergehen . . .

Es kommt kaum vor, daß man einen Vortrag über astronomische Dinge
— das Thema mag gestellt sein, wie es will — gehalten hat und dann
nicht anschließend in der Diskussion, sei sie ein offizielles Vortrags-
anhängsel, sei sie ein privater Wurmfortsatz am Biertisch, danach gefragt wird, wie denn das alles, was wir so im Weltall herumwirbeln
sehen, Sterne, Sonne, Planeten, Milchstraßensysteme usw. — kurz, wie
denn das alles so geworden, so entstanden wäre und was wir da noch
in der Zukunft zu erwarten hätten.
Die Frage beschäftigt die Menschen nicht erst seit heute oder auch gestern. Sie ist so alt wie die Menschheit, oder schränken wir ein, sagen
wir so alt wie *die* Menschheit, die sich über ihre Umwelt Gedanken
macht. Natürlich hatten es die Völker des Altertums, die dann, wenn
sie mit ihrem Denklatein am Ende waren, die Götter einschalteten,
einfacher als wir. Denken Sie nur an die Geschichte mit der Milchstraße . . .
Die populärste Weltentstehungstheorie ist immer noch das erste Buch
Moses der Bibel. Fast jeder Mensch bekommt sie auch heutzutage noch
irgendwie im Schulunterricht geboten. Natürlich kann man darüber
lächeln. „Am Anfang schuf Gott Himmel und Erde . . .“ Präzise Reli-
gionsphilosophen streiten sich darüber, ob es ursprünglich heißen sollte:
„Am Anfang schuf Gott *den* Himmel und *die* Erde . . .“ Mag sein,
daß die Art der Formulierung Weltanschauungen unterscheidet. Für
den nüchternen Menschen der Gegenwart ist etwas anderes wichtig: die
lapidare Feststellung der Erschaffung von Himmel und Erde, modern
ausgedrückt, die Erschaffung des Raumes.
Und wenn es wenige Zeilen später heißt, daß Gott das Licht von der
Finsternis schied und so zwischen Morgen und Abend der erste Tag

ward — ja, was tat er denn da? Da erschuf Gott die Zeit. Und kein Mensch wird das bestreiten, nicht einmal Albert Einstein — der erst recht nicht — wird leugnen können, daß zu einem irgendwie gearteten Weltgeschehen eben Raum und Zeit gehören. Die Bibelredakteure, die diese Formulierung durchließen, waren also gar nicht so dumm. Daß ihnen ein Lapsus unterlaufen ist und sie die Sonne, die ja für die Trennung von Licht und Finsternis maßgeblich verantwortlich ist, erst am vierten Schöpfungstag einführen, sei ihnen verziehen.

Man könnte jetzt eine sehr reizvolle Kette von Weltschöpfungsmythen knüpfen, Mythen, die zu geistesgeschichtlichen Überlegungen interessantester Art führen. Doch dazu ist hier nicht der Platz. Eine kleine Geschichte chinesischen Ursprungs kann ich mir aber doch nicht verkneifen. Sie lautet kurzgefaßt so:

Ein Riese — wie er hieß, habe ich vergessen, vielleicht Kung-fu-tse oder Lao-tse oder gar Mao-tse — hatte beschlossen, die Welt zu erschaffen. Er machte sich also im Schweiße seines Angesichts — wahrscheinlich mit Hammer und Meißel — an die Arbeit. Da passierte ihm, was modernen Managern auch passiert. Er starb an Überarbeitung. Sagen wir modern: an Streß. Aber etwas starb nicht mit ihm, und das war sein eiserner Wille, die Welt zu erschaffen. Darum entstand die Welt aus seinen Zerfallsprodukten. Aus seinem Schädeldach wurde der Himmel, aus seinen Knochen wurden die felsigen Gebirge, aus seinem Blut die Flüsse und Seen, aus seinem Fleisch die fruchtbaren Äcker, aus seinen Augen Sonne und Mond, aus seinen Haaren die Gräser und die Bäume, und aus dem Ungeziefer, das er am Leib hatte — da wurden die Menschen! — Hübsch, nicht?

Doch verlassen wir die Götter und Menschen der Antike und der Mythologie, so fesselnd der kulturgeschichtliche Aspekt auch sein mag. Denken wir an heutige Diskussionspunkte. Ich will einmal kunterbunt und unsortiert eine Handvoll Stichwörter aufzählen, die mir bei solcherlei Diskussionen um die Ohren schwirren: „Urknall, Kant-Laplacesche Theorie, Gezeitentheorie, Weltall, Endlichkeit, Weizsäcker, Unendlichkeit, Raumkrümmung, Abschleuderung, Verdichtung, Ausdehnung . . ." Der Kundige wird mit Grausen feststellen, daß hier ein wüstes Sammelsurium gegeben wird, und ich habe auch gar keine Lust, mich dafür zu entschuldigen, die Stichworte säuberlich zu sortieren und dann einzeln durchzudiskutieren. Dazu hätte mir der Verlag noch wenigstens hundert Druckseiten zusätzlich genehmigen müssen. Die bei weitem nicht vollzählige Stichwortskala soll nur zeigen, wie sehr sich auch heute noch, ohne an Götter oder Mythengestalten zu denken, Menschen aller Bevölkerungsschichten Gedanken darüber machen, wie denn nun eigentlich die phantastische, menschliche Lebenserfahrungen weit übersteigende Umwelt, in die wir irgendwie verpflanzt sind, zustande gekommen ist.

Ich denke hier an ein Gespräch mit Bekannten über dieses Thema, bei dem gleich zu Beginn alle möglichen Begriffe wirr durcheinandergeworfen wurden. Es zeigte sich sehr schnell, daß der eine wissen wollte, wie denn die Erde — eben ganz bescheiden unsere Heimat im Weltall — entstanden sei. Der andere verstand unter der Frage der Weltentstehung immerhin das Werden von Sonne plus Erde plus Mond, Jupiter, Mars, Venus und wie die Planeten nun eben alle heißen. Wieder einer war an den Planeten inklusive Erde, Mond usw. gar nicht sonderlich interessiert. Er fand, daß sich deren Entstehung wohl zwangsläufig kausal ableiten lasse, wenn man nur einmal wisse, wie dieser große Atommeiler Sonne überhaupt da oben hingeraten sei. Ein alter Herr, abgeklärt und weise, meinte schließlich, daß das alles ja ein Streit um des Kaisers Bart wäre. Wichtig sei doch vor allem zu wissen, wie es der liebe Gott eben irgendwann einmal angestellt habe, daß das erste Atom überhaupt in die Welt kam.

Das ist das, was unter dem Stichwort ,Urknall' läuft. Die Überlegungen dazu füllen dicke Bücher, lassen sich heute aber in etwa auf einen Grundgedanken zurückführen: Irgendwann, vor vielen Milliarden Jahren, ist die Welt aus einem Zustand, den wir uns nicht vorstellen können, schlagartig in den Zustand übergetreten, den wir mit unseren Begriffen beschreiben können. Es gibt Raum, es gibt einen Zeitablauf, es gibt Materie. Im Rahmen der Materieexistenz wird auf mannigfache

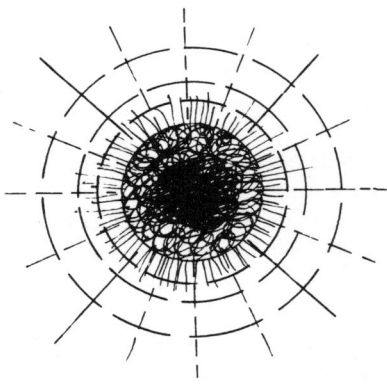

Weise Energie freigesetzt und vor allem ausgetauscht, in verschiedenartigsten Formen immer wieder neu zum Vorschein gebracht. Und dadurch wird das Weltgeschehen, so wie wir es erleben, in Gang gehalten.

Das Wort Urknall oder auch der Zeitpunkt ‚t₀' kann als Markierung für diesen Existenzbeginn des Weltganzen dienen. Was da wirklich geschah, kann ich nicht berichten. Ich bin nämlich dummerweise nicht dabeigewesen. Da auch andere Leute keine Eintrittskarten für Logenplätze bekamen und der damals gedrehte Film bis dato noch nicht ausgegraben ist, wollen wir auf eine genaue Schilderung der Urknallvorgänge großzügig verzichten und bei einem späteren Zeitpunkt einhaken.

Ich denke wieder an unsere damalige Tischrunde zurück. Inzwischen herrschte im Raum ‚dicke Luft'. Qualmschwaden aus diversen Luftverpestungsgeräten hingen blauschimmernd um die Beleuchtungskörper. Jemand hatte seine Zigarettenasche neben den Aschenbecher gestippt, wollte sie wegpusten und wirbelte noch mehr Dreck in die Luft. Kurz,

von einer sauberen, klaren Atmosphäre konnte nicht die Rede sein. Darum hakte ich mit meiner Geschichte hier ein.

„Sehen Sie, den Urknall wollen wir einmal mangels ausreichender Informationen weglassen. Nehmen wir also ein irgendwie im Normalbetrieb angelaufenes Weltall. Gase, Staub und anderes Material sind mindestens ausreichend vorhanden. Wenn Sie aber jetzt hier in dieser Bude nur die Rauchschwaden anschauen, haben Sie da das Gefühl, die würden in ewiger Ruhe unverändert verharren? Sicher nicht! Die quirlen ganz schön durcheinander, je nachdem, ob ein Luftzug durch die Tür kommt, ein Raucher eine neue schöne Qualmwolke auspustet oder irgend jemand aufsteht und durchs Zimmer geht. Die Luft ist ständig durch tausend verschiedene Anstöße in Bewegung. Und selbst wenn wir alle Anwesenden hinauswerfen, Fenster und Türen dichtmachen und durch ein Guckfenster und mittels komplizierter Instrumente verfolgen, was hier passiert, dann werden wir keine Ruhe konstatieren. Wir stellen nämlich fest, daß allein die Temperaturunterschiede zwischen dem Bereich um die Heizkörper und jenem am Fenster, der also nur durch dünne Glasscheiben von der kalten Außenluft getrennt ist, für Bewegung sorgen. Ein absolutes Stagnieren, die völlige Ruhe gibt es gar nicht. So etwas wäre eine Fiktion wie die vom absolut luftleeren Raum!"

So etwa habe ich damals mein Privatissimum eingeleitet, denn das Wissen um den überall irgendwie, wenn auch noch so verdünnt mit Materie erfüllten Raum und dazu das Begreifen, daß eben diese Materie nicht daran denkt, in totaler Bewegungslosigkeit zu verharren, sind eine Grundvoraussetzung für alle Überlegungen über Werden, Entwicklung und Vergehen im kosmischen Geschehen.

Man ist in Versuchung, einen kleinen Zeitmaschinenausflug in die Vergangenheit zu machen. So etwa zwischen 500 und 600 v. Chr. gab es im unteritalienischen Elea eine Philosophenschule. Es waren die Eleaten. Einer ihrer größten Geister, vielleicht sogar der, der die Denkrichtung erstmals verkündet hatte, hieß Parmenides. Sein Prinzip war das des ewig ruhenden Seins. Alles Weltgeschehen ist ruhend. Bewegung, Vorgänge usw. sind bedauerliche Nebensächlichkeiten. Das unveränderliche ‚Sein‘ ist Grundprinzip der Welt.

Um dieselbe Zeit lebte in Ephesus ein anderer Grieche. Er hieß Heraklit, und von ihm stammt das berühmte Wort ‚pantha rhei‘, zu deutsch ‚alles fließt‘. Seine Naturphilosophie beruht auf dem ständigen Wechsel, dem Kräfteaustausch, dem Werden und Vergehen. Um es kurz zu machen: Die Geschichte der Wissenschaft hat Heraklit Recht gegeben. Parmenides blieb zweiter Sieger.

Nehmen wir also einmal das Rohmaterial. Es besteht zum größten Teil

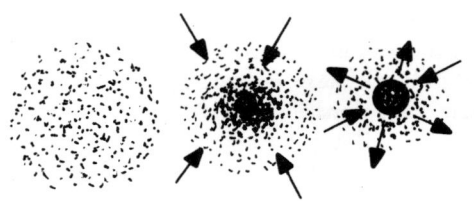

Aus losem Gas verdichtet sich ein Stern; die Schwerkraft verdichtet ihn immer mehr nach innen; gleichzeitig beginnt die Strahlung nach außen

aus Wasserstoffgas. Das Gas ist irgendwie in Bewegung, wie die blauen Dunstwolken im verrauchten Zimmer. Elektrische Kräfte spielen dabei auch eine Rolle. Die raffinierten Astrophysiker haben nämlich, vor allem mit Hilfe der Radioastronomie, herausgefunden, daß wir zwei grundsätzlich verschiedene Typen von Verteilungsgebieten unterscheiden müssen. Da sind die H-I-Gebiete, — der Wasserstoff elektrisch neutral, und H-II-Gebiete. Dort ist er ionisiert, elektrisch geladen. Die beiden Sorten halten sich offenbar ganz schön auseinander. Logischerweise gibt es dann Grenzgebiete, wo beide Sorten aufeinanderstoßen. So etwas bietet herrliche Gelegenheit durcheinanderzugeraten. Freier Staub, der in den Gaswolken ist, wird mitgerissen. Irgendwo verdichtet sich besonders viel Material, ein Anziehungszentrum entsteht. Die Schwerkraft wirkt immer stärker in Richtung dieses Zentrums. Gas und Staub verdichten sich zwangsläufig weiter. Der Druck steigt, die Verdichtung nimmt immer noch zu. Schließlich sind Druck und die durch ihn bedingte Temperatur groß genug geworden, um etwas zu ermöglichen, was als neue Erscheinung auftritt: Der Funke hat gezündet, die Atomheizung im Inneren beginnt zu ticken. Da diese Atombrennanlage, die wir schon bei der Sonne kennenlernten, aber Strahlung abgibt, beginnt das Ballungsgebiet im Zentrum zu leuchten. Ein Stern ist geboren.

Es gibt Sterne — es handelt sich dabei vor allem um heiße O- und B-Sterne, die man nach der heutigen Vorstellung vom inneren Aufbau eines Sternes als junge Sterne bezeichnet. Sie sind allenfalls wenige -zigmillionen Jahre alt.

Aber bevor wir nun den Stern auf vorläufig unbegrenzte Zeit weiterleben lassen, werfen wir einen Blick in seine Umgebung. Da sind immer noch Wasserstoff und Staubwolken in turbulentem Wirbel vorhanden. Doch jetzt gibt der Stern so etwas wie einen Richtpunkt ab. Er wird zum Ordnungsfaktor. Es entstehen gewisse gleichgerichtete Ströme.

Carl Friedrich von Weizsäcker konnte nun zeigen, daß in einem turbulenten Gas, in dem wenigstens ein solcher Ordnungsfaktor vorhanden ist, auch wenn er erst schwach wirkt, ganz bestimmte Wirbelmengen entstehen, die je nach dem Abstand von der Zentrale räumlich kleiner (zentrumsnah) oder größer (bei zunehmender Distanz) sind. Wo solche Wirbel sich gegenseitig ins Gehege kommen, entstehen Verdichtungen, und in die Bewegung kommt immer mehr Ordnung.

Menschenmassen, sagen wir die Besucher eines Fußballspieles, bewegen sich beim Verlassen des Stadions zunächst wirr durcheinander. Jeder will zuerst der drangvollen Enge entkommen. Dann aber bilden sich langsam geordnete Ströme in Richtung der Stadionausgänge. Natürlich, werden Sie sagen, alle haben ja ein Ziel, das Tor nach draußen, den Parkplatz, die Bushaltestelle usw. Drum ist auch die Generalrichtung dieselbe. Stimmt, aber versuchen Sie einmal in einer solchen Massenbewegung gegen den Strom zu schwimmen! Das geht nicht. Sie werden mitgerissen oder in klitzekleine Stückchen zermahlen. Spätestens wenn Ihnen der erste Fetzen vom Mantel hängt, begreifen Sie, daß Sie mit müssen, auch wenn Ihr Schirm, das schöne Geburtstagsgeschenk von Tante Klara, immer noch vergessen auf Ihrem Tribünenplatz liegt. Draußen vor dem Stadion können Sie ein weiteres Experiment machen. Sie lassen sich an den Rand des Menschenstromes spülen, der in Richtung Parkplatz wogt, und versuchen nun plötzlich, quer durchzubrechen in Richtung Bushaltestelle. Vielleicht können Sie sich langsam durchschieben, aber nur indem Sie mit der Masse laufen und dabei darauf bedacht sind, immer etwas mehr, sagen wir nach rechts, zu kommen.

Noch ein Gesetz müssen Sie beachten. Sie müssen das allgemeine Tempo mithalten. Sind Sie langsamer, werden Sie dauernd von hinten gerempelt. Auch den Versuch, schneller zu sein, müssen Sie bald aufgeben, weil Sie ständig Ärger mit den Vorderleuten haben, an denen Sie vorbeidrängen wollen. Der Autofahrer, der zur Hauptverkehrszeit auf einer dicht dreispurig befahrenen Fahrbahn auf der rechten Fahrspur fährt, dem aber plötzlich einfällt, daß er schnell noch irgendwo etwas einkaufen will, dazu aber nach links abbiegen muß, kommt hoffnungslos ins Gedränge. Und wenn er sich rücksichtslos in Lücken quetscht und nach links drängt, kann er sich ruhig über das empörte Hupen freuen, es gilt ihm.

Sie kennen selbst Beispiele aus dem Alltag genug. Setzen Sie sich einmal zu einer Tischrunde zusammen. Jeder muß erzählen, wie und wo ihm schon einmal Ähnliches passiert ist. Man glaubt gar nicht, wie schnell da die Storys nur so prasseln. Man muß ganz dabei sein, wenn man seine eigene loswerden will, und muß dann schnell reden, damit ein anderer nicht unterbrechen kann ... schon wieder so ein Anpassungszwang.

Ich bin darauf jetzt ganz schön lange herumgeritten, weil hier ein ungeheuer wichtiger Vorgang angeschnitten wird: die Möglichkeit der Entstehung eines Planetensystems. Weizsäcker kann nun zeigen — und zwar mit Mitteln moderner Mathematik untermauert —, daß aus einem ursprünglich recht ungeregelten Gemenge aus Gas und Staubmaterial zwangsläufig mehr und mehr ein sich geregelt verhaltendes System wird. Die Angleichung an eine Bewegungsrichtung, die Ausrichtung auf eine Hauptebene und die Bildung von Nebenballungszentren in bestimmten Abständen vom Hauptzentrum ergeben sich zwangsläufig auf diesem Anpassungsweg.

Ich gebe zu, daß der Vergleich mit Menschenmassen durchaus hinken kann. Im großen und ganzen ist aber das Bild doch richtig, vor allem deswegen, weil der an sich individuell handelnde Mensch immer mehr zum stupiden Statistikobjekt wird, je größer das Kollektiv wird, in dem er in Erscheinung tritt. Die graue Masse wird immer größer, immer einförmiger, immer ununterscheidbarer.

Nun, unser immer gleichförmiger werdendes Staub-Nebel-Kollektiv beginnt, sich langsam doch wieder zu individualisieren. Da ist einmal die beherrschende Sonne im Mittelpunkt. Dann sind da die Nebenballungen, die sich so langsam als Planeten herausstellen. Sie haben bei weitem nicht genug Masse, um den Atombrenner im Inneren anzuzünden, also werden sie im Lauf der Zeit eine Kruste bilden, Gase werden aus dem Inneren nach außen drängen und, wenn sie heftig genug herausgeschleudert werden, den Anziehungsbereich des jungen Planeten wieder verlassen. Schwerere Stoffe bleiben an den Planeten gebunden. Die Planeten räumen mittels ihrer Schwerkraft auch in ihrer Umgebung auf, ziehen kleinere Materiebrocken usw. an sich und ,säubern' so die Umgebung. Das ursprünglich durcheinanderwirbelnde Konglomerat wird immer geordneter und gegliederter.

Trotzdem können Reste des ursprünglichen Baumaterials übrigbleiben.

Sie müssen nur einigermaßen die Gesetze anerkennen. Kometen z. B. sind gerade die richtigen Mischungen, gleichsam Miniportionen der Ausgangsmaterie: Gase, Staub und Gröberes. Einer Theorie zufolge sind sie die Reste des Baumaterials und bilden in einem Riesenabstand von der Sonne noch eine Restwolke, aus der immer wieder einmal Kleinkonzentrationen abgelenkt und Richtung Sonne gesteuert werden. Die Planeten besorgen durch Bahnbeeinflussung ein übriges, und schon wieder haben wir einen neuen Kometen auf der Liste. Kann sein, wer weiß. Auch die Kleinplaneten *könnten* vielleicht wenigstens zum Teil als Restmaterial eingestuft werden, etliche Meteorschwärme ebenfalls. Möglich sind alle diese Fälle. Mangels eines genauen Protokolls ihrer Entstehung wissen wir es aber nicht sicher.

Übrigens hat Immanuel Kant schon vor 200 Jahren eine ganz ähnliche Theorie wie die hier in groben Zügen dargestellte Weizsäckersche aufgestellt. Ihm standen nur noch nicht die Erkenntnisse der modernen Physik über statistische Methoden, Thermodynamik, einschlägige Rechenmethoden usw. zur Verfügung. Deshalb mußten bei ihm all die Regelmäßigkeiten in der Bewegung des Systems als zufällig betrachtet werden, während von Weizsäcker sie weitgehendst mathematisch belegen kann.

Pierre Simon Laplace, der bekannte Astronom, hat einen anderen Ausgangspunkt gewählt. Er nahm eine schon rotierende Riesensonne an, die so schnell rotiert, daß sie an ihrem

Immanuel Kant   Pierre S. Laplace

Äquator zu stark beschleunigte Teile gleichsam als Fetzen abschleudert. Die beiden Vorstellungen unterscheiden sich grundsätzlich. Warum es später dazu kam, daß man beide in einen Topf warf und von einer Kant-Laplaceschen Theorie sprach, bleibt eines der Geheimnisse der Wissenschaftsgeschichte.

Es hat noch viele Theorien ähnlicher Form gegeben. So z. B. die Jeansche Gezeitentheorie, die voraussetzt, daß zwei Sterne sich so nahe kommen, daß sie sich mit ihrer gegenseitigen Schwerkraft Material gleichsam ‚absaugen‘. Ein solches Ereignis ist aber nach der Wahrscheinlichkeitsrechnung so selten, daß unser Planetensystem, da es unstreitig existiert, geradezu ein Unikum ganz besonderer Art wäre. Da wären wir dann wieder bei einem der Thrönchen gelandet, von denen wir regelmäßig heruntergefallen sind. Zuerst war die Erde die alleinige Weltmitte, dann wenigstens unsere Sonne, dann, als die Sonne als eine unter Milliarden im Milchstraßensystem erkannt war, war wenigstens das Milchstraßensystem eine einmalige Erscheinung, und heute ist es nur eine unter Milliarden Galaxien. Da wirkt ein durch einmaligen Zufall entstandenes Planetensystem irgendwie deplaziert. Doch lassen wir einmal das Planetensystem beiseite. Daß mindestens ein solches existiert, ist bewiesen, weil wir nun eben einmal auf einem seiner Planeten vorhanden sind. Wie es entstanden ist, wurde eben diskutiert. Herr von Weizsäcker mag mit seiner Theorie richtig liegen, vielleicht auch etwas am wahren Kern vorbeigezielt haben. Daß die gedachte Grundlinie richtig ist, dürfte nach unserem heutigen Wissen kaum bezweifelt werden. Wenn wir uns nun noch etwas über den Lebensweg der Sterne unterhalten wollen, dann gehen wir nochmals von dem ursprünglichen Gas-Staub-Gemisch aus, in dem durch diverse Ursachen die Ballung eines Sternes zustande kam.

Nun haben wir einen Stern, vielleicht mit Planetensystem, doch was macht das aus? Er steht noch immer in einem ausgedehnten Nebelbezirk, sagen wir vom Ausmaß des großen Orionnebels oder eines anderen ähnlicher Ordnung. Jetzt hat dieser Nebel aber eine neue Komponente: den Stern!

Wie wir von der Sonne wissen, pflegt ein Stern etwas zu liefern, was wir Sonnenwind nennen. Darf ich es höchst unverbindlich umschreiben? Sonnenwind ist eine von einem Strahlungszentrum ausgehende Energie verschiedener Wirkungsweise, die geeignet ist, die Umgebung des

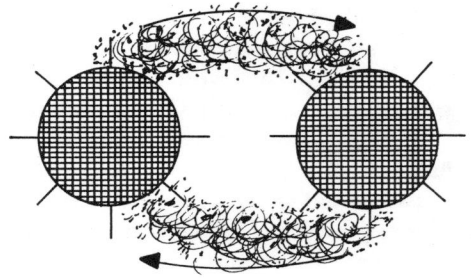

Nach der Jeans'schen Theorie entwickelt sich ein Planetensystem, weil zwei Sonnen sich gegenseitig Material ,absaugen'

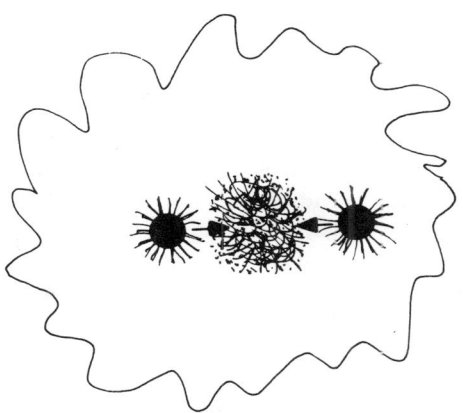

Zwei Sterne in einem Gasnebel tragen durch ihre Strahlung dazu bei, daß sich ein weiterer Stern zusammenballt

Strahlungszentrums zu beeinflussen. Das war doch schön gewunden und unverbindlich ausgedrückt?! Doch werden wir verbindlich. Wenn der Sonnenwind einen Kometen erwischt, wirkt er sich als Schweiferzeuger aus. In der Erdatmosphäre bringt er Nordlichter hervor. Das tut er sicher auch in der Atmosphäre anderer Planeten. Warum soll er freies Wasserstoffgas der weiteren Umgebung nicht auch zum Leuchten bringen? Das Thema habe ich schon einmal im Sonnenkapitel angeschnitten. Jetzt liegt es wieder auf dem Tisch. Es kommt aber noch etwas anderes dazu. Wie die Kometenschweife zeigen, verbindet sich mit der Leuchtanregung auch nicht selten eine direkte Bewegung der betroffenen Gase, eben die Bewegung, die den Schweif von der Sonne wegbläst. Darum kam man ja auch auf den sinnigen Namen Sonnenwind. Da die so in Fahrt gesetzten Gase auch beigemischten Staub mitreißen, kommen auch gröbere Partikeln als Gasatome mit in das Getriebe.

Nehmen wir nun keinen kümmerlichen Kometen, sondern gleich einen lichtjahregroßen Gasnebel, in dem ein neu formierter Stern Sonnenwindbetrieb inszeniert, dann geht dort der Wirbel erst recht los. Der Impuls, daß sich in der Nähe ein weiterer Stern formiert, ist vorhanden. Sind erst einmal zwei Sterne da, quetschen sie den Nebelstoff zwischen sich zu einem Stern Nummer drei zusammen, und so weiter . . .

Es ist sicher kein Zufall, daß in den berühmten großen Gasnebeln, wie z. B. dem Orionnebel, die das Leuchten anregenden Zentralzonen meist aus mehreren, sternhaufenähnlich beisammenstehenden Sternen der nach unserer heutigen Meinung jungen Sterntypen O und B bestehen. Im Orionnebel ist es das ‚Trapez‘, das man schon mit einem starken Feldstecher als Einzelsterne aus dem hellen Nebelgebiet herausfischen kann. Im Sternbild Einhorn (Monoceros) gibt es den ‚Rosetta-Nebel' NGC 2237, in dem mittendrin ein offener Sternhaufen, NGC 2244, steht, der aus O- und B-Sternen besteht. Bemerkenswerterweise ist rings um den Sternhaufen die Nebeldichte gering. Es sieht aus, als sei die Gegend dort schon leergefegt. Die ursprünglich vorhanden gewesene Materie ist zwecks Sternentstehung „verbraucht" worden. Beispiele ähnlicher Art könnten noch seitenlang aufgeführt werden. Doch machen wir weiter. Wir haben jetzt einen schönen soliden Stern zur Verfügung. Und was folgt nun? Früher hat man geglaubt, daß alle uns bekannten Sterntypen verschiedene Entwicklungsstadien darstellen, die *jeder* Stern irgendwann in seinem Dasein einmal durchläuft. Schön wäre es, wenn es so einfach wäre. Der große englische Astrophysiker Sir Arthur Eddington hat dazu einmal eine kleine Geschichte erzählt, die ich hier nicht verschweigen möchte, weil sie so nett ist.

„Es gibt eine Eintagsfliege, die in unserem Zeitsinn eben nur einen Tag lang lebt. Für ihr Empfinden ist dieser Tag ein Lebensalter wie für den Menschen etwa 80 Jahre. Die Fliege ist intelligent und erforscht ihre Umwelt. Da sieht sie Menschen. Sie registriert große, kleine, dicke, dünne, solche mit, solche ohne Haare, zwischendurch einen mit anderer Hautfarbe als die Hauptmasse. Nun sortiert sie die Typen, weil sie der Meinung ist, verschiedene Lebensstadien vor sich zu haben, und kommt zu dem Schluß, daß Menschen aus einem noch nicht erforschten Vorgang entstehen und als riesige ‚Kleiderschränke' ins Leben treten. Im Lauf ihres Daseins schrumpfen sie dann ein, werden kleiner und kleiner und sind, kurz vor ihrem Abtreten von der Welt, so hilflos, daß sie von ihren Mitmenschen in kleinen Wägelchen hin- und hergeschoben werden müssen . . ."

Und das war das Urteil Sir Arthur Eddingtons: „Die Fliege hat logisch völlig einwandfrei argumentiert. Leider war ihr Unterlagenmaterial nicht vollständig, weil eben der Zeitfaktor fehlte. In einem Tag kann sie unmöglich damit rechnen, durch Zufall z. B. der Geburt eines Menschen beizuwohnen, und darum hat sie ihre logisch richtige Gedankenkette am falschen Ende aufgehängt." Wenn Sir Arthur weiter schließt, daß wir den Sternen, deren wahrscheinliche Lebensdauer nach Milliarden Jahren zählt, genauso hilflos gegenüberstehen wie die Fliege dem Menschen, dann hat er völlig recht.

Inzwischen haben wir wesentlich mehr Unterlagenmaterial sammeln können, und auch die Spannbreite der Forschungsmöglichkeiten ist größer geworden. Wenn Eddington in den zwanziger Jahren mit dieser Geschichte darauf aufmerksam machen wollte, daß es durchaus nicht eine Naturnotwendigkeit sei, daß Sterne zunächst kühle und riesige Gasbälle seien (Rote Riesen), die dann über einen Daseinshöhepunkt (Weiße Riesen, Übergang zur Hauptreihe) zu verschwindend winzigen Roten Zwergen zusammenschrumpfen — wenn also Eddington Zweifel an dieser Grundvorstellung andeuten wollte, dann hatte er sehr recht. Seit wir auf dem Umweg Atomphysik Kenntnisse über die Energiefreisetzung gesammelt haben, wissen wir, daß die Sache sehr viel komplizierter aussieht. Einen so einfachen Lebensweg gibt es nicht für Sterne. Welchen sie beschreiten, bestimmen ihre Ausgangsmasse und ihre chemische Zusammensetzung. Diese Faktoren sind nämlich die grundlegende Voraussetzung für die — sagen wir primitiv — Beschickung des Atomgenerators im Sterninneren. Mehr Druck und mehr Temperatur ermöglichen andere Kernreaktionen!

Entsprechend verläuft die Entwicklung unterschiedlich. Manche Sterne werden im Endstadium ihres Daseins zu Roten Riesen (zu Eddingtons Zeiten hielt man das noch für das Geburtsstadium). Andere brechen zu immer dichter werdenden Zwergsternen zusammen und enden in einem Zustand, in denen man kein sichtbares Licht, sondern nur noch stoßweise Radiowellen von ihnen bekommt. ‚Pulsare‘ nennt man so etwas. Es ist aber sehr schwer zu sagen, welchem Endstadium ein heute existierender gutbürgerlicher Stern der Mittelklasse entgegengeht.

Lassen wir die ursprüngliche Kernreaktion im Sterninneren starten. Nach einiger Zeit wird sich — nehmen wir den Bethe-Weizsäcker-Zyklus, bei dem Helium aus Wasserstoff aufgebaut wird (s. Seite 228) — das Produkt der Kernreaktion, nämlich Helium, im Inneren des Sternes immer mehr verdichten, und der Brennstoff, nämlich Wasserstoff, wird weniger werden. Die ‚Brennzone‘ verlagert sich vom Zentrum weg immer mehr nach außen.

Denken wir an eine moderne Großstadt. Zu Kaisers und Königs Zeiten konzentrierte sich das Leben auf das Stadtzentrum. Da stand nicht nur das Schloß des jeweiligen Potentaten. Darum herum waren die mehr oder weniger protzigen Häuser des Adels, des Großbürgertums, der Geschäftswelt angesammelt. Und dort lebte und wohnte man auch.

Nehmen Sie dieselbe Stadt heute. Da sind Verwaltungsgebäude, Banken, Versicherungspaläste usw. im Stadtkern angesiedelt, und wenn noch jemand in dieser Gegend wohnt, dann höchstens ein paar Hausmeisterfamilien. Die Wohnzone hat sich an den Stadtrand verlagert. Genauso verlagert sich die Brennzone im Sterninnern nach außen. Das führt dazu, daß das Gleichgewicht zwischen nach innen drängender Schwerkraft und nach außen drängender Strahlung immer labiler wird. Der von außen lastende Druck auf der Zone, die Strahlung produziert, nimmt mehr und mehr ab. Die Strahlung wird immer übermächtiger. Sie heizt die äußeren Hüllenzoner immer gewaltiger auf und treibt sie auseinander. Der Stern bläht sich auf und wird — von außen gesehen — heißer. Das wird auch unserer Sonne im Laufe der Jahrmilliarden passieren. Die Story von der Sonne, die auf dem absteigenden, gleichsam erkaltenden Ast steht, ist heute längst passé.

Dann wird die Sache aber kritisch. Die moderne Großstadt läuft irgendwann einmal über. Die Bevölkerung siedelt sich im Umland an. Der Stadtkern stagniert.

Bei einer Sonne geht es etwas dramatischer zu. Das Gleichgewicht gerät irgendwann einmal endgültig aus den Fugen. Die Schwerkraft kann der Strahlungsenergie nicht mehr Paroli bieten: die Brennzone platzt. Was noch als Außenhülle darüber lagert, wird in einer mächtigen Explosion weggeblasen. Die Brennzone tritt unverhüllt zu Tage. Der Fernschreiber tickert rund um die Erde eine Novaentdeckung.

Doch dem euphorischen Knall folgt die Ernüchterung. Ohne das wegexplodierende Material kommt der Energieerzeugungsvorgang aus dem Tritt. Die Schwerkraft bekommt Oberwasser und läßt den Stern zusammenbrechen. Die Atome rücken dichter zusammen, Elektronenhüllen gehen flöten, die Atom*kerne* rücken zusammen. Druck und Temperatur reichen jetzt aus, um anstatt Helium aus Wasserstoff Kohlenstoff aus Helium aufzubauen. Der Tanz beginnt von neuem.

Nach einiger Zeit folgt dasselbe wie gehabt: Gleichgewichtsstörung, Novaausbruch, neuerlicher Zusammenbruch des Reststernes, neuer Atomzyklus, Aufbau noch schwererer Elemente usw. Man kann sich eine Reihe solcher Wiederholungen vorstellen, an deren Ende ein unvorstellbar verdichteter Reststern kleinsten Durchmessers steht, der praktisch nur noch aus Atomkernbestandteilen, den Neutronen, besteht. Das ist dann ein Neutronenstern. Er erzeugt kein sichtbares Licht mehr,

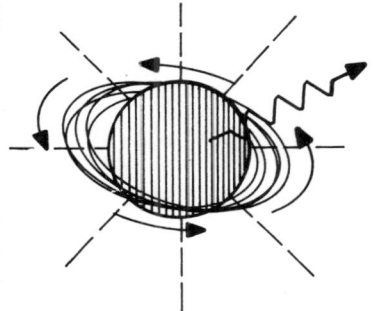

Der Neutronenstern strahlt nur aus bestimmten Gebieten Radiostrahlung wie
einen Scheinwerferkegel ab

wohl aber Radiostrahlung, und diese wiederum, bedingt durch Magnetfelder, kann nur an bestimmten ‚Ventilen‘ den Stern verlassen.
Der Neutronenstern rotiert aber unvorstellbar schnell um seine Achse,
und immer wenn der Radioschauer, der den Stern wie ein Scheinwerferkegel verläßt, unseren Bereich erwischt, zuckt die Registrierkurve
auf den Oszillographenröhren unserer Radioteleskope. Pulsare nennen
wir so etwas. Wir kennen inzwischen schon eine ganze Menge.

Denkt man daran, daß wir hier wohl das Endstadium eines unvorstellbar alten Sternes vor uns haben, und denken wir weiter daran, daß die
Energiestöße, teils aus Licht, teils aus Radiostrahlung, die wir von
ebenso unvorstellbar weit entfernten Galaxien empfangen, dort vielleicht abgestrahlt wurden, als unsere Erde noch gar nicht existierte,
dann überkommt einen unwillkürlich ein Schauer. Man wird zu einer
kaum denkbaren Winzigkeit in einem Weltall aus Raum und Zeit, das
menschliches Vorstellungsvermögen weit übersteigt.

Literaturhinweise

Systematische Einführung
A. Krause und C. Fischer: Himmelskunde für Jedermann. Franckh'sche
Verlagshandlung
J. J. v. Littrow: Die Wunder des Himmels. Dümmler

Nachschlagewerke
Meyers Handbuch über das Weltall. Bibliographisches Institut
J. Herrmann: dtv-Atlas zur Astronomie. Deutscher Taschenbuchverlag
Abc Astronomie. Dausien

Beobachtungsanleitungen und Unterlagen
W. Widmann und K. Schütte: Welcher Stern ist das? Franckh'sche Ver-
lagshandlung
G. D. Roth: Handbuch für Sternfreunde. Springer Verlag
P. Ahnert: Kleine praktische Astronomie. J. A. Barth
J. Herrmann: Der Amateurastronom. Franckh'sche Verlagshandlung

Sternkarten
Drehbare KOSMOS-Sternkarte. Franckh'sche Verlagshandung
K. Schaifers: Atlas zur Himmelskunde. Bibliographisches Institut

Jahrbücher
P. Ahnert: Kalender für Sternfreunde. J. A. Barth
M. Gerstenberger: Das Himmelsjahr. Franckh'sche Verlagshandlung
R. A. Naef: Der Sternhimmel. H. R. Sauerländer

Zeitschriften
Die Sterne. J. A. Barth
Sterne und Weltraum. Verlag Sterne und Weltraum
Sky and Telescope. Sky Publishing Corporation

Sachregister

Aberration des Lichtes 44
α Centauri 51, 233
Achromat 65
Adams, John Couch 100
Algol 261
Amenophis IV (Echnaton) 204
Andromeda 285
Andromedanebel 286
Aquariden 175
Arizonakrater 193
Arktur 35, 245
Astronomische Einheit 52
Auswahleffekt 239

Bayer, Johannes 29, 32, 34
Bedeckungsveränderliche 244, 262
Bessel, Friedrich Wilhelm 44
Beteigeuze 33, 263
Bethe-Weizsäcker-Zyklus 227
Beugungsscheibchen 274
Bonner Durchmusterung 251
Bradley, James 44
Brahe, Tycho 257
Brennpunkt 58

Canopus 237
Cepheiden 49, 175
Ceres 96 f.
Chromosphäre 230
Chubb Krater 194
Crab-Nebel 258

Delta-Cephei-Sterne 264, 286

Dopplereffekt 25
Eddington, Sir Arthur 298
Elongation 127
Ephemeride 149
Erdferne (Apogäum) 80
Erdnähe (Perigäum) 80
Eridanos 207
Extinktion 266

Farbenexzess 250
Farben-Helligkeitsdiagramm 278, 280
Fechnersches Gesetz 30
Fixstern 21, 198
Fraunhofer 65
Fraunhofersche Linien 239

Galaxie 48, 286
Galilei 43, 109 ff.
Galle, Johann Gottfried 100
Gauss, Carl Friedrich 97
Gravitationsgesetz 93, 99
Größe der Sterne 30 ff.
Großer Bär 19

H-I- und H-II-Gebiete 292
Hauptreihe 245
Helios 206
Helligkeitsangaben 29
Hemmungspunkt 178
Heraklit 77, 291
Herschel, William 95, 281
Hertzsprung-Russell-Diagramm 263
Himmelswagen 16, 29, 33, 35

Hipparch 29 ff.
Hyaden 277
Internationale Astronomische Union 88

Jupiter 12, 31, 51, 91, 105
Jupitermonde 106 ff., 116 ff.

Kant-Laplacesche Theorie 295
Kapella 21
Kepler, Johannes 43, 67, 93 f.
Keplersche Gesetze 41
Knoten 77
Koma 161
Komet 143, 231
—, Arendt-Roland 145
—, Bennett 149
—, Giacobini-Zinner 164
—, Hallayscher 144, 155
Konjunktion 92, 112, 127
Kopernikus, Nikolaus 43, 93
Korona 210, 230
Kugelhaufen 279

Leavitt, Henrietta 43, 47, 50
Leoniden 175
Leuchtkraft 43, 50
Leuchtstoffröhren 230
Leverrier, Urbain 100
Libration 81
Lichtgeschwindigkeit 113, 115 f.
Lichtjahr 38 ff.
Lovell, Percival 101

Magellansche Wolken 48
Mare 84, 91 f.
Mars 21, 31, 41, 91, 134
Merkur 91
Meteor 167 ff.
Meteorit 167 ff., 183
Meteoritenschwarm 175
Meteorkrater 193 ff.
Meteorschweif 170
Meteor, sibirisches 189, 191
Milchstraße 268, 280
Milchstraßensystem 48
Mira (o Ceti) 260, 263
Mizar 268
Monat 74
Mond 9, 91
Mondfinsternis 74
Mondkartographie 81 f.
Mondkrater 85

Neptun 100 f., 125, 134 f.
Neptunmonde 121
Neutronenstern 300
Newton 43, 67, 93
Nordlicht 231
Nova 252 ff., 264

Oberflächentemperatur 22
Objektiv 55, 62, 241
Öffnungsverhältnis 64
Okular 55, 62
Okularauszug 62 f.
Olbers, Wilhelm 97
Opernglas 216
Orion 36, 46
Orionnebel 248

Parallaxe 42 ff., 50, 53
Parmenides 291
Parsec 53, 234
Perseiden 175
Phaethon 206
Photosphäre 229

Piazzi 96
Pickering, William Henry
    121
Planeten 90, 136 f., 198
Planetenschleifen 122 ff.
Planetoiden 97
Plejaden (Siebengestirn) 57,
    198, 201, 276
Pluto 52, 101 ff., 125
Polarstern 17, 35
Population 284
Positionswinkel 275
Praesepe 277
Prisma 241
Projektionsmethode 221
Protuberanz 230
Ptolemäus 29
Pulsar 258, 299

Radiant 175, 177
rechtläufig 125
Reflektor 62
Refraktor 62
Relativzahl 224
Riccioli 85
Riesenast 243
Rigel 46
Ringgebirge 85
Römer, Olaf 114
Röntgenstrahlung 240
rückläufig 125

Satellit 12, 25
Saturn 91, 117 f.
Saturnmonde 120 f.
Siebengestirn 57, 198, 201,
    276
Sirius 33, 46
Sonne 31, 91, 197 ff., 246
Sonnenfinsternis 208 ff.,
    213
Sonnenfleck 215 ff.
Sonnenfleckenzyklus 223

Sonnentätigkeit 259
Sonnenwind 247, 259, 297
Spektraltyp 242, 250
Spektroskop 141, 239
Spektroskopie 239
Spika 36
Spiralnebel 286
    sporadisch 176
Sternbedeckungen 70
Sternbilder 27, 35
Sterne, Anzahl der sicht-
    baren 23
Sternhaufen 276
Sternkarte 34
Sternschnuppenfall 163 ff.
Störung 99
Struve, Georg Wilhelm 45
Stufenschätzung 265
Szintillation 60

Titius-Bodesche Reihe 95,
    102
Titius, Johann Daniel 94 f.
Transpluto 90

Uranus 95 ff., 125, 134
Uranusmonde 121
Urknall 289 f.

Venus 31, 91, 111
Veränderliche Sterne 49,
    258 ff.
Vergleichsstern 265

Wega 21, 269
Weiße Zwerge 243
Weizsäcker, Carl Fried-
    rich v. 296
Widmannstätten, Alois von
    185
Widmannstättensche Figu-
    ren 185